A REVOLUÇÃO DO METAVERSO

Matthew Ball

A REVOLUÇÃO DO METAVERSO

COMO O MUNDO VIRTUAL MUDARÁ PARA SEMPRE A REALIDADE

Tradução: Isadora Sinay

GLOBOLIVROS

Copyright © 2023 by Editora Globo S.A.
Copyright © 2022 by Matthew Ball

Todos os direitos reservados. Nenhuma parte desta edição pode ser utilizada ou reproduzida — em qualquer meio ou forma, seja mecânico ou eletrônico, fotocópia, gravação etc. — nem apropriada ou estocada em sistema de banco de dados sem a expressa autorização da editora.

Texto fixado conforme as regras do Novo Acordo Ortográfico da Língua Portuguesa (Decreto Legislativo nº 54, de 1995).

Título original: *The Metaverse And How It Will Revolutionize Everything*

Editora responsável: Amanda Orlando
Assistente editorial: Isis Batista
Preparação de texto: Pedro Siqueira e Theo Cavalcanti
Revisão: Marcelo Vieira, Mariana Donner e Bruna Brezolini
Diagramação: Douglas Kenji Watanabe
Capa e imagem de capa: Estúdio Insólito

1ª edição, 2023

CIP-BRASIL. CATALOGAÇÃO NA PUBLICAÇÃO
SINDICATO NACIONAL DOS EDITORES DE LIVROS, RJ

B155r

Ball, Matthew (Matthew L.)
  A revolução do metaverso : como o mundo virtual mudará para sempre a realidade / Matthew Ball ; tradução Isadora Sinay. - 1. ed. - Rio de Janeiro : Globo Livros, 2023.
  360 p. ; 23 cm.

  Tradução de: The metaverse : and how it will revolutionize everything
  ISBN 978-65-5987-081-3

  1. Metaverso. 2. Realidade virtual - Aspectos sociais. 3. Computadores e civilização. 4. Ambientes virtuais compartilhados - Aspectos sociais. I. Sinay, Isadora. II. Título.

22-81467
CDD: 006.8
CDU: 004.946

Meri Gleice Rodrigues de Souza - Bibliotecária - CRB-7/6439

Direitos exclusivos de edição em língua portuguesa para o Brasil adquiridos por Editora Globo S.A.
Rua Marquês de Pombal, 25 — 20230-240 — Rio de Janeiro — RJ
www.globolivros.com.br

Para Rosie, Elise e Hillary

Sumário

Introdução 11

Parte I – O que é o metaverso? 19
1. Uma breve história do futuro 21
O programa é mais otimista que a caneta 24
A luta iminente para controlar o metaverso (e você) 32

2. Confusão e incerteza 37
Confusão: uma característica necessária da disrupção 42

3. Uma definição (finalmente) 49
Mundos virtuais 50
3D 53
Renderização em tempo real 56
Rede interoperável 58
Grande escala 63
Persistência 65
Síncrona 69
Usuários ilimitados e presença individual 75
O que falta nessa definição 79

4. A próxima internet 83
Por que os videogames estão impulsionando a nova internet 87

Parte ii – Construindo o metaverso 93
5. Rede.. 95
Largura de banda 97
Latência 103

6. Computação 113
Dois lados do mesmo problema 118
Sonhos da computação descentralizada 125

7. Motores de mundos virtuais 127
Motores de jogo 129
Plataformas de mundos virtuais integrados 133
Muitas plataformas virtuais e motores, não muitos metaversos 138

8. Interoperabilidade 147
Interoperabilidade em um espectro 152
Estabelecendo formatos e trocas 3D em comum 162

9. Hardware 167
O desafio tecnológico mais difícil da nossa época 173
Além dos capacetes 178
O hardware à nossa volta 183
Vida longa ao smartphone? 185
Hardware como entrada 190

10. Canais de pagamento 193
Os maiores canais de pagamento atuais 196
O padrão de 30% 202
A ascensão do Steam 207

Do Pac-Man ao iPod 213
Custos altos e lucros desviados 218
Margens restritas nas plataformas de mundos virtuais 221
Impedindo tecnologias disruptivas 223
Bloqueando o blockchain 230
Digital primeiro exige o físico primeiro 233
Novos canais de pagamento 236

11. Blockchains 239
Blockchains, bitcoins e Ethereum 241
O arco do Android 245
Dapps 246
NFTS 249
Jogando em blockchain 255
Organizações autônomas descentralizadas 258
Obstáculos do blockchain 263
Como pensar sobre blockchains e o metaverso 264

PARTE III – COMO O METAVERSO VAI REVOLUCIONAR TUDO ...269
12. Quando o metaverso vai chegar? 271
Um iPhone 12 em 2008? 274
Uma massa crítica de projetos em andamento 277
Os novos motores do crescimento 280

13. Metanegócios 283
Educação 283
Negócios de estilo de vida 287
Entretenimento 289
Sexo e trabalho sexual 294
Moda e publicidade 295
Indústria 299

14. Ganhadores e perdedores do metaverso 303
O valor econômico do metaverso 303
Como as gigantes da tecnologia de hoje estão posicionadas
para o metaverso 307
Por que confiança importa mais do que nunca 317

15. Existência no metaverso 325
Governando o metaverso 330
Vários metaversos nacionais 338

Conclusão – Espectadores, todos 341

Agradecimentos 347
Notas 349

Introdução

A TECNOLOGIA FREQUENTEMENTE PRODUZ SURPRESAS que ninguém prevê. Mas os desenvolvimentos mais importantes e fantásticos são muitas vezes antecipados em décadas. Nos anos 1930, Vannevar Bush, então presidente do Instituto Carnegie de Washington, começou a trabalhar em um dispositivo eletromecânico hipotético que arquivaria todos os livros, discos e comunicações e os conectaria mecanicamente por associação entre palavras-chave, em oposição aos modelos mais tradicionais de arquivamento em grande parte hierárquico. Apesar da enormidade desse arquivo, Bush enfatizou que esse "memex" (abreviação de "extensor de memória" em inglês) poderia ser consultado com "enormes flexibilidade e velocidade".

Nos anos que se seguiram a essa primeira pesquisa, Bush se tornou um dos engenheiros e administradores científicos mais influentes da história norte-americana. Entre 1939 e 1941 ele foi vice-presidente e serviu temporariamente como presidente do Comitê Nacional de Consultoria Aeronáutica, a agência que foi substituída pela NASA. Nessa posição, Bush convenceu o presidente Franklin D. Roosevelt a estabelecer o que se tornou o Escritório de Pesquisa e Desenvolvimento Científico (Office of Scientific Research and Development — OSRD), uma nova agência federal que seria comandada por Bush, que, por sua vez, responderia diretamente ao presidente. A agência recebeu financiamento quase ilimitado, principalmente para trabalhar em projetos secretos que ajudariam os esforços dos Estados Unidos na Segunda Guerra Mundial.

Apenas quatro meses depois da fundação do OSRD, o presidente Roosevelt aprovou o programa da bomba atômica conhecido como Projeto Manhattan, logo após uma reunião com Bush e o vice-presidente Henry A. Wallace. Para coordenar o programa, Roosevelt criou o Top Policy Group, formado por ele mesmo, Bush, Wallace, Henry L. Stimson (secretário de guerra), o general George C. Marshall (chefe de gabinete do Exército) e James B. Conant (que comandava um braço do OSRD que fora liderado por Bush). Além disso, o Comitê do Urânio (mais tarde renomeado Comitê Executivo S-1) responderia diretamente a Bush.

Depois que a guerra terminou em 1945, mas dois anos antes de deixar o cargo de diretor do OSRD, Bush escreveu dois ensaios famosos. O primeiro, "Science, the Endless Frontier" [Ciência, a fronteira infinita], era dirigido ao presidente e nele Bush pedia um aumento dos investimentos governamentais em ciência e tecnologia, em vez de uma redução em tempos de paz, assim como o estabelecimento de uma Fundação Científica Nacional. O segundo, "As We May Think" [Como podemos pensar], foi publicado na revista *The Atlantic* e detalhava publicamente a visão de Bush para o memex.

Nos anos que se seguiram aos ensaios, Bush se afastou do serviço e da vida pública. Mas logo suas várias contribuições para o governo, a ciência e a sociedade começaram a convergir. Nos anos 1960, o governo dos EUA financiou diversos projetos no Departamento de Defesa em parceria com uma rede de pesquisadores externos, universidades e outras instituições não governamentais que juntos fundaram a internet. Ao mesmo tempo, o memex de Bush estava inspirando a criação e a evolução do "hipertexto", um dos conceitos básicos da World Wide Web, que normalmente é escrita em linguagem de marcação de hipertexto (*hypertext markup language* — HTML) e permite aos usuários acessar instantaneamente uma extensão quase infinita de conteúdo online ao clicar em um determinado texto. Vinte anos depois, o governo dos EUA criou a organização Internet Engineering Task Force (IETF) para guiar a evolução técnica do Conjunto de Protocolos da Internet e, com a ajuda do Departamento de Defesa, fundou o World Wide Web Consortium, que, entre outras tarefas, gerencia o desenvolvimento contínuo da HTML.

Embora o progresso tecnológico normalmente ocorra nos bastidores, a ficção científica muitas vezes dá ao público em geral uma visão mais clara do futuro. Em 1968, menos de 10% dos lares norte-americanos possuíam uma televisão em cores, mas o segundo filme de maior bilheteria do ano, *2001: Uma odisseia no espaço*, imagina um futuro no qual a humanidade havia comprimido aparelhos do tamanho de geladeiras em telas tão finas quanto um porta-copos e os usa casualmente durante o café da manhã. Qualquer pessoa que assista a esse filme hoje vai imediatamente relacionar esses dispositivos a iPads. Normalmente, a tecnologia imaginada, como o memex de Bush, leva mais tempo para chegar do que foi originalmente antecipado. Os iPads apareceram nas lojas quatro décadas e meia depois do lançamento do revolucionário longa de Stanley Kubrick e mais de uma década depois do tempo em que o enredo futurista se passa.

Em 2021, tablets se tornaram comuns e viagens espaciais começaram a parecer ao alcance. No verão daquele ano, os bilionários Richard Branson, Elon Musk e Jeff Bezos estavam se esforçando para levar civis a órbitas baixas e dar início a uma era de elevadores espaciais e colonização interplanetária. Contudo, foi mais um conceito da ficção científica de décadas antes, o metaverso, que parecia indicar que o futuro tinha realmente chegado.

Em julho de 2021, o fundador e CEO do Facebook, Mark Zuckerberg, disse: "Nesse novo capítulo da nossa empresa, acho que iremos efetivamente completar a transição de as pessoas nos verem primariamente como uma empresa de redes sociais para uma empresa do metaverso. E, obviamente, todo o trabalho que estamos fazendo nos aplicativos que as pessoas usam hoje contribuem diretamente para isso".[1] Pouco depois, Zuckerberg anunciou publicamente um setor focado no metaverso e promoveu o chefe do Laboratório de Realidade do Facebook — um setor que trabalha em diversos projetos futuristas, incluindo o Oculus VR, óculos de realidade aumentada (AR, na sigla em inglês) e interfaces cérebro-máquina — a chefe de tecnologia. Em outubro de 2021, Zuckerberg proclamou que o Facebook mudaria seu nome para Plataformas Meta[*] a fim de refletir essa mudança para o

---

[*] Por questão de clareza, este livro se refere a Plataformas Meta como Facebook. Explicar o metaverso e suas várias plataformas e falar sobre um líder pioneiro dele, também chamado Plataformas Meta, só confundiria as coisas.

"metaverso". Para surpresa de muitos acionistas do Facebook, Zuckerberg também avisou que seus investimentos no metaverso reduziriam os lucros efetivos em mais de US$ 10 bilhões em 2021 e que esses investimentos cresceriam por muitos anos ainda.

O anúncio ousado de Zuckerberg foi o que mais chamou atenção, mas muitos de seus pares e concorrentes haviam lançado iniciativas similares e feito anúncios parecidos nos meses anteriores. Em maio, o CEO da Microsoft, Satya Nadella, começou a falar de um "metaverso empresarial" liderado pela Microsoft. Paralelamente, Jensen Huang, CEO e fundador da gigante de computação e semicondutores Nvidia, havia dito a investidores que "a economia no metaverso... [será] maior que a economia no mundo físico"* e que as plataformas e os processadores da Nvidia estariam no centro dela.[2] No último trimestre de 2020 e no primeiro de 2021, a indústria de jogos teve duas de suas maiores ofertas públicas iniciais (*initial public offerings* — IPOs) da história com a Unity Technologies e a Roblox Corporation, ambas empresas com histórico e ambições ligadas a narrativas relacionadas ao metaverso.

No restante de 2021, o termo "metaverso" quase se tornou um bordão, já que toda empresa e seus executivos pareciam estar se desdobrando para mencioná-lo como algo que tornaria suas operações mais lucrativas, seus clientes mais satisfeitos e seus concorrentes menos ameaçadores. Antes da IPO da Roblox, em outubro de 2020, o "metaverso" havia aparecido apenas cinco vezes em formulários da Comissão de Valores Mobiliários dos Estados Unidos.[3] Em 2021 o termo foi mencionado mais de 260 vezes. Naquele mesmo ano, a Bloomberg, uma empresa de software que oferece dados e informações financeiras a investidores, catalogou mais de mil notícias contendo a palavra *metaverso*. Na década anterior foram apenas sete.

O interesse no metaverso não estava limitado a nações e corporações ocidentais. Em maio de 2021 a maior empresa da China, a gigante de jogos online Tencent, descreveu publicamente sua visão do metaverso chamando-o de "realidade hiperdigital". No dia seguinte, o Ministério da Ciência e de

---

* Em 2021, o PIB global foi estimado entre 90 e 95 trilhões de dólares pelo Fundo Monetário Internacional, as Nações Unidas e o Banco Mundial.

TIC (tecnologia de informação e comunicação) da Coreia do Sul anunciou a "Aliança (Sul-Coreana) do metaverso", que inclui mais de 450 empresas, entre elas a SK Telecom, a Woori Bank e a Hyundai Motor. No início de agosto, a gigante sul-coreana de jogos Krafton, fabricante do *PlayerUnknown's Battlegrounds* (também conhecido como PUBG) completou sua IPO, a segunda maior da história do país. Os bancos de investimento da Krafton fizeram questão de dizer aos potenciais investidores que a empresa também seria uma líder global no metaverso. Nos meses seguintes, as gigantes chinesas da internet Alibaba e ByteDance, dona da rede social global TikTok, começaram a registrar várias marcas do metaverso e adquiriram diversas startups relacionadas à realidade virtual (VR, na sigla em inglês) e ao 3D. A Krafton, ao mesmo tempo, se comprometeu publicamente a lançar o "metaverso PUBG".

O metaverso capturou mais do que a imaginação de tecnocapitalistas e fãs de ficção científica. Pouco depois de a Tencent ter revelado publicamente sua visão da realidade hiperdigital, o Partido Comunista da China (PCC) começou seu maior ataque à indústria doméstica de jogos. Entre as várias novas políticas instauradas estava a proibição de videogames para menores de idade entre segunda e quinta-feira; eles só eram permitidos entre as oito e as nove da noite nas sextas, nos sábados e nos domingos (em outras palavras, era impossível para um menor jogar videogame mais de três horas por semana). Além disso, empresas como a Tencent usariam softwares de reconhecimento facial e identidade nacional do jogador para checar periodicamente se essas regras não estavam sendo burladas por um jogador que pegasse emprestado o dispositivo de outro mais velho. A Tencent também prometeu 15 bilhões de dólares em ajuda para "valores sociais sustentáveis", que segundo o periódico *Bloomberg* seria focado em "áreas como aumentar a renda dos pobres, melhorar a assistência médica, promover a eficiência econômica rural e subsidiar programas de educação".[4] A Alibaba, a segunda maior empresa da China, comprometeu uma quantia similar apenas duas semanas depois. A mensagem do PCC era clara: olhe para seus cidadãos, não para avatares virtuais.

As preocupações do PCC com o papel crescente do conteúdo e das plataformas de jogos na vida pública se tornaram mais explícitas em agosto, quando o jornal estatal *The Security Times* alertou seus leitores de que o metaverso era "um conceito grandioso e ilusório"* e que "investir cegamente [nele] será no fim um tiro que saiu pela culatra".[5, 6] Alguns comentaristas interpretaram os diversos alertas, proibições e taxas da China como uma confirmação da importância do metaverso. Para um país comunista e de planejamento centralizado, governado por um partido único, a possibilidade de um mundo paralelo de colaboração e comunicação é uma ameaça, independentemente de ele ser gerido por uma única corporação ou por comunidades descentralizadas.

Porém a China não está sozinha em suas preocupações. Em outubro, membros do Parlamento Europeu começaram a expressar suas dúvidas. Uma voz particularmente importante foi a de Christel Schaldemose, que foi a principal negociante da União Europeia durante sua maior reforma de regulamentações da era digital (muitas das quais foram pensadas para limitar o poder dos assim chamados gigantes da tecnologia, como o Facebook, a Amazon e o Google). Em outubro, ela disse ao jornal dinamarquês *Politiken* que "planos para o metaverso são muito, muito preocupantes" e que a União Europeia "precisa levá-los em conta".[7]

É possível que muitos dos anúncios, das críticas e dos alertas contra o metaverso sejam apenas uma câmara de eco do mundo real a respeito de uma fantasia virtual — ou que digam mais respeito ao impulsionamento de novas narrativas, lançamentos de produtos e marketing, do que a qualquer coisa que vá mudar vidas. Afinal, a indústria da tecnologia tem um histórico de usar palavras da moda que são infladas por muito mais tempo do que acabam durando no mercado, como televisões 3D, ou talvez a coisa se mostre mais distante do que foi originalmente prometido, como é o caso de dispositivos de realidade virtual ou assistentes virtuais. Mas é raro que as maiores empresas do mundo se reorientem em torno de tais ideias em um estágio tão inicial, colocando-se assim em posição de serem avaliadas por funcionários, clientes e acionistas com base no sucesso da realização de suas visões mais ambiciosas.

A resposta dramática ao metaverso reflete a crença crescente de que essa é a nova grande plataforma de redes e computação, semelhante em es-

---

* O *Security Times* citou o autor deste livro quando descreveu o metaverso.

copo à transição do computador pessoal e da internet de linha fixa dos anos 1990 para a era da computação móvel e da nuvem em que vivemos hoje. Essa mudança popularizou um termo de escolas de negócios antes obscuro — *disruptivo* — e transformou quase todas as indústrias enquanto remodelava a sociedade e a política modernas. Porém, existe uma diferença crucial entre aquela mudança e a passagem iminente para o metaverso: timing. A maior parte das indústrias e dos indivíduos não previu a importância da computação móvel e da nuvem e, como consequência, se ocupou em reagir às mudanças e em lutar contra a disrupção daqueles que as entendiam melhor. Os preparativos para o metaverso estão acontecendo muito mais cedo e de forma proativa.

Em 2018, comecei a escrever uma série de ensaios online a respeito do metaverso, até então um conceito obscuro e periférico. Nos anos seguintes, esses ensaios foram lidos por milhões de pessoas, e o metaverso passou do mundo da ficção científica barata para a primeira página do *New York Times* e de relatórios de estratégia corporativa no mundo todo.

A revolução do metaverso atualiza, expande e reorienta tudo que escrevi a respeito do metaverso. O propósito central do livro é oferecer uma definição clara, ampla e definitiva dessa ideia ainda rudimentar. Porém, minhas ambições são maiores: espero ajudá-lo a entender o que é necessário para alcançar o metaverso, por que gerações inteiras vão mais cedo ou mais tarde viver dentro dele e como ele vai alterar para sempre nosso dia a dia, nosso trabalho e nossa forma de pensar. Na minha visão, o valor coletivo dessas mudanças estará em dezenas de trilhões de dólares.

Parte I
O que é o metaverso?

I
Uma breve história do futuro

O TERMO "METAVERSO" FOI CUNHADO EM 1992 por Neal Stephenson em seu romance *Snow Crash*. Apesar de toda sua influência, o livro de Stephenson não oferecia nenhuma definição específica do metaverso, mas o que ele descreveu era um mundo virtual persistente que alcançava, afetava e interagia com quase todos os aspectos da existência humana. Era um lugar de trabalho e lazer, de realização pessoal e também de exaustão física, de arte e de comércio. A qualquer momento havia mais ou menos 15 milhões de avatares controlados por seres humanos na "Rua", que Stephenson chamou de "a Broadway, a Champs Elysées do metaverso", mas que se estendia por todo um planeta virtual com mais de duas vezes e meia o tamanho da Terra. Para comparar, menos de 15 milhões de pessoas usavam a internet no mundo real no ano em que o romance de Stephenson foi publicado.

Enquanto a visão de Stephenson era vívida e, para muitos, inspiradora, ela também era distópica. *Snow Crash* se passa em algum ponto no início do século XXI, anos depois de um colapso econômico global. A maior parte das camadas do governo foram substituídas por "Entidades Quase-Nacionais Organizadas em Franquias" lucrativas e "*burbclaves*", uma contração do termo "enclaves suburbanos" em inglês. Cada *burbclave* opera como uma "cidade-estado com sua própria constituição, fronteiras, leis, polícia, tudo"[1] e alguns até oferecem "cidadania" baseada apenas em raça. O metaverso proporciona refúgio e oportunidade para milhões. É um ambiente virtual no qual um entregador de pizza no "mundo real" poderia ser um espadachim talentoso com acesso privilegiado aos clubes mais restritos. Mas Stephenson era claro: em *Snow Crash* o metaverso tornou a vida no mundo real pior.

Como no caso de Vannevar Bush, a influência de Stephenson na tecnologia moderna só cresce com o tempo, mesmo que ele seja praticamente desconhecido do público. Conversas com Stephenson inspiraram Jeff Bezos a fundar a Blue Origin, sua empresa privada de fabricação de foguetes espaciais e voos suborbitais, em 2000, com Stephenson trabalhando ali meio período até 2006, quando se tornou consultor-sênior da empresa (sua posição até este momento). Em 2021, a Blue Origin era considerada a segunda empresa mais valiosa em seu ramo, atrás apenas da SpaceX de Elon Musk. Dois dos três fundadores do Keyhole, hoje conhecido como Google Earth, disseram que se inspiraram em um produto parecido descrito em *Snow Crash* e que uma vez tentaram recrutar Stephenson para a empresa. Entre 2014 e 2020, Stephenson foi também o "futurista-chefe" da Magic Leap, uma empresa de realidade mista igualmente inspirada no trabalho dele. A empresa mais tarde levantou mais de meio bilhão de dólares de corporações que incluíam o Google, a Alibaba e a AT&T, alcançando uma avaliação máxima de 6,7 bilhões de dólares antes que dificuldades para alcançar suas altas metas resultassem em uma recapitalização e na partida de um dos fundadores.[*] Os romances de Stephenson foram citados como inspiração para vários projetos de criptomoedas e esforços não criptográficos de construir redes de computadores descentralizadas, além da produção de filmes baseados em computação gráfica que são vistos em casa mas feitos em tempo real por meio da captura dos movimentos de atores que podem estar a dezenas de milhares de quilômetros de distância.

Apesar de seu vasto impacto, Stephenson tem alertado constantemente contra uma interpretação literal de suas obras — especialmente *Snow Crash*. Em 2011, o autor disse ao *New York Times* que "posso falar o dia inteiro a

---

[*] O valor da empresa no final foi reduzido em mais de dois terços. Os investidores contrataram, então, Peggy Johnson, vice-presidente executiva de longa data na Qualcomm e na Microsoft, para ocupar o cargo de CEO. Foi durante esse período que Stephenson saiu da empresa, junto com muitos outros funcionários que trabalhavam em tempo integral e outros executivos-chefes.

respeito de como entendi tudo errado",[2] e quando a *Vanity Fair* lhe perguntou em 2017 sobre sua influência no Vale do Silício, ele disse à revista para "ter em mente que [*Snow Crash*] foi escrito antes da internet como a conhecemos, antes da World Wide Web, é tudo invenção minha".[3] Como resultado, devemos tomar cuidado e não ler coisas demais no mundo ficcional de Stephenson. E embora ele tenha cunhado o termo "metaverso", não foi nem de longe o primeiro a introduzir o conceito.

Em 1935, Stanley G. Weinbaum escreveu um conto chamado "Os óculos de Pigmaleão",* a respeito da invenção de óculos mágicos, parecidos com os de realidade virtual, que produziam um "filme com som e imagens… você está na história, você fala com as sombras e as sombras respondem, e em vez de estar em uma tela, a história está à sua volta, você está nela".[4] O conto de 1950 de Ray Bradbury "A savana" imagina uma família nuclear na qual os pais são substituídos por um quarto de realidade virtual do qual as crianças nunca querem sair. (As crianças uma hora trancam os pais dentro do quarto, que então mata todos eles). A história de 1953 de Philip K. Dick, "The Trouble with Bubbles" [O problema das bolhas], se passa em uma era na qual os seres humanos exploraram as profundezas do espaço, mas nunca conseguiram encontrar vida. Desejando conectarem-se com outros mundos e formas de vida, os consumidores começam a comprar um produto chamado "Worldcraft" com o qual podem construir e "ser donos de seus próprios mundos", que são cultivados até o ponto de produzir vida consciente e civilizações inteiras (a maior parte dos donos do Worldcraft uma hora destroem seus mundos, no que Dick descreveu como uma "orgia de demolição neurótica", com o objetivo de "aliviar algum deus sofrendo de tédio"). Alguns anos depois, foi publicado o romance *O sol desvelado*, de Isaac Asimov. Nele, Asimov descrevia uma sociedade em que interações face a face ("ver") e contato físico são considerados um desperdício e repugnantes, e a maior parte do trabalho e da socialização acontece por meio de hologramas projetados remotamente e de televisões 3D.

---

* Referência ao mitológico rei cipriota Pigmaleão. Como narrado no poema "Metamorfoses", de Ovídio, Pigmaleão esculpe uma escultura tão bonita e realista da mulher ideal, que se apaixona e se casa com ela. A deusa Afrodite, então, por pena do rei, a transforma em uma mulher de carne e osso.

Em 1984, William Gibson popularizou o termo "ciberespaço" com o romance *Neuromancer*, definindo-o como:

> *Uma alucinação consensual vivenciada diariamente por bilhões de operadores autorizados, em todas as nações, por crianças que estão aprendendo conceitos matemáticos [...] uma representação gráfica de dados abstraídos dos bancos de todos os computadores do sistema humano. Uma complexidade impensável. Linhas de luz alinhadas no não espaço da mente, aglomerados e constelações de dados. Como luzes da cidade, se afastando [...].* *

É digno de nota que Gibson chamou a abstração visual do ciberespaço de "a *matrix*", termo utilizado por Lana e Lilly Wachowski quinze anos depois em seu filme homônimo. No filme das irmãs Wachowski, a *matrix* é uma simulação permanente do planeta Terra como ele era em 1999, mas com toda a humanidade conectada a ela de forma compulsória, indefinida e sem consciência no ano de 2199. O propósito dessa simulação é aplacar a raça humana para que ela possa ser usada como bateria bioelétrica para máquinas conscientes, mas feitas pelo homem, que conquistaram o planeta no século XXII.

O PROGRAMA É MAIS OTIMISTA QUE A CANETA

Quaisquer que sejam as diferenças entre as visões, os mundos sintéticos de Stephenson, Gibson, Dick, Bradbury, Weinbaum e das irmãs Wachowski são todos apresentados como distopias. Porém não há motivo para presumir que um resultado assim seja inevitável ou mesmo provável para o metaverso de verdade. Uma sociedade perfeita tende a não criar tanto drama humano, e drama humano é a base de quase toda ficção.

---

* William Gibson, *Neuromancer*, trad. Fábio Fernandes. São Paulo: Aleph, 2013. (N. T.)

Como ponto de contraste, podemos considerar o filósofo francês e teórico cultural Jean Baudrillard, que criou o termo "hiper-realidade" em 1981 e cujo trabalho é frequentemente ligado ao de Gibson e àqueles que Gibson influenciou.* Baudrillard descreveu a hiper-realidade como um estado no qual a realidade e as simulações estavam integradas de forma tão imperceptível que se tornavam indistinguíveis. Embora muitos considerem essa ideia assustadora, Baudrillard argumentava que o importante era de onde os indivíduos tirariam sentido e valor — esse lugar, ele especulava, seria o mundo simulado.[5] A ideia do metaverso é também inseparável da ideia do memex, mas onde Bush imaginava uma série infinita de documentos ligados por palavras, Stephenson e outros conceberam mundos infinitamente conectados.

Mais instrutivos do que os textos de Stephenson e daqueles que o inspiraram são os muitos esforços para construir mundos virtuais realizados nas últimas décadas. Eles não apenas mostram uma progressão de décadas na direção do metaverso, mas também revelam mais de sua natureza. Esses metaversos potenciais não eram centrados em subjugação ou lucro, mas na colaboração, na criatividade e na expressão pessoal.

Alguns observadores datam a história dos "protometaversos" nos anos 1950, durante o surgimento dos computadores mainframe, que representaram a primeira vez que indivíduos puderam compartilhar mensagens puramente digitais uns com os outros por meio de uma rede de diferentes dispositivos. A maioria, porém, começa nos anos 1970, com mundos virtuais baseados em texto conhecidos como masmorras multiusuários (*multi-user dungeons* — MUD). As MUDs eram na prática uma versão em software do RPG *Dungeons & Dragons*. Usando comandos de texto que se pareciam com

---

* Quando lhe foi perguntado sobre Baudrillard em abril de 1991, Gibson disse: "Ele é um escritor de ficção científica legal" (Daniel Fischlin *et al*. "'The Charisma Leak': A Conversation with William Gibson and Bruce Sterling". Science Fiction Studies, vol. 19, n.º 1, mar. 1992, p. 13). As Wachowski tentaram envolver Baudrillard em seu filme, mas ele se recusou e depois descreveu o filme como uma interpretação errada de suas ideias (Aude Lancelin, "The Matrix Decoded: Le Nouvel Observateur Interview with Jean Baudrillard", Le Nouvel Observateur, vol. 1, n.º 2, jul. 2004). Quando Morpheus apresenta o protagonista do filme ao "mundo real", ele diz a Neo "como, na visão de Baudrillard, toda sua vida se passou dentro do mapa, não do território" (*Matrix*. Direção: Lana Wachowski e Lilly Wachowski. Burbank, CA: Warner Bros., 1999). Lembre-se também do nome original da Tencent para sua visão do metaverso: "realidade hiperdigital".

línguas humanas, os jogadores podiam interagir uns com os outros, explorar um mundo ficcional habitado por personagens não jogáveis e monstros, conquistar poderes e conhecimentos e, mais cedo ou mais tarde, recuperar um cálice mágico, derrotar um mago malvado ou resgatar uma princesa.

A popularidade crescente das MUDs inspirou a criação das alucinações compartilhadas multiusuários (*multi-user shared hallucinations* — MUSHs) ou experiências multiusuários (*multi-user experiences* — MUXs). Diferentemente das MUDs, que pediam aos jogadores que incorporassem papéis específicos no contexto de uma narrativa específica e normalmente fantástica, as MUSHs e MUXs permitiam aos participantes definir de forma colaborativa o mundo e seu objetivo. Os jogadores poderiam escolher colocar sua MUSH em um tribunal e assumir papéis como réu, advogado, acusação, juiz e membros do júri. Um participante poderia decidir depois transformar o processo relativamente mundano em uma situação de sequestro — que então seria resolvida com um poema criado em jogral pelos jogadores.

O grande salto seguinte veio em 1986 com o lançamento do jogo online para Commodore 64 *Habitat*, que foi lançado pela Lucasfilm, a produtora fundada pelo criador de *Star Wars*, George Lucas. *Habitat* era descrito como um "ambiente online virtual de múltiplos participantes" e, em uma referência ao romance de Gibson, *Neuromancer*, "um ciberespaço". Diferentemente das MUDs e das MUSHs, o mundo de *Habitat* era gráfico, permitindo assim que os jogadores realmente vissem os ambientes e os personagens virtuais, mas apenas em um 2D pixelado. Ele também permitia aos jogadores um controle muito maior do ambiente interno do jogo. "Cidadãos" do *Habitat* eram responsáveis pelas leis e expectativas de seu mundo virtual e precisavam negociar uns com os outros recursos necessários para evitar serem roubados ou mortos em nome de suas posses. Esse desafio levava a períodos de caos depois dos quais novas regras, novas regulamentações e novas autoridades eram estabelecidas pela comunidade de jogadores para manter a ordem.

Embora *Habitat* não seja tão lembrado quanto outros videogames dos anos 1980, como *Pac-Man* e *Super Mario Bros.*, ele transcendeu o apelo de nicho das MUDs e das MUSHs, tornando-se um hit comercial. O título também foi o primeiro jogo a utilizar o termo sânscrito *avatar*, que se traduz mais ou menos como "o descendente de uma divindade do céu", para se referir ao corpo virtual de um usuário. Décadas mais tarde, esse uso se tornou uma convenção — em boa parte porque Stephenson o utilizou em *Snow Crash*.

Os anos 1990 não tiveram nenhum jogo importante do protometaverso, mas os avanços continuaram. Naquela década, milhões de consumidores participaram dos primeiros mundos virtuais em 3D isométrico (também chamado 2,5D) que lhes dava a ilusão de um espaço tridimensional, mas só permitia aos usuários se moverem em dois eixos. Pouco depois, surgiram mundos virtuais totalmente 3D. Diversos jogos, como o *Web World* de 1994 e o *Activeworlds* de 1995, também permitiram aos usuários construir colaborativamente um espaço virtual visível em tempo real em vez de por meio de comandos assíncronos e votos, e introduziram diversas ferramentas baseadas em gráficos e símbolos que tornavam a construção de mundos mais fácil. É importante notar que *Activeworlds* também tinha o objetivo expresso de construir o metaverso de Stephenson, pedindo aos jogadores que não apenas se divertissem com seus mundos virtuais, mas que investissem em sua expansão e popularização. Em 1998, *OnLive! Traveler* foi lançado com um bate-papo de voz espacial, o que permitia que os jogadores escutassem onde os outros jogadores estavam posicionados e que a boca do avatar se movesse em resposta às palavras ditas pelo jogador.[6] No ano seguinte, a Intrinsic Graphics, uma empresa de jogos 3D, finalizou o spin-off de Keyhole. Embora o Keyhole não tenha se tornado amplamente popular até o meio da década seguinte, quando foi adquirido pelo Google, ele era a primeira reprodução virtual da Terra que qualquer pessoa no planeta podia acessar. Nos quinze anos seguintes, muito do mapa foi atualizado para 3D parcial e conectado à grande base de dados de produtos de mapeamento e dados do Google, permitindo aos usuários sobrepor informações como o trânsito em tempo real.

Foi com o lançamento do (apropriadamente intitulado) *Second Life* em 2003 que muitas pessoas, especialmente no Vale do Silício, começaram a contemplar a perspectiva de uma existência paralela que aconteceria em um espaço virtual. Em seu primeiro ano, o *Second Life* atraiu mais de 1 milhão de usuários regulares, e pouco depois várias organizações do mundo real estabeleceram seus negócios dentro da plataforma. Isso incluía empresas comerciais como a Adidas, a BBC e a Wells Fargo, além de organizações sem fins lucrativos como a American Cancer Society, a Save the Children e até universidades, incluindo a Universidade Harvard, que ofereceu cursos de direito exclusivos dentro do *Second Life*. Em 2007, um mercado de ações foi lançado dentro da plataforma com o objetivo de ajudar empresas baseadas no *Second Life* a levantarem capital usando a moeda da plataforma, os Linden Dollars.

Foi crucial que a desenvolvedora, Linden Labs, não tenha intermediado as transações no *Second Life,* nem gerenciado ativamente o que era feito ou vendido. Em vez disso, as transações eram feitas diretamente entre compradores e vendedores e com base no valor e na necessidade estimados. No geral, a Linden Labs operava mais como um governo do que como uma fabricante de jogos. A empresa oferecia algumas interfaces para os usuários, como gerenciamento de identidade, registros de propriedade e um sistema legal próprio do mundo. Mas seu foco não estava em construir diretamente o universo do *Second Life*. Em vez disso, ela permitia uma economia próspera por meio de uma infraestrutura que estava sempre melhorando, além de capacidades técnicas e ferramentas que atraíam mais desenvolvedores e criadores, que, por sua vez, criavam coisas para os outros usuários fazerem, lugares para eles visitarem e itens para comprarem, o que atraía mais usuários e portanto mais gastos, o que por consequência atraía mais investimento de desenvolvedores e criadores. Para esse fim, o *Second Life* também oferecia aos usuários a capacidade de importar objetos e texturas virtuais feitos fora da plataforma. Em 2005, apenas dois anos depois de ser lançado, o PIB do *Second Life* era de mais de 30 milhões de dólares. Em 2009, ele excedia meio bilhão de dólares, com os usuários transformando 55 milhões de dólares em moedas do mundo real naquele ano.

Apesar do sucesso do *Second Life,* foi o surgimento de plataformas de mundos virtuais como o *Minecraft* e o *Roblox* que trouxe essas ideias para o público geral na década de 2010. Além de oferecerem melhorias tecnológicas consideráveis em relação a seus predecessores, o *Minecraft* e o *Roblox* também focavam em crianças e adolescentes e, portanto, eram mais fáceis de serem usados, em vez de apenas oferecerem grandes possibilidades. Os resultados têm sido impressionantes.

Ao longo da década de 2010, usuários construíram no *Minecraft* cidades do tamanho de Los Angeles — mais de 1.200 quilômetros quadrados.

Um *streamer*, Aztter, construiu uma impressionante cidade cyberpunk com cerca de 370 milhões de blocos de *Minecraft*, tendo trabalhado uma média de dezesseis horas por dia durante um ano.[7] A escala não é a única conquista da plataforma. Em 2015, a Verizon construiu um celular dentro do *Minecraft* que podia fazer e receber ligações de vídeo no "mundo real". Quando o vírus da Covid-19 se espalhou na China em fevereiro de 2020, uma comunidade de jogadores chineses de *Minecraft* rapidamente recriou os hospitais de 11 hectares construídos em Wuhan como uma homenagem aos trabalhadores "na vida real" (*in real life* — IRL), recebendo cobertura global.[8] Um mês depois o Repórteres Sem Fronteiras encomendou a construção de um museu dentro do *Minecraft* composto de mais de 12,5 milhões de blocos montados por 24 construtores virtuais em dezesseis países diferentes ao longo de mais de 250 horas. A Biblioteca Sem Censura, como o museu foi chamado, permitia a jogadores em países como a Rússia, a Arábia Saudita e o Egito ler livros proibidos, além de promover a liberdade de expressão e detalhar a vida de jornalistas como Jamal Khashoggi, cujo assassinato foi encomendado por líderes políticos na Arábia Saudita.

No final de 2021, mais de 150 milhões de pessoas acessavam o *Minecraft* a cada mês — mais de seis vezes a quantidade de 2014, quando a Microsoft comprou a plataforma. Apesar disso, o *Minecraft* estava longe do tamanho do novo líder do mercado, o *Roblox*, que tinha crescido de menos de 5 milhões para mais de 225 milhões de usuários por mês no mesmo período. De acordo com a Roblox Corporation, 75% das crianças entre 9 e 12 anos nos Estados Unidos usaram regularmente a plataforma no segundo trimestre de 2020. Combinadas, as duas plataformas tiveram mais de 6 bilhões de horas de uso mensal cada uma, o que gerou mais de 100 milhões de mundos diferentes desenhados por mais de 15 milhões de usuários. O jogo do mundo *Roblox* mais jogado — *Adopt Me!* — foi criado por dois jogadores amadores em 2017 e permitia aos usuários chocar, criar e trocar vários animais de estimação. No final de 2021, o mundo virtual do *Adopt Me!* tinha sido visitado mais de 30 bilhões de vezes — mais de quinze vezes o número médio de visitas do turismo global em 2019. Além disso, os desenvolvedores que trabalham no *Roblox*, muitos dos quais pertencem a pequenas equipes com menos de trinta membros, receberam mais de 1 bilhão de dólares em pagamentos da plataforma. No final de 2021, a Roblox tinha se tornado a empresa de jogos mais valiosa fora da China, valendo cerca de 50% a mais do que antigas gigantes dos jogos, como a Activision Blizzard e a Nintendo.

Apesar do crescimento enorme no público e nas comunidades de desenvolvedores do *Minecraft* e do *Roblox*, muitas outras plataformas começaram a emergir e crescer perto do final da década de 2010. Em dezembro de 2018, por exemplo, o jogo de sucesso *Fortnite* lançou o *Fortnite Creative Mode*, sua própria plataforma de construção de mundo à semelhança do *Minecraft* e do *Roblox*. Enquanto isso, o *Fortnite* também estava se transformando em uma plataforma social para experiências além do jogo. Em 2020, a estrela do hip-hop (e membro da família Kardashian) Travis Scott organizou um show que foi visto ao vivo por 28 milhões de jogadores e mais outras milhões de pessoas assistindo ao vivo pelas redes sociais. A música que Scott lançou no show, com participação de Kid Cudi, chegou ao número 1 da parada da *Billboard* uma semana depois. Foi a primeira música número 1 de Cudi e terminou 2020 como o terceiro maior lançamento norte-americano do ano. Além disso, várias das músicas que Scott tocou, parte de seu álbum *Astroworld* lançado dois anos antes, voltaram para a parada da *Billboard* depois do show. Dezoito meses depois, o vídeo oficial do evento feito pelo *Fortnite* tinha acumulado mais de 200 milhões de visualizações no YouTube.

A história de décadas dos mundos sociovirtuais, desde as MUDs até o *Fortnite*, ajuda a explicar por que as ideias do metaverso passaram recentemente de ficção científica e patentes para foco tecnológico de empresas e consumidores. Estamos agora no ponto em que essas experiências podem atrair centenas de milhões de pessoas, e seus limites estão mais na imaginação humana do que na técnica.

No meio de 2021, apenas semanas depois de o Facebook ter revelado suas intenções quanto ao metaverso, Tim Sweeney, CEO e fundador da fabricante do *Fortnite*, a Epic Games, tuitou um código de pré-lançamento para o jogo *Unreal*, feito pela empresa em 1998, acrescentando que os jogadores "podiam entrar em portais e viajar entre servidores geridos por usuários quando o *Unreal 1* foi lançado em 1998. Eu me lembro de um momento no qual as pessoas da comunidade tinham criado um mapa para uma gruta sem combate e estavam em círculo, batendo papo. Mas esse estilo de jogo não durou muito".⁹ Alguns minutos depois, ele acrescentou: "Nós tivemos aspirações a um metaverso por muito, muito tempo... mas apenas nos últimos anos uma massa considerável de peças funcionais começou a aparecer rapidamente".¹⁰

Esse é o arco das transformações tecnológicas. A internet móvel existe desde 1991 e foi prevista muito antes disso. Mas foi apenas no final dos anos 2000 que a combinação necessária de velocidade sem fio, dispositivos sem fio e aplicativos sem fio havia avançado até o ponto em que todo adulto no mundo desenvolvido — e, em uma década, a maior parte das pessoas na Terra — queria e podia pagar por um smartphone e um plano de internet banda larga. Isso, por sua vez, levou a uma transformação dos serviços de informação digital e da cultura humana de forma mais ampla. Considere o seguinte: quando o pioneiro das mensagens instantâneas ICQ foi adquirido pela gigante da internet AOL em 1998, ele tinha 12 milhões de usuários. Uma década depois, o Facebook tinha mais de 100 milhões de usuários mensais. No final de 2021, o Facebook tinha 3 bilhões de usuários mensais, com cerca de 2 bilhões usando o serviço diariamente.

Algumas dessas mudanças também vieram de uma sucessão geracional. Por volta dos primeiros dois anos depois do lançamento do iPad, era comum ver reportagens e vídeos virais no YouTube a respeito de bebês e crianças pequenas que pegavam uma revista ou um livro "analógico" e tentavam manuseá-los como se tivessem telas de toque. Hoje, essas crianças que então tinham 1 ano têm 11 ou 12 anos. Uma criança de 4 anos em 2011 agora está a caminho da vida adulta. Hoje, esses consumidores de mídia gastam seu próprio dinheiro em conteúdo — e alguns já criam conteúdo eles mesmos. E enquanto esses consumidores antes ininteligíveis hoje entendem por que adultos achavam seu esforço inútil de dar zoom em um pedaço de papel tão engraçado, as gerações mais velhas não estão muito mais perto de entender como as visões de mundo e as preferências dos jovens são diferentes das suas.

O *Roblox* é um estudo de caso perfeito para esse fenômeno. A plataforma foi lançada em 2006 e cerca de uma década se passou antes de ela ter alguma audiência. Mais três anos se passaram antes que não jogadores notassem de fato o jogo (e os que o fizeram no geral desprezaram seus gráficos de baixa fidelidade). Dois anos depois, ele era uma das maiores experiências de mídia da história. Essa linha do tempo de quinze anos é em parte resultado de melhorias técnicas, mas não é coincidência que os principais usuários do *Roblox* sejam as mesmas crianças que cresceram "com iPad". O sucesso do *Roblox*, em outras palavras, exigiu que outras tecnologias fossem criadas para influenciar a forma de os consumidores pensarem, além de permitir que isso fosse possível, para começar.

A luta iminente para controlar o metaverso (e você)

Nos últimos setenta anos, "protometaversos" foram de bate-papos de texto e MUDS para redes vívidas de mundos virtuais com populações e economias que se igualavam a de pequenos países. Essa trajetória vai continuar nas próximas décadas, trazendo mais realismo, diversidade de experiências, participantes, influência cultural e valor para os mundos virtuais. Em algum momento, uma versão do metaverso como a imaginada por Stephenson, Gibson, Baudrillard e outros será alcançada.

Haverá muitas guerras pela supremacia nesse e desse metaverso. Elas acontecerão entre gigantes da tecnologia e startups insurgentes, por meio de hardware, padrões técnicos e ferramentas, além de conteúdo, carteiras digitais e identidades virtuais. Essa luta será motivada por mais do que apenas o potencial de lucro ou a necessidade de sobreviver à "virada para o metaverso".

Em 2016, um ano antes de a Epic Games lançar *Fortnite* e muito antes de o termo "metaverso" entrar no discurso público, Tim Sweeney disse a repórteres: "Esse metaverso vai ser muito maior e mais poderoso do que qualquer coisa. Se uma única empresa obtiver o controle sobre isso, ela se tornará mais poderosa que qualquer governo e será um deus na Terra".[*, 11]

---

[*] Em sua decisão, a corte distrital escreveu: "[a corte] no geral acredita que as crenças do sr. Sweeney a respeito do futuro do metaverso são sinceras" (Epic Games, Inc. v. Apple Inc., U. S. District Court, Califórnia, caso 4:20-CV-05640-YGR, documento 812, arquivado em 10 de setembro de 2021).

É fácil ver uma afirmação assim como hiperbólica. O surgimento da internet, contudo, sugere que pode não ser.

As bases da internet de hoje foram construídas ao longo de muitas décadas e por meio de diversos consórcios e grupos de trabalho informais compostos por laboratórios de pesquisa do governo, universidades e tecnologistas e instituições independentes. Esses coletivos eram em geral sem fins lucrativos e normalmente se focavam em estabelecer padrões abertos que os ajudariam a compartilhar informação de um servidor para o outro e, ao fazer isso, tornar mais fácil a colaboração em tecnologias, projetos e ideias futuras.

Os benefícios dessa abordagem eram muitos. Por exemplo, qualquer pessoa com uma conexão com a internet poderia construir um site em minutos e sem custo nenhum, usando HTML puro ou, se quisesse que fosse ainda mais rápido, uma plataforma como o GeoCities. Uma única versão desse site era (ou pelo menos poderia ser) acessada por qualquer dispositivo, navegador ou usuário conectado à internet. Além disso, nenhum usuário ou desenvolvedor precisava ser intermediado — eles poderiam produzir conteúdo e falar com quem quisessem. O uso de padrões comuns também significava que era mais fácil e barato contratar e trabalhar com terceirizados, integrar softwares e aplicativos externos e reutilizar o código. O fato de que muitos desses padrões eram livres e de código aberto significava que inovações individuais frequentemente beneficiavam o ecossistema inteiro, ao mesmo tempo que colocavam as pressões da competição em padrões pagos e proprietários e ajudavam a controlar as tendências de cobrar aluguel das plataformas que ficavam entre a rede e seus usuários (por exemplo: fabricantes de dispositivos, sistemas operacionais, navegadores e provedores de internet).

É importante que nada disso tenha evitado que negócios lucrassem com a internet, por meio do uso de paywalls ou de tecnologias particulares. Em vez disso, a "abertura" da internet permitiu que mais empresas fossem formadas em mais áreas, atingindo mais usuários e conquistando lucros maiores à medida que evitava que gigantes da era pré-internet (e, mais crucial, empresas de telecomunicações) a controlassem. A abertura é também a razão por que a internet é em geral considerada uma força que democratizou a informação e por que a maioria das empresas públicas mais valiosas do mundo hoje foi fundada (ou renasceu) na era da internet.

Não é difícil imaginar como a internet seria diferente se tivesse sido criada por conglomerados multinacionais de mídia para vender ferramentas, entregar anúncios e colher os dados de usuários para lucrar ou controlar a totalidade da experiência dos usuários (algo que a AT&T e a AOL tentaram fazer, mas falharam). Baixar um JPEG poderia custar dinheiro e um PNG poderia custar 50% a mais. Chamadas de vídeo poderiam ser possíveis apenas por meio do aplicativo ou do portal da própria provedora de banda larga — e apenas entre aqueles que possuíssem o mesmo provedor (imagine algo tipo: "Bem-vindo ao seu Navegador Xfinity™, clique aqui para Agenda Xfinity™ ou Ligações Xfinity™, oferecido por Zoom™. Desculpe, 'Vovó' não está na sua rede, mas por 2 dólares você ainda pode ligar para ela…"). Imagine se fosse necessário um ano ou mil dólares para criar um site. Ou se sites só funcionassem no Internet Explorer ou no Chrome — e você precisasse pagar para um determinado navegador uma taxa anual em troca do privilégio de utilizá-lo. Ou talvez você precisasse pagar taxas extras ao seu provedor de banda larga para poder ler certas linguagens de programação ou usar determinada tecnologia (imagine, de novo: "Este site exige o Xfinity Premium com 3D"). Quando os Estados Unidos processaram a Microsoft em 1998 por supostas violações antitruste, o caso foi focado na decisão da Microsoft de juntar o Internet Explorer, o navegador da empresa, com o sistema operacional Windows. Ainda assim, se uma empresa tivesse criado a internet, é plausível pensar que ela teria permitido um navegador concorrente? Se sim, ela teria permitido aos usuários fazer o que quisessem nesses navegadores ou acessar (e modificar) o site que quisessem?

Uma "internet corporativa" é a expectativa atual para o metaverso. A natureza e os primórdios sem fins lucrativos da internet advêm do fato de que laboratórios de pesquisa governamentais e universidades foram na prática as únicas instituições com o talento, os recursos computacionais e a ambição de construir uma "rede das redes" e poucos no setor lucrativo entenderam seu potencial comercial. Nada disso é verdade quando se trata do metaverso. Em vez disso, seus pioneiros e construtores são empresas privadas com o objetivo explícito de comércio, coleta de dados, publicidade e venda de produtos virtuais.

Ademais, o metaverso está emergindo em um momento em que as maiores plataformas tecnológicas verticais e horizontais já estabeleceram uma enorme influência em nossas vidas, além dos modelos de tecnologia e negócios da economia moderna. Esse poder reflete em parte os profundos círculos de resposta da era digital. A lei de Metcalfe, por exemplo, afirma que o valor de uma rede de comunicação é proporcional à raiz do número de seus usuários; uma relação que ajuda a manter grandes redes sociais e serviços crescendo e apresenta um desafio para concorrentes iniciais. Qualquer negócio baseado em inteligência artificial ou aprendizagem de máquina se beneficia de vantagens similares conforme sua base de dados cresce. Os modelos de negócios principais na internet — anúncios e venda de software — também são chamados "movidos por escala", já que as empresas que vendem mais um espaço para anúncio ou para um aplicativo não encontram quase nenhum custo ao fazer isso e tanto anunciantes como desenvolvedores se focam principalmente em onde os consumidores já estão, em vez de onde eles poderiam estar.

Mas para garantir suas bases de usuários e desenvolvedores e ao mesmo tempo expandir para novas áreas e bloquear potenciais concorrentes, as gigantes da tecnologia passaram a última década fechando seus ecossistemas. Para isso, elas reuniram vários serviços de forma forçada, o que proibia usuários e desenvolvedores de exportar facilmente seus próprios dados, fechando vários programas parceiros e sabotando (ou mesmo bloqueando totalmente) padrões pagos ou mesmo gratuitos que pudessem ameaçar sua hegemonia. Essas manobras, somadas ao ciclo de resposta decorrente do fato de se ter comparativamente mais usuários, dados, lucro, dispositivos etc., fecharam de fato boa parte da internet. Hoje, um desenvolvedor precisa em essência receber permissão e oferecer pagamento. Usuários têm pouca posse de suas identidades, seus dados ou seus direitos digitais.

É aqui que o medo de um metaverso distópico parece justo, em vez de alarmista. A ideia do metaverso em si significa que uma parcela crescente de nossa vida, nosso trabalho, nosso lazer, nosso tempo, nossa riqueza, nossa felicidade e nossos relacionamentos acontecerá em mundos virtuais, em vez de ser apenas estendida ou favorecida por dispositivos digitais e softwares. Será um plano paralelo da existência para milhões, senão bilhões, de pessoas, que ficará acima de nossas economias digitais ou físicas e unirá ambas. Como resultado, as empresas que controlam esses mundos virtuais e seus átomos virtuais provavelmente serão mais dominantes que as líderes na economia digital de hoje.

O metaverso também vai aguçar muitos dos problemas difíceis da existência digital de hoje, como direitos e segurança de dados, desinformação e radicalização, poder e regulamentação das plataformas, felicidade e abuso dos usuários. As filosofias, culturas e prioridades das empresas que forem líderes na era do metaverso, portanto, ajudarão a determinar se o futuro será melhor ou pior do que nosso momento atual, em vez de só mais virtual ou lucrativo.

Enquanto as maiores empresas do mundo e as startups mais ambiciosas perseguem o metaverso, é essencial que nós — usuários, desenvolvedores, consumidores e eleitores — entendamos que podemos agir sobre o nosso futuro e que é possível reformar o *status quo*. Sim, o metaverso pode parecer intimidador e assustador, mas ele também oferece uma chance de unir pessoas, transformar indústrias que resistem há muito tempo à disrupção e que precisam evoluir e construir uma economia global mais igualitária. Isso nos leva a um dos aspectos mais animadores do metaverso: como ele é pouco entendido hoje.

2
Confusão e incerteza

Apesar de todo o fascínio com o metaverso, o termo não possui definição consensual nem descrição consistente. A maior parte dos líderes da indústria o define da forma que convém às suas visões de mundo e/ou às capacidades de suas empresas.

Por exemplo, o CEO da Microsoft Satya Nadella descreveu o metaverso como uma plataforma que transforma "o mundo inteiro em uma tela de aplicativo"[1] que pode ser aumentada por softwares de nuvem e aprendizagem de máquina. Não é surpresa que a Microsoft já possua uma "pilha tecnológica"[2] que é o "par natural" para o metaverso potencial e que é composta pelo sistema operacional da empresa, o Windows, seu serviço de computação na nuvem Azure, a plataforma de comunicação Microsoft Teams, o dispositivo de realidade aumentada HoloLens e a plataforma de jogos Xbox, a rede profissional LinkedIn e os próprios "metaversos" da Microsoft, que incluem o *Minecraft*, o *Flight Simulator* e até mesmo o jogo de tiro em primeira pessoa *Halo*.[3]

A articulação de Mark Zuckerberg focou a realidade virtual imersiva,* além de experiências sociais que conectam indivíduos que vivem longe

---

* "Aplicativos de realidade virtual" é um termo que tecnicamente se refere a simulações geradas por computadores ou objetos e ambientes tridimensionais com interação entre usuários que parece real, direta ou física (Dionisio, John David; Burns III, William & Gilbert, Richard. "3D Virtual Worlds and the Metaverse: Current Status and Future Possibilities".

uns dos outros. É notável que a divisão Oculus do Facebook seja a líder de mercado em realidade virtual, tanto em unidades vendidas quanto em investimento, enquanto sua rede social é a maior e mais usada globalmente. Enquanto isso, o *Washington Post* caracterizou a visão que a Epic tem do metaverso como:

> *um espaço comunal amplo e digitalizado no qual os usuários podem se reunir livremente com marcas e uns com os outros de formas que permitem a autoexpressão e criam alegria [...] um tipo de playground online no qual os usuários podem se juntar a amigos para jogar um jogo* multiplayer *como o* Fortnite *da Epic em um momento, assistir a um filme na Netflix em seguida e então levar seus amigos para testar um novo carro que é feito de forma igual no mundo real e no virtual. Não seria (na opinião de Sweeney) o* feed *de notícias bem cuidado e cheio de anúncios apresentado por plataformas como o Facebook.*[4]

Em muitos casos, o discurso em torno do metaverso mostra que executivos veem a necessidade de usar a palavra da moda antes de entenderem realmente o que ela significa no geral, quanto mais para seus negócios. Em agosto de 2021, o Match Group, dono de apps de namoro como o Tinder, o Hinge e OKCupid, disse que seus serviços logo receberiam "recursos maiores, ferramentas de autoexpressão, IA conversacional e vários do que consideramos elementos do metaverso, que possuem a capacidade de transformar o processo de namoro online e de conhecer pessoas". Nenhum detalhe adicional foi oferecido, embora seja plausível que as iniciativas do metaverso envolvam bens virtuais, moedas, avatares e ambientes que facilitem o romance.

Depois que as megacorporações chinesas Tencent, Alibaba e ByteDance começaram a se posicionar como líderes no vagamente definido mas iminente

---

ACM *Computing Surveys*, vol. 45, ed. 3, jun. 2013. Disponível em: http://dx.doi.org/10.1145/2480741.2480751). No uso moderno, normalmente se refere à realidade virtual imersiva, na qual os sentidos de visão e audição de um usuário estão totalmente imersos nesse ambiente, em contraste a um dispositivo como uma TV, no qual apenas parte dos sentidos estão imersos no ambiente.

metaverso, seus concorrentes domésticos tropeçaram enquanto buscavam explicar como eles também poderiam se tornar pioneiros dessa ferramenta de trilhões de dólares. Por exemplo, o chefe de relações com o investidor da NetEase, outra gigante chinesa dos jogos, disse na apresentação dos lucros do último trimestre da empresa que:

> *o metaverso é de fato a nova palavra da moda em todos os lugares hoje. Por outro lado, eu acho que ninguém realmente tem uma experiência direta do que ele é. Mas na NetEase nós estamos tecnologicamente prontos. Sabemos como acumular o conhecimento e as habilidades relevantes quando esse dia chegar. Então, acho que quando esse dia chegar, nós provavelmente seremos um dos corredores mais rápidos no espaço do metaverso.*[5]

Uma semana depois de Zuckerberg ter detalhado pela primeira vez sua estratégia do metaverso, Jim Cramer, da CNBC, foi alvo de piadas na internet depois de ter tido dificuldades de explicar o metaverso para investidores de Wall Street.[6]

> JIM CRAMER: *Você precisa ir à conferência da Unity no primeiro trimestre, que realmente explica o que o metaverso é, que é a ideia de que você está... você está... você está basicamente olhando para você com o Oculus, o que for. E você diz: "Eu gosto de como aquela pessoa fica com aquela camisa. Quero comprar uma igual". E a camisa é, no fim, uma Nvidia, hum, basicamente uma Nvidia. E quando eu estou na Nvidia com Jensen Huang, o que acontece? Você poderia, é plausível. Ok, David, me escute. Porque isso é importante.*
>
> DAVID FABER: *Estou lendo o que Zuckerberg tem a dizer sobre isso...*
>
> JIM CRAMER: *... Ele não te disse nada... não, ele não disse!*
>
> DAVID FABER: *"[...] um ambiente persistente e síncrono no qual podemos estar juntos, e que acho que provavelmente vai se parecer com*

algum tipo de híbrido entre plataformas sociais que temos hoje, mas um ambiente no qual você está incorporado." Isso me diz o que é: é o Holodeck.

JIM CRAMER: *É um holograma. É como a ideia...*

DAVID FABER: *É como Star Trek...*

JIM CRAMER: *No final você pode entrar em uma sala, vamos dizer que você está sozinho e está se sentindo um pouco solitário, certo? E você gosta de música clássica, mas você entra numa sala e diz à primeira pessoa que vê: "Você acha que gosta, você gosta de Mozart, sabe o Haffner?". E então a segunda pessoa diz: "Antes de escutar o Haffner, você já escutou a nona de Beethoven?". Deixe eu te dizer, essas pessoas não existem. Ok?*

DAVID FABER: *Entendido.*

JIM CRAMER: Isso é o metaverso.

Embora Cramer estivesse obviamente confuso, muitas das comunidades tecnológicas continuam a debater elementos-chave do metaverso. Alguns observadores debatem se a realidade aumentada é parte do metaverso ou algo separado dele, e se o metaverso só pode ser experimentado com dispositivos de realidade virtual imersivos ou se é experimentado melhor com tais dispositivos. Para muitos nas comunidades de cripto e blockchain, o metaverso é uma versão descentralizada da internet de hoje — na qual os usuários, não as plataformas, controlam os sistemas-base além de seus próprios dados e bens virtuais. Algumas vozes importantes, como o ex-CTO da Oculus VR John Carmack, argumentam que se o metaverso for operado majoritariamente por uma única empresa, então ele não pode ser o metaverso. O CEO da Unity, John Riccitiello, não concorda com essa crença, embora ele note que a solução para o perigo de um metaverso centralmente controlado são tecnologias como o motor e o conjunto de serviços multiplataforma da Unity que "baixem a altura do muro". O Facebook não disse se o metaverso pode ser operado de forma particular ou não, mas a empresa diz que só pode haver um metaverso — assim como existe "a internet" e não "uma internet" ou "umas internets". A Microsoft e a Roblox, em oposição, falam em "metaversos".

Até onde existe um entendimento comum do metaverso, ele pode ser descrito da seguinte forma: um mundo virtual sem fim no qual todo mundo se veste com avatares cômicos e compete em jogos imersivos de realidade virtual para ganhar pontos, mergulha em suas franquias favoritas e encena suas fantasias mais impossíveis. Isso ganhou vida com *Jogador número um*, de Ernest Cline, um romance de 2011 considerado o sucessor mais popular de *Snow Crash* e que foi adaptado para o cinema por Steven Spielberg em 2018. Como Stephenson, Cline nunca ofereceu uma definição clara do metaverso (ou o que ele chamou de "o Oásis"), mas em vez disso o descreveu por meio do que podia ser feito e de quem alguém poderia ser dentro dele. Essa visão do metaverso é parecida com a forma como a pessoa média entendia a internet nos anos 1990 — uma "autoestrada da informação" ou a "World Wide Web" na qual "surfávamos" com nossos teclados e um mouse — só que agora em 3D. Um quarto de século mais tarde, é óbvio que esse conceito da internet era uma forma pobre e errônea de descrever o que viria.

A discordância e a confusão a respeito do metaverso, além de sua conexão com romances de ficção científica parcialmente distópicos nos quais tecnocapitalistas governam dois planos da existência humana, representam pouco mais do que um *hype* fútil do mercado. Outros se perguntam como o metaverso vai ser diferente de experiências como o *Second Life*, que existem há décadas. Embora um dia se esperasse que fossem mudar o mundo, elas sumiram da memória e foram desinstaladas dos computadores pessoais.

Alguns jornalistas sugeriram que o interesse súbito das grandes empresas de tecnologia na ideia nebulosa do metaverso é na verdade um esforço para evitar ações regulatórias.[7] Se os governos do mundo se convencerem de que uma mudança disruptiva de plataforma é iminente, essa teoria supõe que mesmo as maiores e mais estabelecidas empresas da história não precisarão ser quebradas — mercados livres e concorrentes insurgentes farão esse trabalho. Outros argumentam que, ao contrário, o metaverso está sendo usado por esses insurgentes para que reguladores abram investigações antitruste a respeito dos grandes líderes tecnológicos de hoje. Uma semana antes de processar a Apple por questões antitruste, Sweeney tuitou: "A Apple proibiu o metaverso", com documentos legais da empresa detalhando como as políticas da Apple iriam impedir sua emergência.[8] A juíza federal responsável pelo processo pareceu comprar pelo menos em parte a teoria de uma "estratégia regulatória do metaverso", afirmando no tribunal: "Vamos ser claros. A Epic está aqui porque, se um alívio for dado, ela poderia transformar sua empresa de bilhões de dólares em uma empresa de trilhões de dólares. Eles não estão fazendo isso pela bondade de seu coração".[9] A juíza também escreveu que, em relação ao processo da Epic contra a Apple e o Google,

> *os registros revelam dois motivos principais de mover essa ação. Primeiro e mais importante, a Epic Games busca uma mudança sistemática que resultaria em tremendo ganho monetário e fortuna. Segundo, [o processo] é um mecanismo para desafiar as políticas e práticas da Apple e do Google, que são um impedimento para a visão que o sr. Sweeney tem do metaverso que está por vir.*[10]

Outros argumentaram que os CEOs estão usando o termo entendido de forma vaga para justificar projetos de pesquisa e desenvolvimento que são caros a eles, mas ainda estão a anos de um lançamento público, provavelmente com o cronograma atrasado, e que são de pouco interesse para acionistas.

Confusão: uma característica necessária da disrupção

Todas as tecnologias novas e particularmente disruptivas merecem escrutínio e ceticismo. Mas os debates atuais a respeito do metaverso seguem nublados porque — pelo menos até agora — o metaverso é apenas uma teoria. Ele é uma ideia intangível, não um produto tocável. Como resultado, é difícil fazer qualquer afirmação específica e é inevitável que o metaverso seja compreendido dentro do contexto das capacidades e das preferências de uma certa empresa.

No entanto, só o número de empresas que veem valor potencial no metaverso demonstra o tamanho e a diversidade da oportunidade. Mais que isso, o debate a respeito do que o metaverso é, quão significante ele pode ser, quando vai chegar, como vai funcionar e os avanços tecnológicos que ele vai exigir é exatamente o que produz a oportunidade de uma disrupção ampla. Longe de contrariá-la, incerteza e confusão são características da disrupção.

Considere a internet. A descrição que a Wikipédia dá da internet (que se mantém praticamente igual desde meados dos anos 2000) é a seguinte:

> *A internet é um sistema global de redes de computadores interligadas que utilizam um conjunto próprio de protocolos (Internet Protocol Suite ou* TCP/IP*) com o propósito de servir progressivamente usuários no mundo inteiro. É uma rede de várias outras redes, que consiste em milhões de empresas privadas, públicas, acadêmicas e governamentais, com alcance local e global e que está ligada por uma ampla variedade de tecnologias de rede eletrônica, sem fio e óticas. A internet traz uma extensa gama de recursos de informação e serviços, tais como os documentos inter-relacionados de hipertextos da World Wide Web (*www*), redes ponto a ponto (peer-to-peer) e infraestrutura de apoio a correio eletrônico (e-mails).*[11]

O resumo aborda alguns dos padrões técnicos básicos da internet e descreve seu alcance, além de parte dos seus usos. A pessoa média pode ler essa definição hoje e mapear facilmente seu uso pessoal e provavelmente reconhecer por que é uma definição efetiva. Mas mesmo que você entendesse essa definição nos anos 1990 — ou mesmo depois do ano 2000 —, ela não explicava claramente como o futuro seria. Mesmo especialistas tinham dificuldade de entender o que construir na internet, quanto mais quando fazê-lo ou com que tecnologias. O potencial e as necessidades da internet são muito óbvios agora, mas na época quase ninguém tinha uma visão coerente, facilmente comunicável ou correta do futuro.

A confusão leva a alguns equívocos. Às vezes, a tecnologia emergente é vista como um brinquedo trivial. Em outros casos, seu potencial é compreendido, mas não sua natureza. Com mais frequência, as pessoas entendem errado quais tecnologias específicas vão ter sucesso e por quê. Em algumas ocasiões, acertamos tudo, exceto o timing.

Em 1998, Paul Krugman, que ganharia o Nobel de ciências econômicas uma década depois, escreveu um artigo com um título (não intencionalmente) irônico — "Why Most Economists' Predicitions Are Wrong" [Por que a maioria das previsões econômicas está errada] — no qual ele afirmava:

> *O crescimento da internet vai desacelerar drasticamente, conforme a falha da "lei de Metcalfe" — que afirma que o número de conexões potenciais de uma rede é proporcional à raiz do número de participantes — se tornar aparente: a maior parte das pessoas não tem nada a dizer para as outras! Em 2005 ou por aí, vai ficar claro que o impacto da internet na economia não foi maior que o das máquinas de fax.*[12]

A previsão de Krugman, que é anterior ao *crash* da bolha *dotcom*, assim como à fundação de empresas como Facebook, Tencent e PayPal, foi rapidamente contrariada. Contudo, a importância da internet foi discutida por mais de uma década depois do pronunciamento dele. Foi só no meio da década de 2010, por exemplo, que Hollywood aceitou que o centro de seu negócio, e não apenas os conteúdos de baixo custo gerados por usuários na forma de vídeos do YouTube e posts do Snapchat, passaria para a internet.

Mesmo quando a importância da próxima plataforma é bem entendida, suas premissas técnicas, o papel dos dispositivos relacionados e o modelo de negócio podem permanecer obscuros. Em 1995, o fundador e CEO da Microsoft Bill Gates escreveu seu famoso memorando "Internet Tidal Wave" [O maremoto da internet], no qual explicava que a internet era "crucial para todas as partes do nosso negócio" e a chamava de "o desenvolvimento mais importante desde o PC da IBM introduzido em 1981".[13] Esse grito de guerra é considerado o ponto inicial da estratégia "abraçar, estender, extinguir" da Microsoft que o Departamento de Justiça argumentou ser parte dos esforços da empresa para usar seu poder de mercado para alcançar e então eliminar líderes de mercado em serviços e softwares de internet.

Cinco anos depois do memorando de Gates, a Microsoft lançou seu primeiro sistema operacional para telefone celular. No entanto, a empresa interpretou de maneira equivocada o fator formal dominante do celular (a tela de toque); o modelo de negócios da plataforma (lojas de aplicativos e serviços em vez de venda de sistemas operacionais); o papel do dispositivo (que se tornou o principal dispositivo computacional para a maior parte dos consumidores, em vez de um secundário); a extensão de seu apelo (o mundo todo); seu preço ótimo (500 a 1.000 dólares) e seu papel (a maior parte das funções, em vez de só trabalho e ligações). Os erros da Microsoft ficaram claros no início de 2007, quando o primeiro iPhone foi lançado. Ao lhe perguntarem sobre as perspectivas do dispositivo, o segundo CEO da história da Microsoft, Steve Ballmer, riu e respondeu: "Quinhentos dólares? Completamente subsidiado? Com um plano? Eu digo que é o telefone mais caro do mundo [...]. E não tem apelo para clientes profissionais porque não tem um teclado. O que o torna uma máquina de e-mail não muito boa".[14] O sistema operacional móvel da Microsoft nunca se recuperou da força disruptiva do ios do iPhone da Apple, nem do Android do Google, que tinha como alvo muitos dos fabricantes tradicionais do Windows da Microsoft, como a Sony, a Samsung e a Dell, mas tinha licença livre e até compartilhava uma parte dos lucros da loja de aplicativos com os fabricantes de dispositivos. Em 2016, a maior parte do uso global de internet se dava por meio de computadores móveis. No ano seguinte — uma década depois do primeiro iPhone —, a Microsoft anunciou que iria interromper o desenvolvimento de seu Windows Phone.

O Facebook, um dos que mais ganharam com a ascensão da internet para consumidores, de início julgou mal a era móvel também, mas foi capaz de corrigir seus erros antes de ser substituído. Seu erro? Pensar que navegadores, e não aplicativos, seriam a forma dominante de acessar a internet.

Quatro anos depois de a Apple ter lançado a App Store do iPhone, três anos depois da famosa campanha de publicidade da Apple "Tem um app para isso" e dois anos depois de *Vila Sésamo*, dentre todas as coisas, ter parodiado a campanha, a gigante das redes sociais ainda estava focada em experiências baseadas em navegador. Embora o Facebook tecnicamente tivesse lançado um aplicativo móvel no mesmo dia em que a Apple lançou a App Store, e ele tenha rapidamente se tornado a forma mais popular de acesso ao Facebook em um dispositivo móvel, esse aplicativo era na verdade apenas um *thin client* que rodava HTML em uma interface que não era um navegador.

No meio de 2012, o Facebook finalmente relançou seu aplicativo para ios, que foi "reconstruído do zero" a fim de se focar no código específico para o aplicativo. Em um mês, Mark Zuckerberg disse que os usuários estavam consumindo "o dobro de posts no *feed* de notícias" e que "o maior erro que cometemos como empresa foi apostar demais no HTML5 [...]. Precisamos recomeçar e reescrever tudo para sermos nativos. Queimamos dois anos".[15] Ironicamente, a passagem tardia do Facebook para aplicativos nativos é parte do motivo de a empresa ser vista como um estudo de caso de mudança bem-sucedida de um negócio para a forma móvel. Ao longo de 2012, a parcela móvel dos lucros totais de anúncios do Facebook aumentou de menos de 5% para mais de 23% — mas isso só demonstra quanto lucro móvel a empresa perdeu ao apostar no HTML5 nos anos anteriores. A mudança atrasada do Facebook teve outras consequências também na forma de oportunidades perdidas e contas de bilhões de dólares. Uma década após o Facebook ter feito a mudança, o produto do Facebook com mais usuários diários era o WhatsApp, que a empresa adquiriu em 2014 por quase 20 bilhões de dólares. O WhatsApp tinha sido desenvolvido em 2009 especificamente para troca de mensagens baseada em aplicativos; na época, o Facebook tinha uma vantagem de quase 350 milhões de usuários. Muitos em Wall Street também consideram o Instagram, a rede social originalmente móvel que o Facebook comprou por 1 bilhão de dólares nos meses anteriores ao relançamento de seus aplicativos para ios, como seu bem mais valioso.

Embora a Microsoft e o Facebook tenham cometido erros fundamentais a respeito das tecnologias do futuro, muitas outras falharam porque apostaram na tecnologia certa, mas antes de haver um mercado para sustentá-la. Nos anos anteriores ao *crash* do *dotcom*, dezenas de bilhões de dólares foram investidos na construção de redes de fibra ótica pelos Estados Unidos. Devido aos custos marginais extras de acrescentar uma capacidade adicional, muitos construtores incluíram uma capacidade muito maior do que era necessário — esperando controlar um mercado regional ao oferecer capacidade suficiente para todo o tráfego futuro. Contudo, isso foi baseado em uma crença errônea de que o crescimento do tráfego de internet aumentaria exponencialmente nos anos seguintes. No final, era comum que menos de 5% da fibra estivesse "acesa", e o resto não usado.

Hoje, os milhares de quilômetros de "fibra escura" espalhados pelos Estados Unidos são um possibilitador subestimado da economia digital do país, ajudando silenciosamente os proprietários e consumidores de conteúdo a ganharem acesso a uma alta largura de banda e infraestrutura de baixa latência a preços módicos. Mas nos anos entre a instalação desses cabos e o presente, muitos dos responsáveis faliram. Isso inclui a Metromedia Fiber Network, a KPNQwest, a 360networks e, em uma das maiores falências da história dos Estados Unidos, a Global Crossing. Muitas outras empresas, como a Qwest e a Williams Communications escaparam por pouco. Embora alimentado por uma fraude contábil, o famoso colapso da WorldCom e da Enron foi exacerbado por apostas de bilhões de dólares de que a demanda por banda larga de alta velocidade excederia rapidamente sua oferta. A Enron estava tão convencida da demanda iminente e insaciável por dados em alta velocidade que, em 1999, revelou planos de negociar futuras faixas de banda larga como se faz com petróleo e silício, presumindo que empresas iriam querer reservar até anos de suprimento para evitar encontrar enormes mudanças no custo de entrega dos bits.

O que torna a transformação tecnológica difícil de prever é o fato de que ela é causada não por uma invenção, por uma inovação ou por um indivíduo, mas em vez disso exige que muitas mudanças atuem em conjunto. Depois de uma nova tecnologia ser criada, a sociedade e os inventores individuais respondem a ela, o que leva a novos comportamentos e novos produtos, o que por sua vez se desdobra em novos casos de uso para a tecnologia-base, inspirando assim comportamentos e criações adicionais. E por aí vai.

A inovação recursiva é o porquê de até mesmo os maiores crentes na internet de vinte anos atrás terem raramente previsto coisas a respeito de como ela seria usada hoje. As previsões mais precisas eram normalmente platitudes como "mais de nós estaremos online, com mais frequência, usando mais dispositivos e para mais propósitos", enquanto as menos precisas tendem a ser aquelas que descrevem exatamente o que faremos online, quando, onde, como e para que fim. Certamente, poucas pessoas imaginaram um futuro no qual gerações inteiras iriam se comunicar majoritariamente por emojis, tuítes ou *stories*. Ou no qual o fórum de investimento em ações do Reddit, combinado com investimento gratuito e fácil em plataformas como o Robinhood, impulsionaria a ascensão das estratégias de negócios tipo "só se vive uma vez" — o que por sua vez salvou empresas como a GameStop e a AMC Entertainment da falência provocada pela Covid-19. Ou no qual remixes do TikTok de sessenta segundos definiriam a parada da *Billboard* e com isso a trilha sonora de nosso transporte diário. Em 1950, o departamento de planejamento de produto da IBM supostamente passou o ano inteiro "insistindo que o mercado nunca chegaria a mais de dezoito computadores em todo o país".[16] Por quê? Porque o departamento não conseguia imaginar por que alguém precisaria desses dispositivos, exceto para rodar os softwares e aplicativos que a IBM estava desenvolvendo na época.

Quer você seja um crente do metaverso, um cético, ou nem um nem outro, você deveria ficar confortável com o fato de que é cedo demais para saber como um "dia na vida" será quando o metaverso chegar. Mas a impossibilidade de prever com precisão como o usaremos e como ele vai mudar nosso dia a dia não é uma falha. Mas um pré-requisito da força disruptiva do metaverso. A única forma de se preparar para o que virá é focar nas tecnologias e ferramentas específicas que juntas o formam. Em outras palavras, precisamos definir o metaverso.

3
Uma definição (finalmente)

Tendo passado pelas preliminares importantes, podemos começar a falar concretamente a respeito do que o metaverso é. Embora existam definições contraditórias e bastante confusão, acredito que seja possível oferecer uma definição clara, ampla e útil do termo, mesmo neste ponto precoce da história do metaverso.

Aqui, então, está o que eu quero dizer quando escrevo e falo a respeito do metaverso:

> uma rede em enorme escala e interoperável de mundos 3D virtuais renderizados em tempo real *que podem ser experienciados de forma* síncrona e persistente *por* um número efetivamente ilimitado de usuários *com* um sentimento individual de presença e continuidade de dados, *como identidade, história, direitos, objetos, comunicações e pagamentos.*

Este capítulo examina cada elemento dessa definição e ao fazer isso explica não apenas o metaverso, mas como ele é diferente da internet de hoje, o que vai ser preciso para alcançá-lo e quando ele pode ser conquistado.

Mundos virtuais

Se existe algum aspecto do metaverso a respeito do qual todo mundo — de crentes a céticos e mesmo aqueles pouco familiarizados com o termo — pode concordar é que ele é baseado em mundos virtuais. Durante décadas o motivo principal para se construir um mundo virtual era para um videogame, como em *The Legend of Zelda* ou *Call of Duty*, ou como parte de um longa-metragem como os da Pixar e da Disney ou para o *Matrix* da Warner Bros. É por isso que o metaverso com frequência é erroneamente descrito como um jogo ou uma experiência de entretenimento.

Mundos virtuais se referem a qualquer ambiente simulado gerado por computador. Esses ambientes podem ser em 3D imersivo, 3D, 2,5D (também chamado de 3D isométrico) ou 2D, colocados em cima do "mundo real" via realidade aumentada ou baseados apenas em textos, como nas MUDs ou nas MUSHs dos anos 1970. Esses mundos podem não ter um usuário individual — como no caso de um filme da Pixar, ou quando simulam virtualmente uma ecosfera para uma aula de biologia. Em outros casos, eles podem ser limitados a um único usuário, como quando se joga *The Legend of Zelda*, ou ser compartilhados com muitos outros, como em *Call of Duty*. Esses usuários podem afetar e ser afetados por esse mundo virtual por meio de diversos dispositivos como teclado, sensor de movimento ou até mesmo uma câmera que rastreia seus movimentos.

Em termos de estilo, mundos virtuais podem reproduzir o "mundo real" de forma exata (estes são frequentemente chamados de "gêmeos virtuais") ou representar uma versão ficcionalizada dele (como *Super Mario Odyssey* e sua New Donk City, ou na Manhattan em escala de jogo como no *Marvel's Spider-Man* para PlayStation, de 2018), ou representar uma realidade totalmente ficcional na qual o impossível é normal. O propósito de um mundo virtual pode ser "de jogo", o que quer dizer que existe um objetivo (vencer, matar, pontuar, derrotar ou resolver), ou de "não jogo" (quando os objetivos são educacionais ou para treinamento vocacional, comércio, socialização, mediação, exercícios e mais).

Talvez seja uma surpresa que a maior parte do crescimento e da popularidade dos mundos virtuais na última década tenha sido naqueles que ou não têm, ou têm poucos objetivos jogáveis. Considere o jogo mais vendido já feito exclusivamente para a plataforma Nintendo Switch. Você pode ter chutado que estou falando de *The Legend of Zelda: Breath of the Wild* ou *Super Mario Odyssey*, ambos frequentemente citados como alguns dos melhores jogos já feitos e parte das franquias de videogame mais populares da história. Mas essa coroa não pertence a nenhum dos dois. Em vez disso, o vitorioso é *Animal Crossing: New Horizons*, que veio de uma franquia popular e celebrada, está disponível para compra há menos de um terço do tempo que os outros títulos da Nintendo e ainda assim vendeu cerca de 40% a mais que eles. Embora *Animal Crossing: New Horizons* seja teoricamente um jogo, sua jogabilidade real é frequentemente relacionada a uma forma virtual de jardinagem. Não existem objetivos explícitos, muito menos algo a ser ganho. Em vez disso, os usuários juntam e criam itens em uma ilha tropical, cultivam uma comunidade de animais antropomórficos e trocam objetos decorativos e criações com outros jogadores.

Nos últimos anos, o maior crescimento em criação de mundos virtuais se deu em mundos que não são "jogáveis". Por exemplo, foi criado um gêmeo digital do Aeroporto Internacional de Hong Kong usando o popular motor de jogo Unity — o propósito desse gêmeo era simular o fluxo de passageiros, as implicações de questões de manutenção ou backups de pistas e outros eventos que poderiam impactar escolhas de desenho do aeroporto ou decisões operacionais. Em outros casos, cidades inteiras foram recriadas e então conectadas a dados em tempo real sobre trânsito de veículos, clima e outros serviços cívicos como polícia, bombeiros e ambulâncias. O objetivo desses gêmeos digitais é permitir aos planejadores urbanos entender melhor as cidades que gerenciam e tomar decisões mais informadas a respeito de zoneamento, permissões de construção e mais. Por exemplo, como um novo centro comercial afetaria o tempo de viagem de serviços de emergência médica ou policiamento? Como um prédio de desenho específico poderia afetar de forma adversa as condições de vento, temperatura urbana ou iluminação no centro da cidade? Mundos virtuais podem se provar uma ajuda essencial.

Mundos virtuais podem ter um criador ou vários. Eles podem ser profissionais ou amadores, querer lucro ou não. Contudo, sua popularidade aumentou conforme o custo, a dificuldade e o tempo exigidos para criá-los despencaram, o que por sua vez levou a um número maior de mundos virtuais e mais diversidade entre eles e dentro deles. *Adopt Me!*, uma experiência baseada no *Roblox*, foi desenvolvida por duas pessoas independentes e sem experiência no verão de 2017. Quatro anos depois, o jogo tinha quase 2 milhões de jogadores simultâneos (*The Legend of Zelda: Breath of the Wild* vendeu cerca de 25 milhões de cópias desde seu lançamento) e no final de 2021 tinha sido jogado mais de 30 bilhões de vezes.

    Alguns mundos virtuais são totalmente persistentes, o que quer dizer que tudo que acontece dentro deles é permanente. Em outros casos, a experiência é reiniciada para cada jogador. É mais comum que um mundo virtual opere em algum lugar entre esses dois extremos. Considere o famoso jogo 2D *Super Mario Bros.*, lançado em 1985 pela Nintendo Entertainment System. A primeira fase dura menos de 400 segundos. Se o jogador morre antes disso, ele pode ter uma vida extra que lhe permite tentar de novo, mas o mundo virtual da fase terá sido totalmente reiniciado, como se o jogador nunca tivesse estado ali antes — ou seja, todos os inimigos que foram mortos voltarão à vida e todos os itens serão restaurados. No entanto, *Super Mario Bros.* também permite que alguns itens persistam. Um jogador que morre na fase 3 ou na 4 mantém as moedas que foram coletadas em níveis anteriores assim como seu progresso no jogo — até que ele fique sem vidas, depois do que todos os dados são reiniciados.

    Alguns mundos virtuais são limitados a um dispositivo ou a uma plataforma específica. Exemplos disso incluem *The Legend of Zelda: Breath of the Wild*, *Super Mario Odyssey* e *Animal Crossing: New Horizons*, que são exclusivos do Nintendo Switch. Outros operam em várias plataformas, como os jogos móveis da Nintendo, que funcionam em quase todos os dispositivos Android e ios, mas não no Nintendo Switch ou em qualquer outro console. Alguns títulos são considerados totalmente multiplataforma. Em 2019 e 2020, o *Fortnite* estava disponível em todos os principais consoles de videogame (por exemplo: Nintendo Switch, Xbox One da Microsoft, PlayStation 4 da Sony), pcs (os que funcionam com Windows ou Mac os) e nas principais plataformas móveis (ios e Android).* Isso significa que um único jogador

---

* Depois que a Epic Games processou a Apple em agosto de 2020, a Apple removeu o *Fortnite* de sua App Store, tornando impossível para os usuários jogá-lo em dispositivos ios.

pode acessar o título, sua conta e seus bens (por exemplo, uma mochila ou um traje virtual) de quase qualquer dispositivo. Em outros casos, os títulos estão efetivamente disponíveis em várias plataformas, mas as experiências são desconectadas. O *Call of Duty Mobile* e o *Call of Duty Warzone* para PC/console compartilham algumas informações de conta e são ambos jogos *battle royale* com mapas e mecânicas similares, mas fora isso são jogos diferentes, e os jogadores em um mundo virtual não podem jogar contra jogadores do outro.

Como no mundo real, modelos de governança de mundos virtuais variam bastante. A maioria é controlada pela pessoa ou pelo grupo que o desenvolveu e opera o mundo, o que significa que eles possuem um controle unilateral de sua economia, suas políticas e seus usuários. Em outros casos, os usuários se autogovernam por meio de várias formas de democracia. Alguns jogos baseados em blockchain aspiram a operar o mais autonomamente possível depois do lançamento.

3D

Embora mundos virtuais venham em várias dimensões, o "3D" é uma especificação crucial para o metaverso. Sem 3D, é como se estivéssemos descrevendo a internet atual. Fóruns, serviços de bate-papo, construtores de websites, plataformas de imagens e redes interconectadas de conteúdo existem e são populares há décadas, afinal.

O 3D é necessário não só porque ele sinaliza algo novo. Os teóricos do metaverso argumentam que ambientes 3D são necessários para tornar possível a transição da cultura e do trabalho humano do mundo físico para o digital. Por exemplo, Mark Zuckerberg afirmou que o 3D é um modelo de interação inerentemente mais intuitivo para humanos do que sites, aplicativos e chamadas de vídeo 2D — especialmente em casos de uso social. Os seres humanos certamente não evoluíram durante milhares de anos para usar uma tela de toque plana.

Também devemos considerar a natureza das comunidades e as experiências online da última década. Nos anos 1980 e início dos 1990, a internet era majoritariamente baseada em texto. Um usuário online representava sua identidade via um nome de usuário ou um endereço de e-mail e um perfil escrito, e se expressava em salas de bate-papo e fóruns. No final dos anos 1990 e início dos 2000, os pcs se tornaram capazes de armazenar arquivos grandes, enquanto a velocidade da internet facilitou subir e baixar esses arquivos. Da mesma forma, a maior parte dos usuários da internet começou a se representar online por meio de imagens de perfil, além de sites pessoais que incluíam algumas fotos em baixa resolução e às vezes até clipes de áudio. No fim das contas, isso levou ao surgimento das primeiras redes sociais populares como o MySpace e o Facebook. No final dos anos 2000 e início dos 2010, formas completamente novas de socialização online começaram a emergir. Ficou no passado o tempo dos blogs pessoais atualizados com pouca frequência ou páginas de Facebook compostas de apenas uma foto de capa e uma série de atualizações somente de texto. Em vez disso, os usuários se expressavam por meio de um fluxo quase constante de fotos em alta resolução e até vídeos — muitos dos quais eram feitos em movimento e sem outro propósito além de compartilhar o que as pessoas estavam fazendo, comendo ou pensando em um determinado momento. De novo, isso foi movido por redes sociais totalmente novas como o YouTube, o Instagram, o Snapchat e o TikTok.

Essa história oferece algumas lições. Primeiro, que humanos buscam os modelos digitais que mais se aproximem de uma representação do mundo real como eles o experimentam — ricamente detalhado, misturando áudio e vídeo e com uma sensação de ser "ao vivo" em vez de estático ou ultrapassado. Segundo, conforme nossas experiências online se tornam mais "reais", nós colocamos mais da nossa vida real online, vivemos mais da nossa vida online e a cultura humana no geral é mais afetada pelo mundo online. Terceiro, os principais indicadores dessa mudança são normalmente novos aplicativos sociais que, geralmente, são adotados primeiro pelas gerações mais novas. Coletivamente, essas lições parecem dar força à noção de que o próximo grande passo para a internet é o 3D.

Se esse for mesmo o caso, podemos imaginar como uma "internet 3D" pode finalmente ser disruptiva para indústrias que vêm resistindo em boa medida à disrupção digital. Durante décadas, futuristas previram que a educação, mais notavelmente a educação pós-secundária e o treinamento vocacional, seria, em parte, deslocada para aulas remotas e online. Em vez disso, o custo da educação tradicional e presencial continuou a subir (e em números acima da média da inflação), enquanto inscrições em faculdades e universidades seguiram subindo — embora a experiência continue majoritariamente igual. Nenhuma das escolas de mais prestígio do mundo nem sequer tentou lançar programas de educação remota que aspirem a igualar a qualidade ou a influência de seu equivalente presencial, em parte porque os empregadores pareciam pouco dispostos a reconhecê-las. E para milhões de pais ao redor do mundo a pandemia de Covid-19 foi uma lição a respeito da insuficiência do aprendizado infantil apenas por meio de uma tela de toque 2D. Muitos imaginam que as melhorias nos mundos virtuais e nas simulações 3D, além de em dispositivos de realidade virtual e realidade aumentada, vão reformular nossas práticas pedagógicas. Alunos ao redor do mundo serão capazes de entrar em uma sala de aula virtual, se sentarem ao lado de seus pares enquanto fazem contato virtual com seu professor, e então se encolherem até o tamanho de hemácias que viajam pelo sistema circulatório humano. Depois disso, esses alunos de 15 micrômetros de altura serão aumentados de volta e dissecarão um gato virtual.

É importante enfatizar que embora o metaverso deva ser compreendido como uma experiência 3D, isso não significa que tudo dentro do metaverso será em 3D. Muitas pessoas vão jogar jogos 2D dentro do metaverso, ou usá-lo para acessar softwares e aplicativos por meio de dispositivos e interfaces da era móvel. Além disso, o advento do metaverso 3D não significa que toda a internet e a computação em geral vão fazer a transição para o 3D; a era da internet móvel começou mais de uma década e meia atrás e ainda assim muitos continuam usando dispositivos e redes não móveis. Além disso, dados transmitidos entre dois dispositivos móveis ainda são majoritariamente transmitidos por meio de estruturas de internet cabeada (fios subterrâneos, por exemplo). E apesar da expansão da internet ao longo dos últimos quarenta anos, ainda existem redes offline e que usam protocolos proprietários. Contudo, é o 3D que permite que muitas novas experiências sejam construídas na internet — e isso cria os desafios técnicos extraordinários que serão descritos a seguir.

Também preciso ressaltar que nenhuma parte do metaverso exige realidade virtual imersiva ou um dispositivo de realidade virtual. Um dia talvez eles possam se tornar a forma mais popular de experienciar o metaverso, mas realidade virtual imersiva é só uma forma de acessá-lo. Argumentar que a realidade virtual imersiva é uma exigência do metaverso é como argumentar que a internet móvel só pode ser acessada via aplicativo, excluindo assim os navegadores móveis. Na verdade, nem sequer precisamos de uma tela para acessar redes de dados móveis e conteúdo móvel, como é frequentemente o caso de dispositivos de rastreio de veículos, alguns fones de ouvido e diversos dispositivos e sensores máquina a máquina ou da internet das coisas (o metaverso também não vai precisar de telas, mais sobre isso no Capítulo 9).

Renderização em tempo real

Renderizar é o processo de gerar um objeto ou um ambiente 2D ou 3D usando um programa de computador. O objetivo desse programa é "resolver" uma equação feita por diferentes entradas, dados e regras que determinam o que e quando deve ser renderizado (ou seja, visualizado), com o uso de vários recursos computacionais, como uma unidade de processamento gráfico (*graphics processing unit* — GPU) e uma unidade central de processamento (*central processing unit* — CPU). Como acontece com qualquer problema de matemática, um aumento nos recursos disponíveis para resolvê-lo (nesse caso, o tempo, o número de CPUs/GPUs e o poder de processamento) significa que equações mais complexas podem ser resolvidas e mais detalhes são oferecidos na solução.

Pegue o filme *Universidade Monstros* de 2013. Mesmo usando um processador industrial, teria levado uma média de 29 horas para que cada um dos mais de 120 mil quadros do filme fosse renderizado. A renderização do filme inteiro de uma vez só teria levado mais de dois anos, presumindo que nenhuma renderização fosse substituída ou nenhuma cena fosse mudada. Com esse desafio em mente, a Pixar construiu um centro de dados com 2 mil computadores industriais conjugados com 24 mil processadores combinados que, em capacidade máxima, podiam renderizar um quadro em cerca de sete segundos.[1] A maior parte das empresas, é claro, não pode pagar por um supercomputador tão poderoso e, portanto, espera mais tempo. Muitas empresas de arquitetura e design, por exemplo, precisam esperar a noite toda para renderizar um modelo bem detalhado.

Priorizar fidelidade visual é sensato quando você está criando um *blockbuster* de Hollywood que será exibido em uma tela IMAX ou quando você está vendo uma reforma de prédio que vai custar milhões de dólares. Contudo, experiências que se passam em mundos virtuais exigem renderização *em tempo real*. Sem a renderização em tempo real, o tamanho e as imagens dos mundos virtuais seriam bastante limitados, assim como o número de usuários participantes e as opções disponíveis para cada um. Por quê? Porque experimentar um ambiente imersivo por meio de imagens pré-renderizadas exige que todas as sequências possíveis tenham sido feitas com antecedência — assim como um livro de "escolha sua própria aventura" só pode oferecer algumas escolhas e não infinitas. Em outras palavras, o custo de imagens melhores equivale a menos funcionalidade e ação.

Compare, por exemplo, andar no Coliseu romano em um videogame *versus* fazer a mesma coisa no Google Street View. Ambos oferecem visão de 360 graus e várias dimensões de movimento (olhar para cima ou para baixo, mover-se para a esquerda ou para a direita, para trás ou para a frente), mas o primeiro limita fortemente suas escolhas — e se você decidir olhar de perto uma determinada pedra, tudo que pode fazer é dar zoom em uma imagem que não foi feita para tal escrutínio. Ela será borrada e o ângulo é fixo.

Embora a renderização em tempo real permita que um mundo virtual esteja "vivo" e responda às entradas de um usuário (ou um grupo de usuários), isso significa que um mínimo de trinta quadros, e idealmente 120, devem ser renderizados a cada segundo. Essa restrição necessariamente afeta qual e quanto hardware é usado por quantos ciclos e, portanto, a complexidade do que é renderizado. Como você pode esperar, o 3D imersivo exige um poder computacional muito mais intenso do que o 2D. E assim como uma empresa média de arquitetura não pode competir com os supercomputadores construídos por uma subsidiária da Disney, o usuário médio não pode pagar por GPUs ou CPUs usadas em uma corporação.

Rede interoperável

Algo central na maior parte das visões do metaverso é a capacidade do usuário de levar seu "conteúdo" virtual como um avatar ou uma mochila de um mundo virtual para outro, no qual isso pode ser trocado, vendido ou remixado com outros bens. Por exemplo, se eu compro uma roupa no *Minecraft*, eu posso então vesti-la no *Roblox*, ou talvez o chapéu que eu tenha comprado no *Minecraft* possa ser combinado com um suéter que ganhei no *Roblox* enquanto assistia a uma partida esportiva virtual desenvolvida e operada pela FIFA. E se os espectadores da partida receberem um item exclusivo nesse evento, eles podem levá-lo consigo desse ambiente para outros e mesmo vendê-los em uma terceira plataforma como se fosse uma camiseta original do Woodstock de 1969.

Além disso, o metaverso deveria ser de tal forma que onde quer que um usuário decidisse ir ou o que quer que ele decidisse fazer, suas conquistas, seu histórico e até mesmo suas finanças fossem reconhecidas em diversos mundos virtuais, além do real. As analogias mais próximas são um sistema internacional de passaportes, pontuações de crédito em mercados locais e sistemas de identificação nacional (como números do seguro social).

Para alcançar essa visão, os mundos virtuais devem primeiro ser "interoperáveis", um termo que se refere à capacidade dos sistemas computacionais ou dos softwares de trocarem e usarem informações enviadas de um para o outro.

O exemplo mais significativo de interoperabilidade é a internet, que permite que incontáveis redes independentes, heterogêneas e autônomas troquem informação de forma segura, confiável e ampla ao redor do mundo. Tudo isso é possibilitado pela adoção do Conjunto de Protocolos da Internet (TCP/IP), um conjunto de protocolos de comunicação que diz a redes separadas como os dados devem ser embalados, abordados, transmitidos, roteados e recebidos. Esse conjunto é gerenciado pela já mencionada Internet Engineering Task Force (IETF), uma organização sem fins lucrativos e de padrões abertos fundada em 1986 sob controle do governo federal dos EUA (desde então ela se tornou um corpo global e plenamente independente).

O estabelecimento do TCP/IP não produziu sozinho uma internet globalmente interoperável como a conhecemos hoje. Dizemos "a internet" em vez de "uma internet" e escolhemos usar "a internet" a qualquer alternativa porque quase todas as redes de computadores do mundo, de negócios pequenos e médios a provedores de banda larga assim como fabricantes de dispositivos e empresas de software, todas adotaram voluntariamente o Conjunto de Protocolos da Internet.

Além disso, novos corpos de trabalho foram estabelecidos para garantir que, não importa quão grande ou descentralizada a internet e a World Wide Web possam se tornar, elas continuem sendo interoperáveis. Esses corpos gerenciavam a determinação e a expansão da hierarquia de alto nível dos domínios da web (.com, .org, .edu) assim como de endereços IP que identificam de forma distinta dispositivos individuais na internet, o localizador uniforme de recursos (*uniform resource location* — URL), que especifica a localização de um dado recurso em uma rede de computadores, e o HTML.

Também foi importante o estabelecimento de padrões comuns para arquivos na internet (por exemplo: JPEG para imagens digitais, e MP3 para áudio digital), sistemas comuns para apresentar informação na internet que foram construídos com ligações entre diferentes sites, páginas e conteúdo da web (como o HTML) e estruturas de navegadores que podem renderizar essa informação (o WebKit da Apple). Na maioria dos casos, muitos padrões que competiam entre si foram estabelecidos, mas soluções técnicas surgiram para que se convertesse de um para outro (por exemplo, de um JPEG para um PNG). Por conta da abertura do início da rede, a maior parte dessas alternativas foram feitas com código aberto e buscaram a maior compatibilidade possível. Hoje, uma foto tirada em um iPhone pode facilmente ser postada no Facebook, daí baixada do Facebook para o Google Drive e então postada em uma resenha da Amazon.

A internet demonstra o alcance dos sistemas, padrões técnicos e convenções que foram necessários para estabelecer, manter e aumentar a interoperabilidade entre diferentes aplicativos, redes, dispositivos, sistemas operacionais, línguas, domínios, países e mais. Porém serão necessários mais ainda para alcançar uma rede interoperável de mundos virtuais.

Quase todos os mundos virtuais populares hoje usam diferentes ferramentas de renderização (muitas empresas usam várias em seus títulos), salvam os objetos, as texturas e os dados de jogadores em formatos de arquivo totalmente diferentes e apenas com a informação de que elas esperam precisar, e não possuem nenhum sistema para sequer tentar compartilhar dados com outros mundos virtuais. Como resultado, mundos virtuais existentes não possuem nenhuma maneira clara de encontrar e reconhecer uns aos outros, nem uma linguagem comum na qual possam se comunicar, muito menos de forma coerente, segura e ampla.

Esse isolamento e essa fragmentação vêm do fato de que os mundos virtuais de hoje, e seus construtores, nunca desenharam seus sistemas ou suas experiências para serem interoperáveis. Em vez disso, eles deveriam ser experiências fechadas com economias controladas — e otimizadas de acordo.

Não existe uma forma óbvia ou rápida de estabelecer padrões e soluções. Considere, por exemplo, a ideia de um "avatar interoperável". É relativamente fácil para os desenvolvedores concordarem na definição de uma imagem e como apresentá-la, e sendo uma unidade estática e 2D de conteúdo formado por pixels individualmente coloridos, o processo de converter um tipo de arquivo de imagem (digamos PNG) em outro (JPEG) é simples. Contudo, avatares 3D são uma questão mais complexa. Um avatar é uma pessoa completa em 3D, com roupa, ou ele é formado de um corpo de avatar mais uma roupa? Se for o último, quantos artigos de roupa ele está usando e o que define uma camisa em vez de uma jaqueta que vai por cima de camisas? Que partes de um avatar podem ser recoloridas? Quais partes precisam ser recoloridas juntas (a manga é separada da camisa?). A cabeça de um avatar é um objeto completo ou é um conjunto de dezenas de subelementos, como olhos individuais (com suas próprias retinas), cílios, nariz, sardas e por aí vai. Além disso, os usuários esperam que um avatar de água-viva antropomórfica e um androide em forma de caixa se movam de formas diferentes. A mesma coisa vale para objetos. Se uma tatuagem está no pescoço do avatar, ela deve ficar fixa em sua pele independentemente de qualquer movimento feito. Uma gravata em volta do pescoço, no entanto, deve se mover (e também interagir) com o avatar quando ele se move. E ela deve se mover diferente de um colar de conchas, que deve também se mover diferente de um colar de penas.

Só compartilhar as dimensões e os detalhes visuais do avatar não é suficiente. Os desenvolvedores precisam entender e concordar em relação a como eles vão funcionar.

Mesmo que novos padrões sejam acordados e melhorados, os desenvolvedores precisarão de códigos que possam interpretar, modificar e aprovar bens virtuais de terceiros de forma apropriada. Se o *Call of Duty* quer importar um avatar do *Fortnite*, ele provavelmente vai querer também reformar o avatar para se encaixar no realismo sombrio do *Call of Duty*. Para isso, ele pode querer rejeitar aquilo que não faz sentido em seu mundo virtual, como a famosa *skin*[*] Peely do *Fortnite*, uma banana antropomórfica gigante (que provavelmente não consegue entrar nos carros ou passar pelas portas do cenário de *Call of Duty*).

Outros problemas precisam ser resolvidos também. Se um usuário comprar um bem virtual em um mundo virtual, mas então usá-lo em muitos outros, onde é gerenciado seu registro de posse e como esse registro é atualizado? Como outro mundo virtual reclama esse bem em nome de seu suposto dono e então valida que o usuário é o dono dele? Como a monetização é gerenciada? Não apenas imagens imutáveis e arquivos de áudio são mais simples do que bens 3D, como podemos enviar cópias deles de um computador para outro e de uma rede para outra e, isso é importante, não precisamos controlar como eles são usados depois e quem tem o direito de usá-los.

E o que foi dito acima só se refere a objetos virtuais. Existem desafios adicionais e consideravelmente únicos em comunicações digitais identificáveis e interoperáveis e especialmente em pagamentos.

Ademais, precisamos de padrões que são escolhidos por serem altamente eficientes. Considere, como exemplo, o formato GIF. Embora seja popular, ele é terrível tecnicamente. Imagens em GIF normalmente são muito pesadas (ou seja, o tamanho do arquivo é relativamente grande) apesar de terem comprimido o arquivo de vídeo fonte a ponto de muitos quadros individuais terem sido descartados e quadros remanescentes terem perdido boa parte de seu detalhe visual. O formato MP4, por outro lado, é normalmente de

---

[*] *Skin* é uma espécie de "vestimenta virtual" com a qual você pode personalizar a aparência de um personagem em um jogo. (N. E.)

cinco a dez vezes mais leve e oferece uma clareza de vídeo e minúcia de detalhes muito maior. O uso relativo muito mais amplo do GIF tem, portanto, levado a um uso extra de largura de banda, mais tempo de espera para que arquivos carreguem e uma experiência pior no geral. Isso pode não parecer um resultado terrível, mas, como vou discutir mais adiante no livro, as exigências computacionais, de rede e de hardware do metaverso serão inéditas. E objetos virtuais 3D são muito mais pesados e provavelmente muito mais importantes do que um arquivo de imagem. A seleção dos formatos terá assim um profundo impacto no que é possível, em quais dispositivos e quando.

O processo de padronização é complicado, bagunçado e longo. É realmente um problema humano e de negócios disfarçado de questão tecnológica. Padrões, diferentemente das leis da física, são estabelecidos por meio de consenso, não de descoberta. Formar consenso frequentemente exige concessões que não deixam nenhuma parte feliz, o que pode por sua vez resultar em "bifurcações" quando diferentes facções se separam. Ainda assim, o processo nunca termina. Novos padrões estão sempre surgindo e os velhos são atualizados e às vezes depreciados (estamos lentamente abandonando o GIF). O fato de o processo de padronização do 3D estar começando décadas depois dos primeiros mundos virtuais terem surgido e com trilhões de dólares em jogo vai tornar isso ainda mais difícil.

Apontando esses desafios, alguns argumentam que é pouco provável que "o metaverso" um dia aconteça. Em vez disso, haverá muitas redes de mundos virtuais competindo entre si. Mas essa não é uma posição pouco familiar. Desde a década de 1970 até os anos 1990 havia também um debate constante a respeito da possibilidade de um padrão comum de internet ser estabelecido (esse período é conhecido como a "Guerra dos Protocolos"). A maior parte do mundo e suas redes seria fragmentada em um punhado de pilhas de redes particulares que falariam apenas com algumas redes externas selecionadas e apenas para propósitos específicos.

Em retrospecto, o valor de uma internet integrada é óbvio. Sem ela, 20% da economia mundial (nem grande parte do restante movido digitalmente) não seria "digital" hoje. E embora nem toda empresa tenha se beneficiado da abertura e da interoperabilidade, a maior parte dos negócios e dos usuários se beneficiou. Em paralelo, a força motriz por trás da interoperabilidade tem poucas chances de receber uma voz visionária ou uma tecnologia recém-introduzida, mas será econômica. E o meio de usar a economia até o grau máximo será por meio de padrões comuns que estimularão a economia do metaverso ao atrair mais usuários e mais desenvolvedores, o que vai levar a experiências melhores, tornando o metaverso mais barato de fazer e mais lucrativo de operar e atraindo mais investimento. Não é necessário que todas as artes adotem os padrões comuns, desde que a gravidade econômica possa funcionar. Os que adotarem vão crescer e os que não o fizerem enfrentarão restrições.

É por isso que é tão importante entender como os padrões de interoperabilidade do metaverso serão estabelecidos. Os líderes nele terão um poder extraordinário quando essa internet de nova geração existir. De muitas formas, eles vão decidir as futuras leis da física e quando, como e por que elas serão atualizadas.

Grande escala

Para que "a internet" seja "a internet" nós aceitamos de forma geral que ela precisa ter um número basicamente infinito de sites e páginas. Ela não pode, por exemplo, ser só um punhado de portais feitos por alguns poucos desenvolvedores. O metaverso é similar. Ele precisa ter um número enorme de mundos virtuais se quer ser o "metaverso". Caso contrário, ele será mais tipo um parque temático digital — um destino com um punhado de atrações cuidadosamente selecionadas e experiências que nunca podem ser tão diversas ou competir com o mundo externo (real).

Olhar para a etimologia do termo "metaverso" ajuda aqui. O neologismo de Stephenson vem do prefixo grego "meta" e da raiz "verso", uma formação da palavra universo. Em inglês, "meta" se traduz mais ou menos como "além" ou "o que transcende" a palavra que vem a seguir. Por exemplo, metadados são os dados que descrevem dados, enquanto a metafísica se refere ao ramo da filosofia "do ser, da identidade e da mudança, do espaço e do tempo, da causalidade, da necessidade e da possiblidade", em vez do estudo da "matéria, de seus elementos fundamentais, de seus movimentos e comportamento no espaço e tempo e das entidades relacionadas à energia e à força".[2] Combinados, "meta" e "verso" devem significar uma camada unificadora que fica acima e ao redor de todos os "universos" individuais gerados por computador, assim como do mundo real, da mesma forma como o universo contém, em algumas estimativas, cerca de 70 quintilhões de planetas.

Além disso, dentro do metaverso podem existir "metagaláxias", uma coleção de mundos virtuais que operam todos sob uma mesma autoridade e que estão nitidamente conectados por uma camada virtual. Nessa definição, o *Roblox* seria uma metagaláxia enquanto o *Adopt Me!*, um mundo virtual. Por quê? Porque o *Roblox* é uma rede de milhões de mundos virtuais diferentes, um dos quais o *Adopt Me!*, mas o *Roblox* não contém todos os mundos virtuais (o que formaria o metaverso). É notável que mundos individuais podem eles mesmos ter sub-regiões específicas, assim como redes de internet têm suas próprias sub-redes e a Terra tem continentes, muitas vezes formados por várias nações, que podem ser ainda divididas em estados e províncias, cada um contendo cidades, condados e por aí vai.

Uma forma de pensar na metagaláxia é pensar no papel do Facebook na internet. O Facebook obviamente não é a internet, mas é uma coleção de páginas e perfis bem integrados. Em um sentido simplificado, ele é a versão atual de uma metagaláxia em 2D. A analogia também nos permite considerar a provável extensão da interoperabilidade do metaverso. No universo de hoje, nem todos os bens podem viajar a toda parte. Poderíamos levar um violão para Vênus, mas ele seria imediatamente esmagado; poderíamos tecnicamente levar uma fazenda de Ohio para a Lua, mas não seria nada prático. Na Terra, a maioria dos objetos humanos pode ser levada para a maior parte dos lugares feitos por humanos, contudo, temos várias limitações sociais, econômicas, culturais e de segurança que podem atrapalhar tais esforços.

O crescimento no número de mundos virtuais deve aumentar o uso de mundos virtuais. Alguns líderes dentro do espaço de mundos virtuais, como Tim Sweeney, acreditam que mais cedo ou mais tarde toda empresa vai precisar operar seus próprios mundos virtuais, tanto como planetas independentes quanto como parte de plataformas de mundos virtuais como o *Fortnite* e o *Minecraft*. Como Sweeney afirmou: "Assim como toda empresa algumas décadas atrás precisou criar uma página de internet, e depois em certo ponto precisou criar uma página no Facebook".

Persistência

Antes, discuti a ideia de persistência em um mundo virtual. Quase nenhum jogo atual demonstra uma persistência total. Em vez disso, eles rodam por um período finito antes de resetar uma parte ou todos os seus mundos virtuais. Considere *Fortnite* e *Free Fire*, ambos jogos de sucesso. Durante uma partida, jogadores constroem ou destroem várias estruturas, colocam fogo em florestas ou matam vida selvagem, mas em torno de vinte a vinte e cinco minutos depois, o mapa na prática "termina" e é descartado pela Epic Games e pela Garena — e nunca vai ser revivido por um jogador, mesmo que ele guarde os itens conquistados ou desbloqueados durante aquela partida. Na verdade, mesmo dentro de uma determinada partida, o mundo virtual descarta dados, como marcas de bala em uma pedra indestrutível, que podem ser "descarregadas" depois de trinta segundos para diminuir a complexidade da renderização.

Nem todos os mundos virtuais se reiniciam como uma partida de *Fortnite*. O *World of Warcraft* por exemplo roda de forma contínua. Contudo, ainda é errado dizer que seu mundo virtual persista totalmente. Se um jogador entrar em uma parte específica do mapa de *World of Warcraft*, derrotar inimigos, for embora e voltar, provavelmente vai descobrir que esses inimigos ressurgiram. E um comerciante dentro do jogo que vendeu um item raro a um jogador um dia antes pode oferecer a ele um segundo como se fosse o primeiro. Apenas quando uma grande atualização é feita pelo desenvolvedor, neste caso a Activision Blizzard, um mundo virtual pode mudar. Os jogadores não podem eles mesmos estimar se as consequências de uma determinada escolha ou evento vão durar indefinidamente. A única coisa que persiste é a memória do jogador e o fato de ter derrotado um inimigo ou comprado um item.

O desafio da persistência em mundos virtuais pode ser um pouco difícil de entender porque não encontramos esse problema no mundo real. Se você cortar uma árvore física, ela se foi para sempre, mesmo que você se lembre ou não de tê-la cortado, e não importa quantas outras árvores e atividades a Mãe Terra esteja controlando. Com uma árvore virtual, seu dispositivo e o servidor que o gerencia precisam decidir ativamente manter essa informação, renderizá-la e compartilhá-la com outros. E se esses computadores escolherem fazer isso, existem outras questões de detalhe — a árvore só se "foi" ou ela está agora caída no chão? Os jogadores deveriam ver de que lado ela foi cortada ou ela só foi cortada de forma genérica? E ela se "biodegrada"? Se sim, como — de forma genérica ou em resposta ao seu ambiente? Quanto mais informação persistir, maior a necessidade computacional e menos memória e potência disponíveis para outras atividades.

O melhor exemplo de interação com computação persistente vem do jogo EVE *Online*. Embora não seja tão famoso quanto outros "protometaversos" do início dos anos 2000 como o *Second Life*, nem versões mais recentes como o *Roblox*, o EVE *Online* é uma maravilha. Com exceção de quedas ocasionais para resolver algum problema ou efetivar alguma atualização, o EVE *Online* vem operando contínua e persistentemente desde seu lançamento em 2003. E, ao contrário de jogos como *Fortnite*, que fragmentam suas dezenas de milhões de jogadores em partidas de vinte a trinta minutos com doze a cento e cinquenta jogadores, o EVE *Online* coloca suas centenas de milhares de usuários mensais em um único mundo virtual compartilhado que ocupa quase 8 mil sistemas estelares e 70 mil planetas.

Por trás do mundo virtual extraordinário do EVE *Online* fica uma inovadora arquitetura de sistemas — mas também (e principalmente) um design criativo brilhante.

O mundo virtual do EVE *Online* é essencialmente um espaço tridimensional vazio com papéis de parede de fundo que parecem uma galáxia. Os usuários não podem realmente visitar um planeta, onde atividades como mineração são mais parecidas com montar um roteador wireless do que construir uma barragem virtual. Sendo assim, a persistência do jogo é mais questão de gerenciar um conjunto relativamente modesto de posses (a nave e os recursos de um jogador, por exemplo) e dados de localização. Isso significa menos trabalho computacional para os servidores da CCP Games e para seus usuários, cujos dispositivos não precisam renderizar um mundo transformado, apenas alguns objetos nele. Lembre-se de que complexidade é o inimigo da renderização em tempo real.

Além disso, pouca coisa acontece no EVE *Online* em um dia, um trimestre ou mesmo um ano. Isso porque o objetivo do EVE *Online*, se existe um, é que várias facções de jogadores conquistem planetas, sistemas e galáxias. Isso é obtido principalmente por meio do estabelecimento de corporações, da formação de alianças e do posicionamento estratégico de frotas. Para isso, uma boa parte do EVE *Online* na verdade acontece no "mundo real" via aplicativos de mensagens e e-mails, e não nos servidores da CCP. Os usuários passam anos planejando ataques, se infiltrando em guildas inimigas para poder traí-las mais tarde e criando enormes redes pessoais que trocam recursos e constroem naves novas. Embora batalhas grandes aconteçam, elas são muito raras — e envolvem a destruição de bens no mundo virtual (por exemplo, naves) em vez do mundo virtual em si. A primeira coisa é muito mais fácil para um processador dar conta do que a segunda — assim como jogar uma planta no lixo é mais fácil do que entender como isso vai afetar o ecossistema do jardim.

O que torna o EVE *Online* um exemplo tão extraordinário é quão profundamente complexo ele é — tanto técnica quanto sociologicamente — e ainda assim quão limitado é em comparação com quase todas as visões do metaverso. No *Snow Crash* de Stephenson o metaverso é um mundo virtual enorme, do tamanho de um planeta e rico em detalhes, com um número quase infinito de pessoas para se conhecer. Quase tudo e qualquer coisa feita por um usuário, a qualquer momento, pode persistir para sempre. Isso se aplica não apenas ao mundo virtual, mas aos itens individuais também. Nossos avatares e nossos tênis virtuais ficariam gastos com o uso e refletiriam esse dano para sempre. E segundo os princípios da interoperabilidade, essas modificações persistiriam para onde fôssemos.

A quantidade de dados que precisam ser lidos, escritos, sincronizados (mais a respeito disso adiante) e renderizados para se criar e sustentar essa experiência não é apenas inédita — é muito além do que é possível hoje. Contudo, a versão literal do metaverso de Stephenson pode nem ser desejável. Ele imaginou indivíduos acordando no metaverso dentro de suas casas virtuais, e caminhando ou pegando o trem para um bar virtual. Enquanto o esqueumorfismo* muitas vezes é útil, "A Rua" como uma única camada unificadora de tudo no mundo virtual provavelmente não é. A maior parte dos participantes do metaverso preferiria se teletransportar de um lugar para o outro.

Felizmente, é muito mais fácil gerenciar a persistência dos dados de um usuário (por exemplo, o que ele possui e o que fez) em vários mundos e ao longo do tempo, em vez da persistência de cada contribuição minúscula de cada usuário em um mundo do tamanho de um planeta. O modelo também reflete mais precisamente a internet como ela é hoje — e provavelmente nossos modelos de interação preferidos também. Na web, frequentemente navegamos direto para uma página, como um documento específico no Google Docs ou um vídeo no YouTube. Não começamos em um tipo de "página inicial da internet" e então clicamos em google.com e navegamos para a página do produto apropriado e assim por diante.

Ademais, a internet persiste independentemente de qualquer site específico, plataforma ou domínio de alto nível como ".com". Se um site, ou mesmo muitos sites, deixarem de existir, o conteúdo pode se perder, mas a internet, como um todo, persistiria. Muitos dos dados de um usuário, como cookies ou seu endereço de IP, sem falar no conteúdo que ele criou, podem existir sem um site, navegador, dispositivo, plataforma ou serviço determinado. Se um mundo virtual ficar offline, resetar ou for fechado, contudo, é quase como se ele nunca tivesse existido para o jogador. Mesmo que ele continue a operar, no momento em que um jogador parar de jogar dentro de um mundo, os bens que ele possui, seu histórico e suas conquistas, e até mesmo partes de seu gráfico social provavelmente se perderão. Isso é menos um problema quando os mundos virtuais são "jogos", mas para que a sociedade humana passe de forma significativa para esses espaços virtuais (por exemplo, para educação, trabalho e saúde), o que fazemos nele precisa perdurar de forma confiável, assim como nossos históricos escolares ou troféus de beisebol fazem. Para filósofos como John Locke, a identidade é compreendida melhor como uma continuidade da memória. Se for assim, então nós nunca poderemos ter uma identidade virtual enquanto tudo que fizermos for esquecido.

---

* Esqueumorfismo se refere à técnica usada em design gráfico na qual interfaces são desenhadas para imitar suas versões do mundo real. Por exemplo, o primeiro aplicativo Notas do iPhone envolvia digitar em papel amarelo com linhas vermelhas, como num bloco de notas comum.

Uma persistência cada vez maior dentro de mundos virtuais individuais será, contudo, essencial para o crescimento do metaverso. Como vou discutir ao longo deste livro, muitas das ideias de design que se tornaram populares nos últimos cinco anos não são novas, mas só se tornaram possíveis recentemente. Sendo assim, podemos agora ter dificuldade para entender por que *World of Warcraft* precisaria se lembrar para sempre das pegadas exatas de um usuário na neve fresca, mas é provável que um dia algum designer descubra a resposta e não muito depois ela se torne uma característica central de muitos jogos. Até lá, os mundos virtuais que mais precisam de persistência provavelmente são aqueles baseados em torno de propriedades virtuais ou ligados a espaços reais. Por exemplo, esperamos que "gêmeos digitais" devam ser atualizados com frequência para refletir as mudanças em seus parceiros do mundo real e que plataformas de propriedades apenas virtuais não "esqueçam" a arte ou a decoração acrescentada a um determinado cômodo.

Síncrona

Não queremos que os mundos virtuais do metaverso apenas persistam ou respondam em tempo real. Também queremos que sejam experiências *compartilhadas*.

Para que isso funcione, cada participante em um mundo virtual deve ter uma conexão de internet capaz de transmitir grandes volumes de dados a qualquer momento (alta largura de banda) assim como uma baixa latência ("rápida") e conexão contínua[*] ("sustentada e ininterrupta") com o servidor de um mundo virtual (tanto para entrada como para saída).

Isso pode não parecer uma exigência absurda. Afinal, dezenas de milhões de casas provavelmente já fazem streaming de vídeos de alta definição neste momento enquanto boa parte da economia global aconteceu em videoconferências ao vivo e síncronas durante a pandemia de Covid-19.

---

[*] É chamada frequentemente de conexão "persistente", mas, para diferenciá-la da persistência do mundo virtual, vou usar o termo "contínua" aqui.

E provedores de banda larga continuam a se vangloriar — e a entregar — melhorias na largura de banda e latência, com quedas de internet se tornando menos comuns a cada dia.

No entanto, experiências online síncronas são talvez o maior impedimento para o metaverso hoje — e um problema que é mais difícil de resolver. Colocando de forma simples, a internet não foi desenhada para experiências síncronas e compartilhadas. Ela foi desenhada para permitir o compartilhamento de cópias estáticas de mensagens e arquivos de uma parte a outra (explicitamente laboratórios de pesquisa e universidades que os acessavam um de cada vez). Embora isso soe bem limitante, funciona muito bem para quase todas as experiências online hoje — especificamente porque quase nenhuma exige conectividade contínua para parecer ao vivo ou, bem, contínua!

Quando um usuário acredita que está navegando em uma página ao vivo, como ao atualizar constantemente seu *feed* de notícias no Facebook ou o *feed* ao vivo da eleição no *New York Times*, ele na verdade está recebendo páginas frequentemente atualizadas. O que está realmente acontecendo é o seguinte: para começar, o dispositivo do usuário está fazendo um pedido para o servidor do Facebook ou do *New York Times*, seja via navegador ou aplicativo. O servidor então processa o pedido e envia de volta o conteúdo apropriado. Esse conteúdo inclui um código que pede atualizações do servidor por um intervalo determinado (digamos a cada cinco ou sessenta segundos). Além disso, cada uma dessas transmissões (do dispositivo do usuário ou do servidor relevante) pode viajar por conjuntos diferentes de redes até chegar ao seu receptor. Embora isso dê a sensação de uma conexão ao vivo e contínua de duas mãos, são na verdade apenas levas de pacotes de dados unidirecionais, assíncronas e roteadas de forma variável. O mesmo modelo se aplica ao que chamamos de aplicativos de "mensagens instantâneas". Os usuários, e os servidores entre eles, estão na verdade apenas empurrando dados fixos uns para os outros enquanto fazem pedidos frequentes de informação (mandar uma mensagem ou enviar um recibo de leitura).

Até a Netflix opera em uma base não contínua, mesmo que o termo *streaming* e sua experiência-alvo — reprodução sem interrupções — sugira o contrário. Na verdade, os servidores da empresa estão enviando aos usuários diferentes pacotes de dados, muitos dos quais viajam por redes diferentes do servidor para aquele usuário. A Netflix com frequência está empurrando conteúdo para o usuário antes que ele seja necessário — como trinta segundos extras. Caso um erro temporário de entrega ocorra (digamos, um caminho específico esteja congestionado ou o usuário perca brevemente sua conexão wi-fi), o vídeo vai continuar a rodar. O resultado da abordagem da Netflix é entrega, que parece contínua, mas só porque não é entregue assim.

A Netflix também possui outros truques. Por exemplo, a empresa recebe arquivos de vídeo de meses a horas antes de eles serem disponibilizados para o público. Isso dá à empresa uma janela durante a qual ela pode realizar uma análise ampla movida por aprendizado de máquina que lhe permite encolher (ou "comprimir") arquivos ao analisar dados de quadros para determinar qual informação pode ser descartada. Especificamente, os algoritmos da empresa vão "assistir" a uma cena com céu azul e decidir que, se a largura de banda do espectador cair subitamente, quinhentos tons diferentes de azul podem ser simplificados para duzentos, ou cinquenta ou vinte e cinco. A análise do streaming faz isso até mesmo em uma base de contexto — reconhecendo que cenas de diálogo podem tolerar mais compressão do que aquelas de ação rápida. Além disso, a Netflix pré-carrega o conteúdo em nodos locais. Quando você pede para reproduzir o episódio mais recente de *Stranger Things*, ele está na verdade a algumas quadras de distância e chega imediatamente.

Essa abordagem só funciona porque a Netflix é uma experiência assíncrona; você não pode "pré-fazer" nada para o conteúdo que está sendo produzido ao vivo. É por isso que streamings de vídeo ao vivo, como os da CNN ou da Twitch, são consideravelmente menos confiáveis do que streamings como a Netflix e a HBO Max. Mas mesmo transmissões ao vivo têm seus próprios truques. Por exemplo, as transmissões são em geral atrasadas de dois a trinta segundos, o que significa que ainda existe a possibilidade de pré-enviar o conteúdo no caso de um congestionamento temporário. Pausas para comerciais também podem ser usadas pelo servidor do provedor de conteúdo, ou do usuário, para resetar a conexão caso a anterior se mostre pouco estável. A maior parte dos vídeos ao vivo exige apenas uma conexão contínua de mão única — por exemplo, do servidor da CNN para o usuário. Às vezes existe uma conexão de duas vias, como é o caso de um chat da Twitch, mas apenas uma pequena quantidade de dados está sendo compartilhada (o chat em si) e não é de importância crucial — já que não afeta diretamente o que está acontecendo no vídeo (lembre-se: provavelmente aconteceu de dois a trinta segundos antes).

No geral, poucas experiências online exigem uma alta largura de banda, baixa latência e conectividade contínua além de mundos virtuais renderizados em tempo real para vários usuários. A maior parte das experiências só precisa de um, ou, no máximo, dois desses elementos. Negociações de ações de alta frequência (e especialmente algoritmos de negociações de alta frequência) precisam do menor tempo de entrega possível, já que isso pode fazer a diferença entre comprar ou vender uma ação com perda ou lucro. Contudo, as ordens em si são básicas e leves e não exigem uma conexão contínua de servidor.

A grande exceção são softwares de videoconferência como o Zoom, o Google Meet ou o Microsoft Teams, que envolvem muitas pessoas recebendo e enviando arquivos de vídeo de alta resolução, todas ao mesmo tempo e participando de uma experiência compartilhada. No entanto, essas experiências só são possíveis por meio de soluções de software que não funcionam muito bem para mundos virtuais renderizados em tempo real com muitos participantes.

Pense na sua última chamada de Zoom. De vez em quando alguns pacotes de informação provavelmente chegaram atrasados ou talvez nem tenham chegado, o que significa que você não ouviu uma ou duas palavras — ou talvez algumas das suas palavras não foram ouvidas pelas outras pessoas na chamada. Apesar disso, são boas as chances de que você ou seus ouvintes ainda tenham entendido o que foi dito e a chamada tenha prosseguido. Talvez você tenha temporariamente perdido e então recuperado a conectividade. O Zoom pode lhe mandar os pacotes que você perdeu e então acelerar a transmissão e editar pausas para poder o "alcançar" com o "ao vivo". É possível que você tenha perdido completamente a conexão, seja por causa de um problema com a sua rede local ou em algum lugar entre sua rede local e um servidor remoto do Zoom. Se isso aconteceu, você provavelmente voltou sem que ninguém tenha notado que você saiu — e se notaram, é pouco provável que sua ausência tenha atrapalhado muito.

Isso porque videoconferências são experiências compartilhadas que se focam em uma única pessoa, e não uma experiência compartilhada liderada por muitos usuários trabalhando juntos. E se você era o orador? A boa notícia é que a chamada poderia continuar muito bem sem você, seja com outro participante tomando a frente ou todo mundo esperando que você voltasse. Se em qualquer momento o congestionamento da rede significasse que você ou outros simplesmente não conseguissem escutar ou ver o que está acontecendo, o Zoom pararia de carregar ou baixar o vídeo de vários membros da chamada para priorizar o que mais importa: o áudio. Ou, alternativamente, uma latência variada poderia atrapalhar a chamada — leia-se, diferentes membros da chamada recebendo vídeo e áudio "ao vivo" um quarto de segundo, meio segundo ou até um segundo inteiro atrasado ou na frente uns dos outros —, o que resulta em dificuldades para falar e em interrupções constantes. Em algum momento, a chamada provavelmente descobriria como consertar isso. Todo mundo só precisa ter um pouco de paciência.

Mundos virtuais exigem performances mais altas e são mais afetados pelo menor dos soluços que qualquer outra dessas atividades. Conjuntos de dados muito mais complexos precisam ser transmitidos e de forma muito mais rápida e por todos os usuários.

Diferentemente de uma chamada de vídeo, que efetivamente tem um criador e vários espectadores, um mundo virtual normalmente é composto por muitos participantes compartilhados. Sendo assim, a perda de qualquer indivíduo (não importa quão temporária seja) afeta toda a experiência coletiva. E mesmo se um usuário não se perder por completo, mas em vez disso ficar levemente fora de sincronia com o resto da chamada, ele perderá totalmente a capacidade de afetar o mundo virtual.

Imagine jogar um jogo de tiro em primeira pessoa. Se o jogador A ficar 75 milissegundos atrasado em relação ao jogador B, ele pode atirar em um lugar onde acredita que o jogador B está, mas o servidor do jogador B sabe que o jogador B já saiu. Essa discrepância significa que o servidor do mundo virtual deve decidir quais experiências são "verdadeiras" (ou seja, quais devem ser renderizadas e persistir para todos os participantes) e quais experiências devem ser rejeitadas. Na maioria dos casos, a experiência do participante que ficou atrasado será rejeitada para que os outros participantes possam continuar com o jogo. O metaverso não pode funcionar de verdade como um plano paralelo para a existência humana se muitas das pessoas dentro dele experimentarem versões conflitantes (por isso inválidas) dele.

As restrições computacionais em torno do número de usuários por simulação (que vou discutir na próxima seção) frequentemente significam que se um usuário se desconectar de uma determinada sessão, ele não pode voltar a ela. Isso atrapalha não apenas a experiência do usuário, mas também a de seus amigos, que devem sair do mundo virtual se quiserem voltar a jogar juntos, ou caso contrário continuar sem essa pessoa.

Em outras palavras, latência e atrasos podem frustrar usuários individuais do Zoom e da Netflix, mas em um mundo virtual esses problemas colocam o usuário em risco de morte virtual, e o coletivo, em um estado de frustração constante. Enquanto escrevo isso, apenas três quartos dos lares norte-americanos podem participar constantemente da maior parte dos mundos virtuais renderizados em tempo real. Menos de um quarto dos lares do Oriente Médio podem fazer isso.

Essa descrição estendida do desafio da sincronicidade é fundamental para entender como o metaverso vai evoluir e crescer nas décadas que virão. Embora muitos considerem que o metaverso depende de inovações em dispositivos, como capacetes de realidade virtual, motores de jogos (como o Unreal) ou plataformas como o *Roblox*, são as capacidades de rede que vão definir — ou limitar — muito do que é possível, quando e para quem.

Como revisaremos nos capítulos posteriores, não existem soluções simples, baratas ou rápidas. Precisaremos de uma nova infraestrutura de cabeamento, padrões de rede sem fio, equipamento de hardware e talvez até reformar os elementos fundadores do Conjunto de Protocolos da Internet, como o Border Gateway Protocol (BGP).

A maior parte das pessoas nunca ouviu falar do BGP, mas esse protocolo está em toda parte, servindo como uma espécie de guarda de trânsito da era digital ao gerenciar como e onde dados são transmitidos por várias redes. O desafio com o BGP é que ele foi desenhado para o uso original da internet, o compartilhamento de arquivos estáticos e assíncronos. Ele não sabe, tampouco entende, quais dados está transmitindo (seja um e-mail, uma apresentação ao vivo ou um conjunto de entradas que precisam desviar de tiros virtuais em tempo real renderizados em uma simulação virtual), qual sua direção (entrada ou saída), qual o impacto se encontrar um congestionamento de rede e por aí vai. Em vez disso, o BGP segue uma metodologia relativamente padronizada de tamanho único para rotear o tráfego, o que essencialmente considera o caminho mais curto, o mais rápido e o mais barato (com uma preferência especial pela última variável). Assim, mesmo que uma conexão seja sustentada, ela pode ser desnecessariamente longa (latente) — e pode ser cortada para priorizar o tráfego de rede que não precisava ser entregue em tempo real.

O BGP é gerenciado pela IETF e pode ser revisado. Contudo, a viabilidade de qualquer mudança depende da escolha de milhares de diferentes provedores de serviços de internet, redes privadas, fabricantes de roteadores, redes de entrega de conteúdo e mais. Mesmo uma atualização significativa provavelmente será insuficiente para um metaverso global — pelo menos no futuro próximo.

Usuários ilimitados e presença individual

Embora Stephenson não tenha dado uma data exata, várias referências em *Snow Crash* sugerem que o romance se passa entre o meio e o fim da década de 2010. O metaverso de Stephenson, que tem mais ou menos duas vezes e meia o tamanho da Terra, era "ocupado por duas vezes a população da cidade de Nova York"[3] a qualquer momento. No total, 120 milhões dos mais ou menos 8 bilhões de pessoas que viviam no "mundo real" ficcional de Stephenson tinham acesso a computadores poderosos o suficiente para aguentar o protocolo do metaverso e podiam entrar quando quisessem. No nosso mundo real, não estamos nada perto de conseguir a mesma coisa.

Quão distante estamos disso? Mesmo mundos virtuais não persistentes que têm menos de dez quilômetros quadrados de superfície, com uma funcionalidade muito restrita, operados pelas empresas de videogame mais bem-sucedidas da história e rodando em dispositivos ainda mais poderosos ainda têm dificuldade de sustentar mais de 50 a 150 usuários em uma simulação compartilhada. Mais que isso, 150 usuários simultâneos (*concurrent users* — CCUs) é uma conquista significativa e possível apenas por causa da forma que esses títulos são desenhados. Em *Fortnite: Battle Royale*, até cem jogadores podem participar em um mundo virtual ricamente animado, e cada jogador controla um avatar detalhado que pode usar mais de uma dezena de itens diferentes, realizar dezenas de danças e manobras e construir estruturas complexas com dezenas de andares de altura. No entanto, por causa do mapa de cerca de cinco quilômetros quadrados do *Fortnite*, apenas uma a duas dúzias de jogadores vão se encontrar de uma vez só — e quando os jogadores são forçados a jogar em uma porção menor do mapa, a maior parte deles já foi eliminada e transformada em dados de um placar.

As mesmas limitações técnicas moldam as experiências sociais do *Fortnite*, tal como o famoso show de Travis Scott em 2020. Nesse caso, "jogadores" convergiram em uma porção muito menor do mapa, o que significava que o dispositivo médio precisava renderizar e computar muito mais informação. Portanto, o limite padrão de cem jogadores por vez foi cortado ao meio e muitos itens e ações como construção foram desativadas, reduzindo ainda mais a carga de trabalho. Enquanto a Epic Games pode dizer corretamente que mais de 12,5 milhões de pessoas foram a esse show ao vivo, os espectadores estavam divididos entre 250 mil cópias separadas (o que significa que eles assistiram a 250 mil versões de Scott) do evento que nem sequer começou ao mesmo tempo.

Outro bom exemplo do desafio de usuários simultâneos é o *World of Warcraft*, "um jogo multijogador massivo online". Para jogar, os usuários precisam primeiro escolher um "reino" — um servidor discreto que gerencia uma cópia completa de um mundo virtual com mais ou menos 1.500 quilômetros quadrados e de onde eles não conseguem ver ou interagir com nenhum outro. Nesse sentido, pode ser mais preciso chamar o jogo de *"Worlds" of Warcraft*. Os usuários podem se mover entre reinos, o que filosoficamente une esses muitos mundos em um único jogo multijogador massivo online. Contudo, cada reino tem um limite de várias centenas de participantes e, se existem muitos usuários em uma área específica, o jogo cria várias cópias temporárias distintas dessa área enquanto separa grupos de usuários entre eles.

O *EVE Online* se destaca de jogos como *World of Warcraft* e *Fortnite* porque todos os usuários são parte de um reino singular e persistente.

Mas, de novo, isso é possível apenas por causa de seu desenho. Por exemplo, a natureza do combate espacial também significa que a ação é limitada em variedade, relativamente simples (pense em raios laser em vez de saltos ou jogadores dançantes) e rara. Mandar uma nave minerar recursos de um planeta ou enviar uma série de raios a partir de uma posição fixa é muito menos complexo do que um par de avatares individualmente animados dançando, saltando e atirando uns nos outros. O *EVE Online* é menos determinado pelo que o jogo processa e renderiza, e mais pelo que os humanos planejam e decidem fora dele. E porque o jogo se passa na vastidão do espaço, a maior parte dos usuários está longe um do outro — permitindo que os servidores da CCP Games os tratem na prática como se estivessem em mundos virtuais separados enquanto for necessário. Além disso, por meio do uso criativo de "viagens no tempo", os usuários podem convergir instantaneamente para o mesmo lugar — e existe um risco/custo estratégico de sair de uma determinada posição.

Mesmo assim, o *EVE Online* inevitavelmente encontra problemas de simultaneidade. Em certo ponto dos anos 2000, um grupo de jogadores percebeu que um específico sistema estelar, Yulai, ficava perto de muitos planetas de alto movimento dentro de um grande conjunto de estrelas, o que tornava o lugar atraente para estabelecer um novo *hub* de negócios.[4] Eles estavam certos: isso atraiu vendedores adicionais, então mais compradores e por aí vai. No fim, o número de transações que estavam ocorrendo dentro desse *hub* fez os servidores da CCP Games começarem a travar, levando a empresa a alterar o universo do *EVE Online* para que esse destino se tornasse menos conveniente de ser visitado.

As lições tiradas do "problema Yulai" sem dúvida ajudaram os designers da CCP Games a expandir e reformar seus mapas nos anos seguintes. Contudo, isso não ajudou a empresa a evitar outro resultado: uma súbita explosão de batalhas tão estrategicamente importantes que milhares de usuários de repente convergem para salvar sua facção ou derrotar outra.

Em janeiro de 2021, a maior batalha da história do *EVE* ocorreu. Ela teve mais de duas vezes o tamanho do recorde anterior e foi o ápice de quase sete meses de escalada entre a facção Imperium e uma coalizão de inimigos chamada PAPI. Ou pelo menos deveria ter sido. Os únicos perdedores reais foram os servidores da CCP Games, que não conseguiram aguentar os 12 mil jogadores aparecendo em um único sistema e aqueles que estivessem esperando uma vitória decisiva. Mais ou menos metade dos jogadores não conseguiu sequer entrar no sistema, enquanto muitos daqueles que entraram foram colocados em uma espécie de purgatório — se eles tivessem entrado no jogo provavelmente teriam sido destruídos antes de ter a chance de digitar qualquer comando coerente; ir embora significava que seu lugar poderia ser tomado por um inimigo que iria destruir seus aliados. No fim, houve um vencedor — a Imperium —, mas isso foi basicamente no automático, já que a defesa naturalmente ganha em uma batalha que nunca acontece de verdade.

A simultaneidade é um dos problemas fundamentais do metaverso, e por um motivo crucial: ela leva a aumentos exponenciais no número de dados que devem ser processados, renderizados e sincronizados por unidade de tempo. Não é difícil renderizar um mundo virtual incrivelmente rico que ninguém pode tocar porque isso é na prática a mesma coisa que assistir ao vídeo de uma máquina de Rube Goldberg* meticulosamente desenhada e previsível. E se jogadores — ou nesse caso espectadores — não podem afetar essa simulação, eles não precisam estar continuamente conectados ou sincronizados com ela em tempo real também.

O metaverso só será "o metaverso" se ele puder dar conta de um grande número de usuários experienciando o mesmo evento ao mesmo tempo e no mesmo lugar sem fazer concessões significativas em funcionalidade para os usuários, interatividade com o mundo, persistência, qualidade de renderização e por aí vai. Só imagine quão diferente — e limitada — a sociedade seria se hoje apenas de 50 a 150 pessoas pudessem ir a uma partida esportiva, um show, uma manifestação política, um museu, uma escola ou um shopping.

Contudo, estamos longe de sermos capazes de replicar a densidade e a flexibilidade do "mundo real", e é provável que isso continue impossível por

---

* São máquinas intrincadas de reação em cadeia que realizam tarefas relativamente simples por meio de uma sequência complexa de eventos. Por exemplo, uma bola pode ser colocada em um copo ao derrubarmos um dominó que, por sua vez, bate em outros dominós que, no fim, ligam um ventilador que sopra a bola por um trilho antes que ela voe pelo ar, atravesse uma série de plataformas e finalmente caia no copo.

algum tempo. Durante o painel que o Facebook fez em 2021 sobre o metaverso, John Carmack, o antigo CTO e agora consultor da Oculus VR (que o Facebook comprou em 2014 para dar início à sua transformação para o metaverso), disse que "se alguém tivesse me perguntado em 2000 'você poderia construir o metaverso se tivesse centenas de vezes o poder de processamento que tem no seu sistema hoje', eu teria dito sim". Mas 21 anos mais tarde e com o apoio das empresas mais valiosas e focadas no metaverso do mundo, ele acreditava que o metaverso ainda estava a pelo menos entre cinco e dez anos de distância e haveria sérias trocas de otimização na conquista dessa visão — embora hoje existam bilhões de computadores que são centenas de vezes mais potentes do que as centenas de milhões de PCs que operavam na virada do século.[5]

O QUE FALTA NESSA DEFINIÇÃO

Então agora entendemos minha definição de metaverso:

> *uma rede em enorme escala* e *interoperável de mundos 3D virtuais renderizados em tempo real* que podem ser experienciados de forma *síncrona e persistente* por um *número efetivamente ilimitado de usuários* com *um sentimento individual de presença* e *continuidade de dados*, como identidade, história, direitos, objetos, comunicações e pagamentos.

Muitos leitores podem ter ficado surpresos com o fato de que essa definição, assim como as descrições que derivam dela, não trazem os termos "descentralização", "web 3.0" e "blockchain". Existe um bom motivo para essa surpresa. Nos últimos anos essas três palavras se tornaram onipresentes e entranhadas — entre si e com o termo "metaverso".

A web 3.0 se refere a uma versão futura vagamente definida da internet construída em torno de desenvolvedores e usuários independentes, em vez de plataformas agregadoras como o Google, a Apple, a Microsoft, a Amazon e o Facebook. É uma versão mais descentralizada da internet de hoje que muitos acreditam que será mais possível (ou pelo menos mais provável) por meio de blockchains. É aqui que o primeiro ponto de convergência começa.

Tanto o metaverso como a web 3.0 são "estados sucessórios" da internet como a conhecemos hoje, mas suas definições são muito diferentes. A web 3.0 não exige diretamente nenhum 3D, nenhuma renderização em tempo real e nenhuma experiência síncrona, enquanto o metaverso não exige descentralização, bancos de dados distribuídos, blockchains ou uma mudança relativa do poder online ou do valor das plataformas para os usuários. Misturar as duas coisas é um pouco como confundir a ascensão das repúblicas democráticas com a industrialização ou a eletrificação — a primeira é um caso de formação social e governança, a outra é um caso de tecnologia e sua proliferação.

O metaverso e a web 3.0 podem, no entanto, surgir em conjunto. Grandes transições tecnológicas com frequência levam a mudanças sociais porque elas tipicamente oferecem mais voz a consumidores individuais e permitem a novas empresas (e, portanto, a líderes individuais) emergirem — muitos dos quais usam a insatisfação generalizada com o presente para serem pioneiros de um futuro diferente. Também é verdade que muitas das empresas focadas na oportunidade do metaverso hoje — especialmente startups insurgentes de mídia/tecnologia — estão sendo construídas em torno da tecnologia de blockchain. Sendo assim, o sucesso dessas empresas provavelmente levaria a uma ascensão da tecnologia de blockchain também.

Independentemente disso, os *princípios* da web 3.0 são provavelmente cruciais para estabelecer um metaverso próspero. A competição é saudável para a maior parte das economias e muitos observadores acreditam que a atual geração móvel da internet e da computação está concentrada demais nas mãos de uns poucos jogadores. Além disso, o metaverso não será construído diretamente pelas plataformas de base que permitem que ele surja — assim como o governo federal dos EUA não construiu os Estados Unidos, e o Parlamento Europeu não construiu a União Europeia. Em vez disso, ele será construído por usuários independentes, desenvolvedores e negócios pequenos e médios, assim como o mundo físico. Qualquer um que queira que o metaverso exista — e mesmo aqueles que não querem — deveria querer que o metaverso seja movido por (e principalmente beneficie) esses grupos em vez de grandes corporações.

Existem também outras considerações da web 3.0 como a confiança, que é a chave para a saúde e as perspectivas do metaverso. Sob modelos centralizados de bancos de dados e servidores, defensores da web 3.0 argumentam que os assim chamados títulos de posse virtuais ou digitais são uma fachada. O chapéu, pedaço de terra ou filme virtual que um usuário compra não pode ser realmente dele porque ele não pode controlá-lo, removê-lo do servidor que é de posse da empresa que o "vendeu" ou garantir que o suposto vendedor não vá deletá-lo, tomá-lo de volta, alterá-lo. Com cerca de 100 bilhões de dólares gastos em itens assim em 2021, servidores centralizados obviamente não evitam um gasto considerável por parte dos usuários; no entanto, é razoável que esse gasto seja constringido pela necessidade de confiar em plataformas de trilhões de dólares que vão sempre priorizar seu interesse em detrimento do usuário individual. Você iria, por exemplo, investir em um veículo que a concessionária pode pedir de volta a qualquer momento ou reformar uma casa que o governo pode desapropriar sem motivo ou sem que você seja realojado, ou comprar uma obra de arte que o pintor pode tomar de volta quando tiver valorizado? A resposta é "às vezes", mas com certeza não no mesmo grau. A dinâmica é particularmente problemática para os desenvolvedores que devem construir lojas virtuais, negócios e marcas apesar da incapacidade de garantir que lhes será permitido operar no futuro (e podem em vez disso descobrir que a única forma de operar é pagando ao seu proprietário virtual duas vezes o valor do aluguel). Sistemas legais podem mais cedo ou mais tarde ser atualizados para oferecer aos usuários e desenvolvedores maior autoridade sobre seus bens, seus dados e seus investimentos, mas a descentralização, alguns afirmam, torna a dependência judicial desnecessária e sua própria existência ineficiente.

Mas uma outra questão é se modelos centralizados de servidores podem um dia aguentar um metaverso quase infinito, persistente e de tamanho mundial. Alguns acreditam que a única forma de conseguir os recursos computacionais necessários para o metaverso é por meio de uma rede descentralizada de dispositivos e servidores de propriedade — e compensação — individual. Mas eu estou me adiantando.

4
A PRÓXIMA INTERNET

MINHA DEFINIÇÃO DO METAVERSO deve ter oferecido alguma clareza de por que ele é frequentemente visto e justamente descrito como um sucessor da internet móvel. O metaverso vai precisar de novos padrões e de uma nova infraestrutura, podendo exigir transformações completas no duradouro Conjunto de Protocolos da Internet, envolver a adoção de novos dispositivos e hardwares e até alterar o equilíbrio de poder entre os gigantes da tecnologia, os desenvolvedores independentes e os usuários finais.

A enormidade dessa transformação também explica por que empresas estão se reposicionando na expectativa do metaverso, mesmo que sua chegada ainda esteja distante e seus efeitos não sejam claros. Como líderes corporativos instruídos sabem, cada vez que uma nova plataforma de computação e rede emerge, o mundo e as empresas que lideraram nela mudam para sempre.

Na era do mainframe, que foi dos anos 1950 até 1970, os sistemas operacionais dominantes eram os da "IBM e os sete anões", normalmente definidos como Burroughs, Univac, NCR, RCA, Control Data, Honeywell e General Electric. A era do computador pessoal, que começou de verdade nos anos 1980, foi brevemente liderada pela IBM e seu sistema operacional. Contudo, no fim os ganhadores foram os novos concorrentes, especialmente a Microsoft, cujo sistema operacional Windows e pacote de softwares

Office rodavam em quase todos os PCs do mundo, e fabricantes como Dell, Compaq e Acer. Em 2004, a IBM saiu de vez do ramo, vendendo sua linha ThinkPad para a Lenovo. A história da era móvel toma uma forma similar. Novas plataformas ascenderam ou surgiram, especialmente o ios da Apple e o Android do Google, com o Windows abandonando de vez a categoria, e fabricantes da era dos PCs substituídos por novos competidores como Xiaomi e Huawei.*

Na verdade, é comum que mudanças geracionais nas plataformas de computação e rede transformem até mesmo as categorias mais estagnadas e protegidas. Nos anos 1990, por exemplo, serviços de bate-papo como o AOL Instant Messenger e o ICQ estabeleceram rapidamente plataformas de comunicação baseada em texto que rivalizavam com a base de clientes de muitas empresas telefônicas e até mesmo dos serviços postais. Nos anos 2000, esses serviços foram ultrapassados pelos focados em áudio ao vivo, como o Skype, que também se conectavam a sistemas de telefone offline ou tradicionais. A era móvel viu uma nova leva de líderes com o WhatsApp, o Snapchat e o Slack. Esses concorrentes não se focaram apenas em oferecer os serviços do Skype, mas eram feitos para os dispositivos móveis. Eles construíram serviços pensados para diferentes comportamentos de uso, necessidades e mesmo estilos de comunicação.

O WhatsApp, por exemplo, é pensado para uso quase constante — não ligações agendadas e ocasionais como é o caso do Skype — e é um fórum no qual emojis articulam mais do que palavras digitadas. Enquanto o Skype foi construído originalmente em torno da capacidade de fazer ligações de baixo a zero custo para a rede pública de telefonia tradicional (por exemplo, telefones conectados a linhas telefônicas), o WhatsApp pulou totalmente essa ferramenta. O Snapchat enxergava a comunicação online como principalmente baseada em imagens e a câmera frontal de smartphones como mais importante do que a mais usada (e de melhor resolução) câmera traseira e construiu diversas lentes de realidade aumentada para aprimorar essa experiência. O Slack, por sua vez, construiu uma ferramenta baseada em

---

* Outra líder importante no mercado de dispositivos móveis é a Samsung, que, diferentemente dessas outras fabricantes, tem oitenta anos. No entanto, nunca teve uma fatia considerável nos mercados de mainframe ou PC.

produtividade para negócios com integração programática para várias ferramentas de produtividade, serviços online e mais.

Outro exemplo vem do espaço ainda mais regulado e estagnado de pagamentos. No final dos anos 1990, redes de pagamento digital de ponta a ponta como a Confinity e a X.com de Elon Musk, que se fundiram para formar o PayPal, rapidamente se tornaram o método preferido dos consumidores para enviar dinheiro. Em 2010, o PayPal processava cerca de 100 bilhões de dólares em pagamentos por ano. Uma década depois essa soma excedia 1 trilhão (em parte por causa da aquisição do Venmo em 2012).

Já podemos ver os precursores do metaverso. Nas plataformas e nos sistemas operacionais, os concorrentes mais comentados são plataformas de mundo virtual, como o *Roblox* e o *Minecraft*, e ferramentas de renderização em tempo real, como o Unreal da Epic Games e o motor de mesmo nome da Unity Technologies. Todos são executados em um sistema operacional base, como o ios ou o Windows, mas frequentemente intermedeiam essas plataformas para desenvolvedores e usuários finais. O Discord, enquanto isso, opera a maior plataforma de comunicação e rede social focada em videogames e mundos virtuais. Só em 2021, mais de 16 trilhões de dólares foram acertados por meio de redes de blockchain/criptomoedas, o que para muitos especialistas são requisitos necessários do metaverso (mais sobre isso no Capítulo 11). A Visa, como ponto de contraste, processou cerca de 10,5 trilhões de dólares.[1]

Entender o metaverso como a "internet da nova geração" ajuda a explicar muito mais do que seu potencial para disrupção. Considere, mais uma vez, que não existe uma forma plural da "internet". Não existe "internet do Facebook" ou "internet do Google". Em vez disso, o Facebook e o Google operam plataformas, serviços e hardwares que, por sua vez, operam na internet — literalmente definida como a "rede das redes"* que opera independentemente, com diferentes camadas técnicas, mas compartilhando padrões e protocolos comuns. Não houve obstáculos técnicos rígidos para que uma única empresa desenvolvesse, fosse dona e controlasse o Conjunto de Protocolos da Internet (e algumas, como a IBM, tentaram empurrar seu

---

* O termo *internet* é a abreviação de *inter-networking*, ou "inter-redes", em português.

próprio pacote como parte da assim chamada Guerra dos Protocolos). No entanto, a maioria acredita que isso teria levado a uma internet menor, menos lucrativa e menos inovadora.* Devemos esperar que o estabelecimento do metaverso seja no geral parecido com o da internet. Muitos vão tentar construir ou cooptar o metaverso. Um desses grupos pode até ter sucesso, como Sweeney teme. Contudo, é mais provável que o metaverso seja produzido por meio da integração parcial de muitas plataformas concorrentes de mundos virtuais e tecnologias. Esse processo vai levar tempo. Também vai ser imperfeito, inesgotável e vai enfrentar limitações técnicas significativas como resultado. Mas é o futuro que precisamos esperar e trabalhar para atingir.

Ademais, o metaverso não vai substituir ou alterar fundamentalmente a arquitetura básica da internet ou do conjunto de protocolos. Em vez disso, ele vai evoluir em cima dela de uma forma que parecerá diferente. Pense no "estado atual" da internet. Referimo-nos a ele como a era da internet móvel, porém a maior parte do tráfego de internet ainda é transmitida por cabos de linha fixa — mesmo para dados enviados ou recebidos por dispositivos móveis — e corre em geral com padrões, protocolos e formatos desenhados décadas atrás (embora eles tenham evoluído desde então). Também continuamos a usar alguns softwares e hardwares desenhados para os primórdios da internet — como o Windows ou o Microsoft Office —, que evoluíram desde então, mas no geral permanecem os mesmos de décadas atrás. Apesar disso, está claro que a "era da internet móvel" é diferente da era da internet predominantemente em linha fixa dos anos 1990 e início dos 2000. Agora no geral usamos dispositivos diferentes (feitos por empresas diferentes) em lugares novos, para propósitos diferentes, usando diferentes tipos de software (em geral aplicativos, em vez de softwares de uso geral ou navegadores).

Também reconhecemos que a internet é um amontoado de muitas "coisas" diferentes. Para interagir com a internet, a pessoa média normalmente usa um navegador ou um aplicativo (software) que é acessado por um

---

* Argumenta-se que a internet vem se regionalizando, especialmente a internet chinesa e, em menor medida, a da União Europeia. Na medida em que essa afirmação é válida, seria devido à regulamentação que resulta em diferenças-chave (e necessárias) em padrões, serviços e conteúdo.

dispositivo que pode ele mesmo se conectar à "internet" por meio de vários conjuntos de chips, que se comunicam usando vários padrões e protocolos comuns transmitidos por redes físicas. Cada uma dessas áreas permite experiências coletivas na internet. Nenhuma empresa poderia realizar melhorias de ponta a ponta na internet — mesmo que operasse o Conjunto de Protocolos da Internet inteiro.

Por que os videogames estão impulsionando a nova internet

Se o metaverso é de fato o sucessor da internet, pode parecer estranho que seus pioneiros venham da indústria de videogames. Afinal, o arco da internet até aqui foi muito diferente.

A internet teve origem em laboratórios de pesquisa do governo e das universidades. Mais tarde, ela se expandiu para empresas, então negócios de pequeno e médio porte e, mais tarde ainda, para os consumidores. A indústria do entretenimento foi sem dúvidas um dos últimos segmentos da economia global a abraçar a internet, com a "guerra dos streamings" tendo começado de verdade apenas em 2019 — quase 25 anos depois da primeira demonstração pública de uma transmissão de vídeo. Mesmo o áudio, uma das categorias de mídia mais simples de se entregar por IP, continua sendo uma mídia majoritariamente não digital, com a rádio terrestre, o rádio por satélite e a mídia física formando quase dois terços dos lucros de música gravada nos EUA em 2021.

A internet móvel não foi impulsionada pelo governo, mas seu arco foi mais ou menos o mesmo. Quando ela foi lançada no início dos anos 1990, o uso e o desenvolvimento de software estavam concentrados no governo e em empresas, então no final dos anos 1990 e início dos 2000 negócios pequenos e médios passaram a adotá-la. Só depois de 2007, com o lançamento do iPhone 3G, o mercado de massa a adotou, com aplicativos centrados no consumidor surgindo, em geral, na década seguinte.

Se olharmos de perto essa história podemos ver por que a indústria de jogos, de 180 bilhões de dólares, está prestes a alterar a economia mundial de 95 trilhões de dólares. A chave é considerar o papel das limitações em todo desenvolvimento técnico.

Quando a internet surgiu, a largura de banda era limitada; a latência, considerável; e a memória computacional e o poder de processamento, escassos. Isso significava que apenas pequenos arquivos podiam ser enviados e isso ainda levava um bom tempo. Quase todos os casos de uso de consumidor, como compartilhamento de fotos, transmissão de vídeo e uma comunicação rica, eram impossíveis. Mas as principais necessidades comerciais — enviar mensagens e arquivos básicos (uma planilha de Excel não formatada, ordens para compra de ações) — eram exatamente o que a internet tinha sido desenhada para aguentar. A imensidão da economia de serviços e a importância das funções de gerência na economia de bens eram tamanhas que até mesmo pequenas melhorias na produtividade eram extremamente valiosas. Foi parecido na internet móvel. Os primeiros dispositivos não podiam ter jogos ou mandar fotos — e assistir a um vídeo ou fazer uma chamada no FaceTime estava fora de questão. Contudo, receber e-mails era enormemente mais útil do que notificações de pager ou ligações ao vivo.

Dada sua complexidade, deveria ser óbvio que mundos virtuais 3D renderizados em tempo real e simulações eram ainda mais limitados nas primeiras décadas do computador pessoal e da internet do que qualquer outro tipo de software ou programa. Além disso, governos, empresas e negócios pequenos e médios tinham pouco ou nenhum uso para simulações de base gráfica. Um mundo virtual que não pode simular de forma realista um incêndio não ajuda bombeiros, uma bala cuja trajetória não se curva com a gravidade não ajuda atiradores militares, e uma empresa de arquitetura não pode desenhar um prédio com base na ideia genérica de "calor do sol". Mas videogames — *jogos* — não precisam de fogo, gravidade ou termodinâmica realista. O que eles precisam é ser divertidos. E mesmo um jogo monocromático de oito bits pode ser divertido. A consequência desse fato vem se acumulando há quase setenta anos.

Durante décadas as CPUs e GPUs mais tecnicamente capazes em lares ou pequenos negócios eram normalmente um console de videogame ou um PC dedicado a jogos. Nenhum outro software computacional exigia a potência de um jogo. Em 2000, o Japão colocou até mesmo limitações de exportação sobre sua amada gigante dos jogos, a Sony, temendo que o novo PlayStation 2 da empresa pudesse ser usado para terrorismo em escala global (por exemplo, para processar sistemas de mísseis teleguiados).[2] No ano seguinte, tentando vender a importância da indústria de eletrônicos de consumo, o Secretário do Comércio dos EUA, Don Evans, afirmou que "o supercomputador de ontem é o PlayStation de hoje".[3] Em 2010, o US Air Force Research Laboratory construiu o 33º maior supercomputador do mundo usando 1.760 PlayStations 3 da Sony. O diretor do projeto estimou que o "Condor Cluster" tinha de 5% a 10% o custo de sistemas equivalentes e usava 10% da energia.[4] O supercomputador foi usado para melhoria de radares, reconhecimento de padrões, processamento de imagens por satélite e pesquisa de inteligência artificial.[5]

As empresas que normalmente se focavam em consoles de videogame e jogos para PC são agora algumas das empresas de tecnologia mais poderosas da história humana. O melhor exemplo é a gigante da computação e de sistemas em um chip Nvidia, que está longe de ser um nome familiar, mas está ao lado de plataformas de tecnologia voltadas ao consumidor como o Google, a Apple, o Facebook, a Amazon e a Microsoft e é uma das dez maiores empresas do mundo.

O CEO da Nvidia, Jensen Huang, não abriu sua empresa com a intenção de se tornar uma gigante dos jogos. Na verdade, ele a fundou com base na crença de que em algum momento a computação de base gráfica seria necessária para resolver questões e problemas que a computação de uso geral nunca conseguiria. Mas, para Huang, a melhor forma de desenvolver as capacidades e tecnologias necessárias era focar em videogames. "A condição é extremamente rara quando um mercado é ao mesmo tempo grande e exigente tecnologicamente", Huang disse à revista *Time* em 2021.

> *Normalmente os mercados que exigem computadores realmente poderosos são muito pequenos em tamanho, seja para simulação climática ou de dinâmica molecular na pesquisa de medicamentos. Os mercados são tão pequenos que ele [sic] não pode bancar grandes investimentos. É por isso que você não vê uma empresa que foi fundada para fazer pesquisa climática. Videogames foram uma das melhores decisões estratégicas que tomamos.*[6]

A Nvidia foi fundada apenas um ano depois do lançamento de *Snow Crash* — que a comunidade de jogadores também considerou rapidamente um texto fundamental. Apesar disso, Stephenson disse que o surgimento do metaverso por meio dos jogos é "a coisa que eu deixei passar totalmente" no romance.

> *Quando eu estava pensando o metaverso, eu estava tentando descobrir qual mecanismo de mercado tornaria tudo isso acessível. Snow Crash foi escrito quando hardware para gráficos de imagem em 3D era algo absurdamente caro, acessível apenas para alguns laboratórios de pesquisa. Imaginei que se isso fosse se tornar tão barato quanto uma televisão, então precisaria haver um mercado para gráficos em 3D tão grande quanto o mercado da televisão. Então o metaverso em Snow Crash é meio tipo a* TV *[...]. O que eu não antecipei, e que na verdade surgiu para baixar o custo do hardware de gráficos 3D, foram os jogos. E então a realidade virtual da qual todos falamos e que todos imaginamos vinte anos atrás não aconteceu como previmos. Aconteceu em vez disso na forma de videogames.*[7]

Por motivos parecidos, as soluções de software que funcionam melhor com a renderização de 3D em tempo real também vêm dos jogos. Os exemplos mais notáveis são o Unreal Engine da Epic Games e a ferramenta de mesmo nome da Unity Technologies, mas existem dezenas de desenvolvedores e fabricantes de jogos com soluções de renderização próprias altamente capazes.

Alternativas fora dos jogos existem, mas, pelo menos por enquanto, são largamente vistas como inferiores para o tempo real, especificamente porque essa restrição não era necessária para elas no início. As soluções de renderização projetadas para manufatura ou filmes não precisavam processar uma imagem em 1/30 ou 1/120 de segundo. Em vez disso, elas priorizaram outros objetivos como a máxima riqueza visual ou a possibilidade de usar o mesmo formato de arquivo para desenhar e fabricar um objeto. Essas soluções eram normalmente pensadas para funcionar em máquinas de ponta em vez de quase todos os dispositivos de consumo ao redor do mundo.

Outra vantagem frequentemente ignorada é o fato de que desenvolvedores, fabricantes e plataformas de jogos precisam combater e contornar a arquitetura de rede da internet há décadas e portanto possuem uma especialidade única nessa passagem para o metaverso. Jogos online exigem redes síncronas e contínuas desde o final dos anos 1990, com Xbox, PlayStation e Steam tendo capacidade para conversas de áudio em tempo real na maior parte de seus títulos desde o meio dos anos 2000. Fazer isso funcionar exigiu uma IA preditiva que assumisse o lugar do jogador quando a rede caísse antes de devolver o controle, um software customizado para "voltar" o jogo de forma imperceptível caso um jogador de repente recebesse uma informação antes do outro e a criação de uma jogabilidade que, em vez de ignorar, se alinhasse com esses desafios técnicos que provavelmente vão atingir a maior parte dos jogadores.

Essa orientação de design levou à vantagem final que as empresas de jogos possuem: a capacidade de criar um lugar no qual alguém realmente quer passar o tempo. Daniel Ek, cofundador e CEO do Spotify, argumentou que o modelo de negócios dominante na era da internet tinha sido quebrar qualquer coisa feita de átomos em bits — o que antes era um despertador físico em uma mesa de cabeceira é agora um aplicativo de smartphone em uma mesa de cabeceira ou só dados guardados em um alto-falante inteligente próximo.[8] Em um sentido simplificado, a era do metaverso pode ser pensada como algo que envolve o uso de bits para produzir despertadores 3D feitos de átomos virtuais. As pessoas com mais experiência em átomos virtuais — décadas dela — são os desenvolvedores de jogos. Eles sabem como fazer não apenas um despertador, mas um cômodo, um prédio e uma vila povoada por jogadores felizes. Se a humanidade vai um dia se mudar para "uma rede em enorme escala e interoperável de mundos 3D virtuais", é essa habilidade que vai nos levar para lá. Ao discutir o que acertou ou errou a respeito do futuro em *Snow Crash*, Stephenson disse à *Forbes* que "em vez de as pessoas irem a bares na Rua do *Snow Crash*, o que temos hoje são guildas de *Warcraft*", que partem para saques dentro do jogo.[9]

Na primeira parte deste livro, detalhei de onde vem o termo "metaverso" e suas ideias, os vários esforços para construí-lo ao longo das últimas décadas e sua importância para nosso futuro. Investiguei o entusiasmo corporativo por esse possível sucessor da internet móvel, revisei como essa confusão foi e continua sendo significativa, apresentei uma definição trabalhável que explica o que o metaverso é e falei um pouco sobre por que os fabricantes de videogames parecem estar na dianteira dessa corrida. Agora, vou apresentá-lo ao que será necessário para tornar o metaverso uma realidade.

Parte II
Construindo o metaverso

5
Rede

Versões do experimento intelectual "se uma árvore cai em uma floresta e não há ninguém para ouvir, ela fez barulho?" remontam a centenas de anos atrás. Esse exercício perdura em parte porque é divertido, e é divertido porque depende de tecnicalidades e ideias filosóficas importantes.

O idealista subjetivo George Berkeley, a quem a pergunta acima é frequentemente atribuída, argumenta que "ser é ser percebido". A árvore — em pé, caindo, caída — existe se alguém ou alguma coisa a está percebendo. Outros afirmam que o que queremos dizer com "som" são apenas vibrações que se propagam através da matéria e que ele existe quer seja recebido por um observador ou não. Ou talvez o som seja a sensação experimentada pelo cérebro quando essas vibrações interagem com terminações nervosas — e se não há nenhum nervo para interagir com as partículas em vibração, não pode haver som. Porém, durante décadas os humanos produziram equipamentos capazes de interpretar vibrações como o som, portanto permitindo que o som fosse escutado por meio de um observador artificial. Mas isso conta? Por outro lado, a comunidade da mecânica quântica atual concorda em boa parte que sem um observador a existência é na melhor das hipóteses uma conjectura que não pode ser provada ou contrariada — tudo que pode ser dito é que a árvore *pode* existir. (Albert Einstein, que foi central na fundação da teoria da mecânica quântica, discordava desse ponto de vista.)

Na Parte Dois, vou explicar o que será necessário para mover e construir o metaverso, começando com capacidades de rede e computação e então passando para as ferramentas e as plataformas de jogos que operam seus muitos mundos virtuais, os padrões necessários para uni-los, os dispositivos pelos quais são acessados e os canais de pagamento que sustentam suas economias. Durante todas essas muitas explicações, quero que você mantenha em mente a árvore de Berkeley.

Por quê? Porque mesmo que o metaverso seja "totalmente alcançado" ele não vai *realmente* existir. Ele, junto com todas as suas árvores, suas muitas folhas e as florestas onde elas estão, será apenas um conjunto de dados guardados em uma aparentemente infinita rede de servidores. Embora possa ser dito que enquanto os dados existirem, o metaverso e seus conteúdos também vão existir, são muitos os diferentes passos e tecnologias necessários a fim de que ele exista para qualquer um além de um banco de dados. Além disso, cada parte da "pilha do metaverso" dá vantagem a alguma empresa e informa o que é e não é possível para outra. Por exemplo, você vai descobrir que menos de uma dúzia de pessoas hoje pode observar a queda de uma árvore de alta fidelidade. E para alcançar mais usuários? Bem, o mundo virtual vai precisar ser duplicado — em outras palavras, para que muitas pessoas escutem uma única árvore cair, muitas árvores precisam cair. (Tome essa, Berkeley!) Ou, talvez, seus observadores sejam colocados em um tempo atrasado, portanto também incapazes de afetar a queda ou de provar sua correlação. Outra técnica é simplificar a casca da árvore para um marrom uniforme e sem textura e o som de sua queda para um baque genérico.

Para examinar essas restrições e suas implicações, quero começar com um exemplo real: um mundo virtual que considero o mais tecnicamente impressionante hoje. Não, não é o *Roblox* ou o *Fortnite*. Na verdade, esse mundo virtual provavelmente vai alcançar menos gente em sua vida do que cada um desses alcança em um dia. Não é sequer justo chamá-lo de jogo, como muitos dos mundos virtuais que vimos até agora podem ser. Em vez disso, ele foi desenhado para reproduzir com precisão uma experiência que muitos consideram desagradável, chata ou aterrorizante: viagens de avião.

Largura de banda

O primeiro *Flight Simulator* foi lançado em 1979 e rapidamente conquistou um pequeno grupo de seguidores. Três anos depois (mas ainda duas décadas antes do primeiro Xbox ser lançado), a Microsoft adquiriu a licença do título e lançou mais dez versões até 2006. Em 2012, o *Guinness* nomeou o *Flight Simulator* a franquia de videogame mais longa da história, embora ela ainda fosse desconhecida da maior parte dos jogadores. Foi preciso uma 12ª versão, lançada em 2020, para que o *Flight Simulator* (MSFS) alcançasse a atenção do público. A revista *Time* o nomeou um dos melhores jogos do ano. O *New York Times* disse que o MSFS oferecia "uma nova forma de entender o mundo digital" e dava uma visão "que é mais real do que a que podemos ver do lado de fora [e] um retrato que ilumina nosso entendimento da realidade".[1]

Em teoria, o MSFS é o que muitas pessoas enxergam: um jogo. Segundos depois de abrir o aplicativo, você será lembrado de que foi o Xbox Games Studio da Microsoft que o desenvolveu e lançou. Contudo, o objetivo do MSFS não é vencer, matar, atirar, derrotar, superar ou pontuar sobre outro jogador, nem um competidor baseado em IA. O objetivo é pilotar um avião virtual — o que envolve boa parte do mesmo processo de pilotar um de verdade. Jogadores vão se comunicar com o controle de tráfego aéreo e seus copilotos, esperar ser liberados para decolagem, configurar o altímetro e as asas, checar a reserva de combustível e suas misturas, soltar os freios, lentamente empurrar a alavanca e por aí vai, tudo isso antes de seguir a rota de voo escolhida ou designada enquanto gerenciam rotas em conflito e acomodam as rotas de voo de outros aviões virtuais.

Cada versão da série MSFS oferece o mesmo tipo de funcionalidade, mas a edição de 2020 é extraordinária — a simulação comercial mais realista e expansiva da história. Seu mapa tem mais de 500 milhões de quilômetros quadrados — exatamente como o planeta Terra "de verdade" — e inclui dois trilhões de árvores unicamente renderizadas (não dois trilhões de árvores copiadas e coladas, ou dois trilhões de árvores feitas a partir de algumas dúzias de variedades), 1,5 bilhão de prédios e quase cada estrada, montanha, cidade e aeroporto do mundo.[2] Tudo parece "o mundo real", porque o mundo virtual do MSFS é baseado em *scans* de alta qualidade de imagens do "mundo real".

As reproduções e renderizações do *Flight Simulator* não são perfeitas, mas ainda são impressionantes. Os "jogadores" podem voar por cima da própria casa e ver sua caixa de correio ou seu balanço no quintal. Mesmo quando o "jogo" precisa reproduzir um pôr do sol que se reflete em uma baía e é refratado de novo nas asas do avião, pode ser difícil distinguir uma captura de tela do MSFS de uma fotografia do mundo real.

Para conseguir isso o "mundo virtual" do MSFS tem quase 2,5 petabytes de tamanho ou 2,5 milhões de gigabytes — ele é mais ou menos mil vezes maior do que o *Fortnite*. Não tem como um dispositivo de consumo (ou mesmo a maior parte dos dispositivos comerciais) armazenar essa quantidade de dados. A maior parte dos consoles e PCs tem uma capacidade de mil gigabytes, enquanto o maior drive de consumo com armazenagem ligada à rede (*network attached storage* — NAS) possui 20 mil gigabytes e só ele custa cerca de 750 dólares. Mesmo o espaço físico necessário para guardar 2,5 petabytes é pouco prático.

Mas mesmo que um consumidor pudesse pagar por um drive assim e tivesse espaço suficiente para armazená-lo, o MSFS é um serviço *ao vivo*. Ele se atualiza para refletir o tempo do mundo real (incluindo a velocidade e a direção real do vento, a temperatura, a umidade, a chuva e a luminosidade), o tráfego aéreo e outras mudanças geográficas. Isso permite ao jogador voar para dentro de furacões reais ou seguir aviões de linhas aéreas comerciais reais ao longo da rota de voo exata que está sendo seguida no ar do mundo real. Isso significa que os usuários não podem "pré-comprar" ou "pré-baixar" todo o MSFS — boa parte dele ainda nem existe!

O *Flight Simulator* funciona guardando uma parte relativamente pequena do "jogo" no dispositivo do consumidor — cerca de 150 gigabytes. Essa porção é suficiente para rodar o jogo — ela contém o código do jogo, a informação visual de vários aviões e diversos mapas. Como resultado, o MSFS pode ser usado offline. Contudo, usuários offline veem quase só ambientes e objetos gerados de forma básica, com marcos como Manhattan vagamente familiares, mas cheios de prédios genéricos e na maioria duplicados que só têm uma semelhança ocasional e às vezes acidental com suas versões do mundo real. Existem algumas rotas de voo pré-programadas, mas elas não podem imitar rotas verdadeiras ao vivo, nem um jogador pode ver o avião de outro.

É quando os jogadores ficam online que o MSFS se torna uma maravilha, com os servidores da Microsoft transmitindo novos mapas, texturas, dados climáticos, rotas de voo e quaisquer outras informações de que um usuário possa precisar. Em certo sentido, os jogadores experimentam o mundo MSFS exatamente como um piloto do mundo real faria. Quando eles voam por cima ou em torno de uma montanha, novas informações são transmitidas para suas retinas por meio de partículas de luz, revelando e então esclarecendo o que está ali pela primeira vez. Antes disso, um piloto sabe apenas que, logicamente, deve haver *alguma coisa* ali.

Muitos jogadores presumem que isso é o que acontece em todos os videogames online com vários jogadores. Mas a verdade é que a maior parte dos jogos online tenta mandar com antecedência o máximo de informações possível para o usuário e o mínimo possível enquanto eles estão jogando. Isso explica por que jogar um jogo, mesmo um relativamente pequeno como *Super Mario Bros.*, requer comprar discos digitais que contenham arquivos de jogos com vários gigabytes ou passar horas baixando esses arquivos — e então passar ainda mais tempo instalando-os. E depois de tempos em tempos sermos avisados de que precisamos baixar e instalar uma atualização de vários gigabytes para podermos jogar de novo. Esses arquivos são grandes assim porque eles contêm o jogo quase inteiro — ou seja, seu código, a lógica do jogo e todos os objetos e texturas necessários para o ambiente interno do jogo (todo tipo de árvore, todo avatar, toda batalha com o chefe, toda arma e por aí vai).

Para o jogo online típico, o que realmente vem dos servidores online? Não muito. Os arquivos de jogo do *Fortnite* para console e PC têm cerca de trinta gigabytes de tamanho, mas o jogo online envolve apenas de vinte a cinquenta megabytes (ou de 0,02 a 0,05 gigabytes) de dados baixados por hora. Essa informação diz ao dispositivo do jogador o que fazer com os dados que ele já tem. Por exemplo, se você está jogando um jogo online de *Mario Kart*, os servidores da Nintendo vão dizer ao seu Nintendo Switch quais avatares seus oponentes estão usando e que, portanto, devem ser carregados. Durante a partida, sua conexão contínua com esse servidor permite a ele manter uma transmissão constante de dados que diz exatamente onde esses oponentes estão (dados de posição), o que estão fazendo (mandando um casco vermelho para você), comunicação (por exemplo, o áudio do seu colega de equipe) e várias outras informações como quantos jogadores ainda estão na partida.

O fato de os jogos online ainda serem "majoritariamente offline" é uma surpresa até para jogadores ávidos. Afinal, a maior parte das músicas e vídeos é vista por streaming hoje em dia — nós não pré-baixamos músicas ou séries de televisão mais, muito menos compramos CDs físicos para armazená-los —, e videogames são, em teoria, uma categoria de mídia mais tecnicamente sofisticada e inovadora. Mas é precisamente porque jogos são tão complicados que aqueles que os fabricam escolhem marginalizar a internet — porque a internet não é confiável. As conexões não são confiáveis, a largura de banda não é confiável, a latência não é confiável. Como discuti no Capítulo 3, a maior parte das experiências online pode sobreviver a essa falta de segurança, mas os jogos não. Como resultado, os desenvolvedores escolhem depender o mínimo possível da internet.

Essa abordagem majoritariamente offline dos jogos online funciona bem, mas impõe várias limitações. Por exemplo, o fato de que um servidor só pode dizer a usuários individuais quais objetos, texturas e modelos devem ser renderizados significa que todos os objetos, texturas e modelos precisam ser conhecidos e armazenados com antecedência. Ao enviar dados de renderização conforme necessário, os jogos podem ter uma diversidade muito maior de objetos virtuais. O *Flight Simulator* deseja que cada cidade seja não apenas diferente das outras, mas igual à da vida real. E não, ele não quer armazenar cem tipos de nuvens e então dizer a um dispositivo qual nuvem renderizar e com qual cor; em vez disso, ele quer dizer exatamente como essa nuvem deve ser.

Quando um jogador vê um amigo no *Fortnite* hoje, eles podem interagir usando apenas um conjunto limitado de animações pré-carregadas (ou "*emotes*"), como um aceno ou um *moonwalk*. Muitos usuários, contudo, imaginam um futuro no qual seus movimentos faciais e corporais em tempo real serão recriados em um mundo virtual. Para cumprimentar um amigo eles não escolherão o aceno 17 dos 20 acenos pré-carregados no dispositivo, mas vão acenar dedos articulados individualmente de uma forma única. Os usuários também querem levar seus vários itens e avatares virtuais por diversos mundos conectados ao metaverso. Como o tamanho do arquivo do MSFS sugere, só não é possível enviar tantos dados para o usuário com antecedência. Fazer isso requer não apenas drives enormes e pouco práticos, mas um mundo virtual que conhece de antemão tudo que pode ser criado ou executado.

A necessidade de "pré-enviar" um mundo virtual vivo possui outras implicações. Toda vez que a Epic Games altera o mundo real do *Fortnite* — digamos, para acrescentar novos destinos, veículos ou personagens não jogáveis —, os usuários precisam baixar e instalar uma atualização. Quanto mais a Epic acrescenta, mais tempo isso leva e mais tempo um usuário precisa esperar. Quanto mais um mundo for atualizado, mais demoras o usuário vai enfrentar.

O processo de atualização por levas também significa que mundos virtuais não podem estar realmente "vivos". Em vez disso, um servidor central está escolhendo mandar uma versão específica de um mundo virtual para todos os usuários de um mundo que vai durar até a próxima atualização. Cada edição não é necessariamente fixa — uma atualização pode ter programado mudanças, como um evento de Ano-Novo ou uma nevasca que aumenta a cada dia —, mas está pré-roteirizada.

Finalmente, existem limitações em relação a que lugares os usuários podem ir. Durante o evento de dez minutos de Travis Scott no *Fortnite*, cerca de 30 milhões de jogadores foram imediatamente transportados do mapa central do jogo para as profundezas de um oceano nunca visto, depois para um planeta nunca visto e, então, para as profundezas do espaço sideral. Muitos de nós podemos imaginar que o metaverso opera de forma parecida — que os usuários podem facilmente saltar de mundo virtual em mundo virtual sem antes terem que esperar por um longo carregamento. Mas para apresentar o show, a Epic precisou enviar aos usuários cada um desses minimundos com uma antecedência de dias a horas do evento por meio de um *patch* padrão do *Fortnite* (usuários que não tinham baixado e instalado a atualização antes de o evento começar não puderam participar dele). Então, a cada música, o dispositivo de cada jogador carregava a próxima música em segundo plano. É bom notar que cada destino no show de Scott era menor e mais limitado que o anterior, com o último sendo uma experiência "sobre trilhos" na qual os usuários simplesmente voavam para frente em um espaço não definido. Pense nisso como a diferença entre explorar livremente o shopping *versus* atravessá-lo com uma esteira rolante.

O show foi de qualquer forma uma conquista criativa importante, mas como é frequentemente o caso com jogos online, ele dependeu de escolhas técnicas que não sustentam o metaverso. Na verdade, os mundos virtuais da atualidade mais parecidos com o metaverso estão abraçando um modelo de dados híbrido entre local/streaming na nuvem no qual o "jogo base" é pré-carregado, mas muito mais dados são enviados conforme necessário. Essa abordagem é menos importante para títulos como *Mario Kart* ou *Call of Duty*, que possuem uma diversidade de itens e ambientes relativamente pequena, mas crítica para aqueles como o *Roblox* e o MSFS.

Dada a popularidade do *Roblox* e a imensidão do MSFS, pode parecer que a infraestrutura da internet moderna agora consegue sustentar a transmissão de dados ao vivo ao estilo do metaverso. Contudo, o modelo só funciona hoje de maneira extremamente limitada. O *Roblox*, por exemplo, não precisa transmitir muitos dados porque a maior parte dos itens do jogo são baseados em "pré-fabricados". O jogo basicamente só diz ao dispositivo de um usuário como alterar, recolorir ou rearranjar itens previamente baixados. Além disso, a fidelidade gráfica do *Roblox* é relativamente modesta e portanto o tamanho dos arquivos de textura e ambiente é relativamente pequeno também. Acima de tudo, o uso de dados do *Roblox* é muito maior que o do *Fortnite* — cerca de cem a trezentos megabytes por hora em vez de trinta a cinquenta megabytes — mas ainda viável.

Com suas configurações recomendadas, o MSFS precisa de quase 25 vezes a largura de banda por hora que o *Fortnite* e cinco vezes mais que o *Roblox*. Isso porque ele não está enviando dados sobre como reconfigurar ou recolorir uma casa pré-carregada, mas enviando para o dispositivo de um usuário as dimensões, a densidade e a coloração exatas de uma nuvem de vários quilômetros de extensão em uma réplica quase exata da costa do Golfo do México. Mas mesmo essa necessidade é simplificada de formas que não vão funcionar para "o metaverso".

Embora o MSFS precise de montes de dados, ele não precisa ser particularmente rápido. Como com pilotos do mundo real, os pilotos do MSFS não podem de repente se teletransportar do estado de Nova York para a Nova Zelândia, nem ver o centro de Albany quando estão 30 mil pés acima de Manhattan, nem descer do firmamento para a pista de pouso em alguns minutos. Isso dá ao dispositivo do jogador muito tempo para baixar os dados de que precisa — e até mesmo a capacidade de prever (e assim começar a baixar) o que precisa antes que o jogador sequer selecione um destino. Mesmo que esses dados não cheguem a tempo, as consequências são modestas: alguns prédios de Manhattan serão gerados automaticamente em vez de se parecerem com a realidade, com detalhes realistas acrescentados quando chegarem.

Por fim, o mundo virtual do MSFS tem mais em comum com um diorama do que com a agitada e imprevisível Rua de Neal Stephenson. Enviar aos usuários esse tipo de dados, que não podem ser facilmente previstos e são muito mais volumosos do que os detalhes visuais de um parque ou de uma floresta, vai exigir muito mais do que um gigabyte por hora. Isso nos leva ao próximo, e possivelmente menos compreendido, elemento da conectividade da internet hoje: a latência.

Latência

Largura de banda e latência são frequentemente confundidas e o erro é compreensível: ambas impactam quantos dados podem ser enviados ou recebidos por unidade de tempo. A forma clássica de diferenciar as duas é comparando sua conexão de internet a uma estrada. Você pode pensar na "largura de banda" como o número de pistas na estrada e na "latência" como o limite de velocidade. Se uma estrada tem mais pistas, ela pode ser ocupada por mais carros e caminhões sem congestionamento. Mas se o limite de velocidade da estrada é baixo — talvez por causa de muitas curvas ou porque ela é de cascalho em vez de asfalto — então o fluxo de tráfego é lento, mesmo que ela tenha capacidade de sobra. De forma parecida, um limite alto de velocidade com apenas uma pista resulta em congestionamento constante também — o limite de velocidade é uma aspiração, não a realidade.

O desafio nos mundos virtuais renderizados em tempo real é que os usuários não estão enviando um único carro de um destino a outro. Em vez disso, eles estão mandando uma frota incessante de carros unidos (lembre-se, precisamos de uma "conexão contínua") tanto para um lugar quanto a partir dele. Não é possível enviar esses carros com antecedência porque seu conteúdo é decidido apenas um milissegundo antes de eles entrarem na estrada. Além disso, precisamos que esses carros se movam o mais rápido possível e sem nunca serem desviados para outra rota (o que cortaria a conexão contínua e aumentaria o tempo de trânsito, mesmo que a velocidade máxima seja mantida).

Um sistema global de estradas que alcance e sustente essas especificações é uma mudança significativa. Na Parte Um, expliquei que poucos serviços online hoje precisam de latência ultrabaixa. Não importa se há atrasos de cem ou duzentos milissegundos ou mesmo dois segundos entre o envio de uma mensagem no WhatsApp e o recebimento da confirmação de leitura. Também não importa se leva vinte, cento e cinquenta ou trezentos milissegundos para um vídeo do YouTube parar depois que o usuário aperta o botão de pausa — a maior parte dos usuários não registra a diferença entre essas grandezas. Quando você está vendo Netflix, é mais importante que o vídeo corra de forma estável do que imediata. E embora a latência em chamadas do Zoom seja irritante, é fácil para os participantes lidarem com ela; basta aprenderem a esperar um pouco depois que o orador parar de falar. Mesmo um segundo (mil milissegundos) é viável.

O limite humano para a latência é incrivelmente baixo em experiências interativas. Um usuário precisa sentir instintivamente que suas entradas realmente têm efeito — e respostas demoradas significam que o "jogo" está respondendo a decisões velhas depois que novas decisões foram tomadas. Pelo mesmo motivo, jogar contra um usuário com baixa latência pode muitas vezes parecer que você está competindo com uma pessoa no futuro — alguém com supervelocidade, que é capaz de se proteger de um golpe que você nem desferiu ainda.

Pense na última vez que você assistiu a um filme ou uma série em um avião, um iPad ou em um cinema, e o áudio e o vídeo estavam levemente fora de sincronia. A pessoa média nem sequer nota um problema de sincronização a menos que o áudio esteja mais de 45 milissegundos adiantado ou 125 atrasado (variação total de 170 milissegundos). Os limites de aceitabilidade, como são normalmente chamados, são ainda maiores com 90 milissegundos adiantado e 185 atrasado (275 milissegundos). Com botões digitais, como o botão de pausa do YouTube, a pessoa média só acha que seu clique falhou se uma resposta levar de 200 a 250 milissegundos. Em jogos como *Fortnite*, *Roblox* ou *Grand Theft Auto*, jogadores ávidos ficam frustrados depois de cinquenta milissegundos de latência (a maior parte dos fabricantes de jogos mira em vinte). Mesmo jogadores casuais sentem que é o atraso dos comandos, e não sua falta de experiência, o culpado depois de 110 milissegundos.[3] Com 150 milissegundos os jogos que exigem uma resposta rápida ficam simplesmente impossíveis de jogar.

Então como funciona a latência na prática? Nos Estados Unidos, o tempo médio para que dados sejam mandados de uma cidade para outra e vice-versa é de 35 milissegundos. Muitos pares passam disso, especialmente entre cidades com alta densidade e altos picos de demanda (por exemplo, de São Francisco para Nova York no início da noite). Isso é só o tempo de trânsito de cidade para cidade ou de centro de dados para centro de dados. Ainda existe o tempo de trânsito da cidade para o centro de dados, que é particularmente vulnerável à lentidão. Cidades densas, redes locais e condomínios individuais podem facilmente ficar congestionados e são muitas vezes cabeados com fios de cobre que possuem largura de banda limitada, em vez de fibra de alta capacidade. Aqueles que vivem fora de uma grande cidade podem estar na ponta de dezenas, ou mesmo centenas, de quilômetros de transmissão por cobre. Para aqueles cujo último quilômetro é sem fio, o 4G acrescenta cerca de 40 milissegundos extras.

Apesar desses desafios, os tempos de entrega, ida e volta, dos Estados Unidos normalmente ficam dentro dos limites aceitáveis. Contudo, todas as conexões sofrem "oscilação", a variação no tempo de entrega de cada pacote em relação à mediana. Embora a maior parte da oscilação seja bem distribuída pela latência média da conexão, ela pode muitas vezes aumentar por causa de um congestionamento inesperado em algum ponto da rede — incluindo a rede do usuário final como resultado de uma interferência de outros dispositivos eletrônicos, ou talvez de um membro da família ou um vizinho que começou uma transmissão de vídeo ou um download. Embora seja temporário, isso pode facilmente estragar um jogo rápido ou resultar em uma conexão de rede cortada. Mais uma vez, as redes não são confiáveis.

Para gerenciar a latência, a indústria de jogos online desenvolveu diversas soluções parciais e alternativas. Por exemplo, a maior parte dos jogos com múltiplos jogadores em alta fidelidade é "agrupada" por região de servidores. Ao limitar o conjunto de jogadores àqueles que vivem no nordeste dos Estados Unidos, na Europa Ocidental ou no Sudeste Asiático, os fabricantes de jogos podem minimizar a latência dentro de cada região. Porque jogos são uma atividade de lazer e normalmente são jogados com um a três amigos, e esse agrupamento funciona bem. É pouco provável que você queira jogar com uma pessoa específica com um fuso horário muito diferente do seu, afinal você não se importa muito com onde moram seus oponentes desconhecidos (e na maioria dos casos você nem pode falar com eles).

Jogos online com múltiplos jogadores também usam soluções com "*netcode*" para garantir sincronização e consistência e para manter os jogadores jogando. *Netcode* baseado em atraso vai avisar ao dispositivo de um jogador (digamos, um PlayStation 5) para atrasar artificialmente a renderização dos comandos de seu dono até que os comandos do jogador com mais latência (seu oponente) cheguem. Isso vai irritar jogadores com a memória muscular treinada pela baixa latência, mas funciona. *Netcode* retroativo é mais sofisticado. Se os comandos de um oponente estiverem atrasados, o dispositivo de um jogador vai seguir em frente com o que ele espera que aconteça. Se acontecer de o oponente fazer algo diferente, o dispositivo vai tentar desfazer animações do processo e então repassá-las "corretamente".

Embora essas alternativas sejam eficientes, elas se replicam mal. O *netcode* funciona bem em títulos nos quais os comandos do jogador são consideravelmente previsíveis, como em simulações de direção, ou naqueles com poucos jogadores para serem sincronizados, como é o caso da maior parte dos jogos de luta. Contudo, é exponencialmente mais difícil prever de forma correta e sincronizar de forma coerente o comportamento de dezenas de jogadores, especialmente quando eles estão participando de um mundo virtual livre com dados ambientais e de objetos transmitidos por nuvem. É por isso que a Subspace, uma empresa de tecnologia de banda larga em tempo real, estima que apenas três quartos das casas norte-americanas com banda larga possam participar consistentemente (mas de forma alguma sem falhas) dos mundos virtuais em tempo real e com a alta fidelidade de hoje, como o *Fortnite* e o *Call of Duty*, enquanto no Oriente Médio menos de um quarto das casas podem fazer isso. E alcançar o limite da latência não é suficiente. A Subspace descobriu que um aumento ou uma diminuição de cerca de dez milissegundos na latência reduz ou aumenta o tempo de jogo semanal em 6%. Além disso, essa correlação vai além do ponto no qual mesmo um jogador ávido consegue reconhecer a latência da rede — se sua conexão está em 15 milissegundos em vez de 25, ele provavelmente vai jogar 6% a mais. Quase nenhum outro tipo de negócio é tão sensível, e como os jogos são um negócio baseado em engajamento, as implicações disso no lucro são consideráveis.

Isso pode parecer um problema específico dos jogos, em vez de um problema do metaverso. Também é notável que essas questões afetam apenas uma porção dos lucros da indústria de jogos. Muitos títulos de sucesso como *Hearthstone* e *Words with Friends* ou revezam a vez dos jogadores ou são assíncronos enquanto outros títulos sincrônicos como *Honor of Kings* e *Candy Crush* não precisam ser perfeitamente pixelados nem de comandos com milissegundos de precisão. Ainda assim, o metaverso vai precisar de baixa latência. Movimentos faciais sutis são incrivelmente importantes para conversas humanas. Também somos altamente sensíveis a pequenos erros e questões de sincronização — é por isso que não nos importamos com a forma como a boca de personagens caricatos da Pixar se move, mas achamos perturbador se um humano realista de CGI não mover os lábios corretamente (animadores chamam isso de "vale da estranheza"). Conversar com a sua mãe como se ela estivesse com um atraso de cem milissegundos pode rapidamente se tornar assustador. Embora as interações do metaverso não possuam a sensibilidade de tempo dos pixels, o volume de dados necessário é muito maior. Lembre-se de que latência e largura de banda em conjunto afetam quanta informação pode ser enviada por unidade de tempo.

Produtos sociais também dependem de quantos usuários podem usá-los e de fato os usam. Embora a maior parte dos jogos com múltiplos jogadores seja jogada com outras pessoas no mesmo fuso horário, ou talvez a um fuso horário de distância, a comunicação pela internet com frequência ocupa o globo inteiro. Antes, mencionei que pode levar 35 milissegundos para enviar dados do nordeste para o sudeste dos EUA. Leva ainda mais para viajar entre continentes. O tempo médio de entrega do nordeste dos EUA para o nordeste da Ásia pode chegar a 350 ou 400 milissegundos — e até mais de usuário a usuário (de cem milissegundos a um segundo inteiro). Só imagine se o FaceTime ou o Facebook não funcionassem a menos que seus amigos ou sua família estivessem a 800 quilômetros de distância. Ou só funcionassem quando você estivesse em casa. Se uma empresa quiser usar mão de obra estrangeira ou a distância no mundo virtual, ela vai precisar de um tempo melhor do que meio segundo de demora. Cada usuário adicional em um mundo virtual só soma desafios de sincronização.

Experiências baseadas em realidade aumentada têm exigências particularmente rígidas de latência porque são baseadas em movimentos de cabeça e olhos. Se você usa óculos, pode achar óbvio que seus olhos se ajustem imediatamente ao seu entorno quando você se vira e recebe partículas de luz a 0,00001 milissegundos. Mas imagine como você se sentiria se houvesse atrasos de dez a cem milissegundos no recebimento dessa nova informação.

A latência é o maior obstáculo de rede para o metaverso. Parte dessa questão é que poucos serviços e usos precisam de entrega de latência ultrabaixa hoje, o que por sua vez torna mais difícil para qualquer operador de rede ou empresa de tecnologia focar na entrega em tempo real. A boa notícia é que conforme o metaverso crescer, o investimento em infraestrutura de internet de latência menor vai crescer. No entanto, a luta para conquistar a latência não pesa apenas nos nossos bolsos; ela vai contra as leis da física. Para citar o CEO de uma grande fabricante de videogames com experiência em construção de jogos cuja entrega é feita pela nuvem: "Estamos em uma batalha constante com a velocidade da luz. Mas a velocidade da luz segue e seguirá invicta". Considere quão difícil é enviar um único byte entre Nova York e Tóquio ou Mumbai em níveis ultrabaixos de latência. A luz leva de 40 a 45 milissegundos para percorrer uma distância de 11.000 a 12.500 quilômetros. A física do universo só vence a configuração mínima para videogames competitivos por 10% a 20%. Isso não soa como se estivéssemos perdendo para as leis da física.

Mas, na prática, ficamos bem para trás dessa marca de 40 a 45 milissegundos. A latência média de um pacote enviado pelo centro de dados da Amazon no nordeste dos EUA (que atende Nova York) para o centro de dados do Pacífico e Sudeste da Ásia (Mumbai e Tóquio) é de 230 milissegundos.

Existem muitas causas para esse atraso. Uma delas é o vidro de quartzo. Embora muitas pessoas imaginem que os dados enviados via cabos de fibra ótica viajam na velocidade da luz, elas estão ao mesmo tempo certas e erradas. Os feixes de luz em si de fato viajam na velocidade da luz — que, como qualquer estudante sabe, é uma constante —, mas eles não viajam em uma linha reta mesmo quando o cabo em si está em linha reta. Isso porque todas as fibras de vidro, diferentemente do vácuo do espaço, refratam a luz. Assim, o caminho de um determinado feixe é mais próximo de um zigue-zague apertado que rebate entre as bordas de uma dada fibra. O resultado é um aumento de quase 31% no tempo de uma rota. Isso nos leva a 58 a 65 milissegundos.

Além disso, a maior parte dos cabos de internet não ocupa a menor distância possível — eles precisam atravessar direitos internacionais, impedimentos geográficos e análises de custo-benefício. Como resultado, muitos países e grandes cidades não possuem uma conexão direta. Em Nova York há um cabo submarino que vai direto para a França, mas não para Portugal. O tráfego dos Estados Unidos pode ir direto para Tóquio, mas chegar à Índia requer saltar de um cabo submarino para outro nos continentes da Ásia ou da Oceania. Um único cabo pode ser estendido dos Estados Unidos até a Índia, mas ele precisaria atravessar ou circundar a Tailândia — o que acrescentaria centenas, senão milhares, de quilômetros — e isso só resolve o problema da transmissão de costa a costa.

Talvez isso seja uma surpresa, mas é mais difícil melhorar a infraestrutura da internet doméstica do que a infraestrutura de internet internacional. Instalar (ou substituir) cabos significa trabalhar em uma extensa infraestrutura de transporte (estradas e trilhos), vários centros populacionais (cada um deles com seu próprio processo político, legislação e incentivos) e parques e terras protegidos. Instalar um cabo no fundo do mar em águas internacionais é simples comparado a instalar um cabo em uma cadeia de montanhas com terras públicas e privadas.

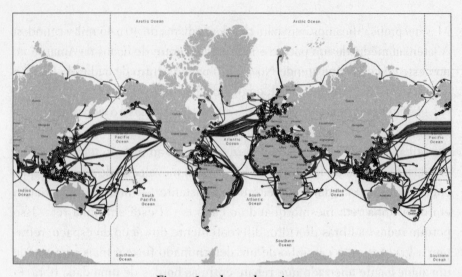

Figura 1: cabos submarinos.
Um mapa dos quase quinhentos cabos submarinos e das 1.250 estações
que compõem a internet global.
Fonte: *TeleGeography*

A frase "espinha dorsal da internet" pode trazer à mente uma rede de cabos perfeitamente planejada e parcialmente federada. Na verdade, a espinha dorsal da internet é apenas uma federação frouxa de redes privadas. Essas redes nunca foram pensadas para serem nacionalmente eficientes. Em vez disso, elas servem a propósitos locais. Por exemplo, uma operadora de redes privada pode ter instalado uma linha de fibra entre dois subúrbios ou mesmo entre dois complexos de escritórios. Dado o custo das licenças e a eficiência de se pegar carona em empreendimentos já existentes, em vez de conectar um par de cidades diretamente, os cabos muitas vezes foram instalados onde e enquanto outra infraestrutura estava sendo construída.

Quando dados são enviados entre duas cidades, como Nova York e São Francisco ou Los Angeles e São Francisco, que seja, eles podem ser carregados por várias redes diferentes reunidas (cada segmento é chamado de um salto). Nenhuma dessas redes foi projetada para minimizar a distância ou o tempo de trânsito entre essas duas localidades. Paralelamente, um dado pacote pode viajar muito mais longe no sentido geográfico do que a distância entre usuário e servidor.

Esse desafio é exacerbado pelo Border Gateway Protocol (BGP), uma das camadas centrais de protocolos do TCP/IP. Como você leu no Capítulo 3, o BGP serve como uma espécie de controlador de tráfego aéreo para dados transmitidos "na internet" ao ajudar cada rede a determinar quais outras redes podem ser usadas para rotear dados. Contudo, ele faz isso sem saber o que está sendo enviado, em qual direção ou com qual importância. Assim, ele "ajuda" ao aplicar uma metodologia razoavelmente padronizada que em geral prioriza o custo.

O conjunto de regras do BGP reflete a assincronia original do desenho da rede de internet. Seu objetivo é garantir que todos os dados sejam transmitidos com sucesso e de forma barata. Mas como resultado muitas rotas são muito mais longas do que o necessário — e de forma inconsistente. Dois jogadores localizados no mesmo prédio em Manhattan podem estar na mesma partida de *Fortnite*, gerenciada por um servidor do *Fortnite* com base na Virgínia, com pacotes que podem ser transportados primeiro por Ohio e assim levarem 50% a mais de tempo para chegarem ao seu destino. Os dados podem ser enviados de volta para um dos jogadores através de um caminho de rede ainda mais longo que passa por Chicago. E qualquer uma dessas conexões pode acabar sendo cortada ou sofrer ondas recorrentes de latência de 150 milissegundos, tudo isso para priorizar o tráfego que não precisava ser entregue em tempo real, como e-mails.

Todos esses fatores juntos explicam por que o pacote de dados médio leva quatro vezes mais tempo para ir de Nova York a Tóquio que uma partícula de luz, cinco vezes mais tempo para ir de Nova York a Mumbai e de duas a quatro vezes mais tempo para chegar a São Francisco, dependendo do momento.

Melhorar o tempo de entrega será incrivelmente caro, difícil e lento. Substituir ou atualizar a infraestrutura baseada em cabos não é apenas caro — também requer aprovação do governo, normalmente em vários níveis. Quanto mais direto o caminho planejado para esses cabos, mais difícil tende a obter essas aprovações, porque quanto mais direto o caminho, mais provável que ele encontre propriedade protegida residencial, comercial, governamental ou ambiental.

É muito mais fácil atualizar a infraestrutura de wireless. Redes 5G são vendidas aos usuários wireless como uma rede de "latência ultrabaixa" com o potencial de um milissegundo e uma expectativa mais realista de vinte milissegundos. Isso representa uma economia de vinte a quarenta milissegundos em relação às redes de 4G de hoje. Contudo, isso só ajuda nas últimas centenas de metros da transmissão de dados. Quando os dados de um usuário wireless chegam à torre, eles se movem para a espinha da linha fixa.

A Starlink, empresa de satélites de internet da SpaceX, promete oferecer internet de banda larga e baixa latência para todos os Estados Unidos e em dado momento para o resto do mundo. No entanto, a internet por satélite não alcança latência ultrabaixa, especialmente a grandes distâncias. Em 2021, a Starlink tinha uma média de tempo de viagem de 18 a 55 milissegundos da sua casa para o satélite e de volta, mas esse tempo se estende quando os dados precisam ir de Nova York para Los Angeles e voltar, já que isso envolve viajar por múltiplos satélites ou redes terrestres tradicionais.

Em alguns casos, a Starlink até exacerba o problema da distância das viagens. Nova York e Filadélfia ficam a cerca de 160 quilômetros uma da outra em linha reta e potencialmente 200 quilômetros via cabo, mas são mais de 1.125 quilômetros quando é preciso enviar dados para um satélite de órbita baixa e de volta. Não só isso, mas o cabo de fibra ótica perde muito menos do que a luz transmitida pela atmosfera, especialmente em dias nublados. Áreas urbanas densas, porque são barulhentas, estão sujeitas à interferência também por esse motivo. Em 2020, Elon Musk enfatizou que a Starlink está focada nos "clientes mais difíceis de alcançar e a que as empresas [telefônicas] têm dificuldade de chegar".[4] Nesse sentido, a entrega por satélite permite que mais pessoas alcancem as especificações de latência mínima para o metaverso, em vez de oferecer melhorias para aqueles que já a alcançam.

O Border Gateway Protocol pode ser atualizado ou suplementado com outros protocolos, assim como novos padrões próprios podem ser introduzidos e adotados. De qualquer forma, gostamos de imaginar que o que é possível só é limitado pela mente e pelas inovações da Roblox Corporation, da Epic Games ou do criador individual, e é verdade que esses grupos se mostraram adeptos a contornar as limitações da rede. Eles vão continuar a fazer isso conforme lidamos com todos os desafios de banda larga e latência que virão. Pelo menos no futuro próximo, contudo, todas essas limitações reais vão continuar a restringir o metaverso e tudo dentro dele.

6
Computação

Enviar dados suficientes de forma rápida é apenas parte do processo de operar um mundo virtual sincronizado. Os dados também precisam ser compreendidos; o código precisa rodar; os comandos precisam ser examinados; lógica, executada; os ambientes, renderizados; e por aí vai. Esse é o trabalho das unidades centrais de processamento (*central processing unit* — CPU) e das unidades de processamento gráfico (*graphics processing unit* — GPU), descrito geralmente como "computação".

Computação é o recurso que executa todo o "trabalho" digital. Durante décadas vimos um aumento no número de recursos de computação disponíveis e fabricados por ano e testemunhamos quão poderosos eles podem ser. Apesar disso, os recursos computacionais sempre foram, e provavelmente continuarão sendo, escassos — porque quando mais capacidade computacional fica disponível, temos a tendência de tentar realizar cálculos mais complicados. Observe o tamanho do console de videogame médio ao longo dos últimos quarenta anos. O primeiro PlayStation, lançado em 1994, pesava 1,4 quilo e media 27 por 19 por 6,35 centímetros. O quinto, lançado em 2020, pesa 4,5 quilos e tem 39 por 26 por 10,4 centímetros. A maior parte desse crescimento está relacionada à decisão de colocar mais poder computacional no dispositivo — e ventiladores maiores para resfriá-lo enquanto faz seu trabalho. Hoje, o PlayStation original (exceto pelo seu leitor ótico) poderia caber em uma carteira e custar menos de 25 dólares, mas existe pouca demanda por um dispositivo assim, se comparado com as alternativas modernas.

No início do livro, escrevi a respeito do supercomputador da Pixar, construído para produzir o filme *Universidade Monstros*, de 2013: cerca de 2 mil computadores industriais ligados com 24 mil processadores combinados. O custo desse centro de dados teria ficado na casa de dezenas de milhões de dólares, muito mais do que um PlayStation 3, é claro, mas também capaz de imagens muito maiores, mais detalhadas e mais bonitas. Ao todo, cada um dos 120 mil quadros do filme levou 30 horas de processamento para ser renderizado.* Nos anos seguintes, a Pixar substituiu muitos desses computadores e processadores por outros mais novos e capazes que podiam renderizar os mesmos quadros mais rapidamente. Mas em vez de otimizar a velocidade, a Pixar usou esse poder para criar renderizações mais sofisticadas. Por exemplo, uma tomada do filme de 2017 do estúdio *Viva: A vida é uma festa* tinha quase 8 milhões de luzes individualmente renderizadas. De início, levou mais de mil horas, e depois mais 450, para renderizar cada quadro da tomada. A Pixar conseguiu reduzir o tempo para 55 horas em parte "cozinhando" diversas luzes em aumentos longitudinais e latitudinais de vinte graus cada — ou seja, reduzindo sua resposta à câmera.[1]

Isso pode parecer uma desvantagem. Afinal, nem toda renderização precisa de 8 milhões de luzes, ou especificações em tempo real, nem será escrutinada em telas de IMAX de 350 metros quadrados. Contudo, as renderizações e os cálculos necessários para o metaverso são ainda mais complicados. Elas também precisam ser criadas aproximadamente a cada 0,016 ou, melhor ainda, 0,0083 segundos! Nem toda empresa, e certamente poucos indivíduos, pode bancar um centro de dados com supercomputadores. É na verdade notável quão limitado computacionalmente mesmo o mais impressionante dos mundos virtuais de hoje é.

Vamos voltar para o *Fortnite* e o *Roblox*. Embora esses títulos sejam conquistas criativas incríveis, suas ideias de fundo estão longe de serem novas. Durante décadas, desenvolvedores imaginavam experiências com

---

* Vale lembrar que não são trinta horas literais, mas trinta horas de *processamento*. Um processador poderia passar trinta horas renderizando, ou trinta processadores poderiam passar uma hora renderizando etc.

dezenas de jogadores ao vivo (senão centenas e milhares) em uma única simulação compartilhada, além de ambientes virtuais limitados apenas pela imaginação do usuário individual. O problema é que eles não eram tecnicamente possíveis.

Embora mundos virtuais com centenas ou mesmo milhares de "usuários simultâneos" (*concurrent users* — CCUs) sejam possíveis desde o final dos anos 1990, tanto mundos virtuais quanto os usuários eram bastante limitados. O EVE *Online* não permite que jogadores individuais se reúnam pelo uso de avatares. Em vez disso, os usuários dirigem naves grandes e no geral estáticas para se moverem no espaço ou trocarem fogo. Dezenas de avatares do *World of Warcraft* podem ser renderizados no mesmo lugar, mas os detalhes do modelo são limitados, a perspectiva se afasta relativamente e os jogadores possuem controle limitado do que seu avatar pode fazer. Se muitos jogadores convergirem para uma mesma área, os servidores do jogo vão temporariamente "espalhá-los" em cópias independentes desse espaço que operam de maneira simultânea. Alguns jogos até escolhem limitar a renderização em tempo real aos jogadores individuais e selecionam uma IA dentro do jogo, com todo o fundo sendo pré-renderizado, o que torna impossível que os jogadores o afetem. Fazer parte de qualquer desses experimentos também exige que o jogador compre um PC dedicado a jogos, que pode chegar a milhares de dólares. Mesmo que tal dispositivo não seja estritamente necessário, um usuário provavelmente precisaria "desligar" ou "diminuir" a capacidade de renderização do jogo ou cortar pela metade a taxa de quadros.

Foi apenas no meio dos anos 2010 que milhões de dispositivos de consumo passaram a conseguir dar conta de um jogo como o *Fortnite* — que possui dezenas de avatares ricamente animados em uma única partida, cada um deles capaz de uma ampla variedade de ações e interagindo com um mundo vívido e tangível, em vez da amplidão fria do espaço. Foi mais ou menos na mesma época em que servidores acessíveis o suficiente se tornaram disponíveis para dar conta dos comandos de tantos dispositivos e sintonizá-los.

Esses avanços computacionais levaram a mudanças extraordinárias na indústria dos videogames. Em poucos anos os jogos mais populares (e lucrativos) do mundo eram aqueles focados em conteúdo gerado pelo usuário complexo e com alto número de usuários simultâneos (*Free Fire*, PUBG, *Fortnite*, *Call of Duty: Warzone*, *Roblox*, *Minecraft*). Além disso, esses jogos rapidamente se expandiram para o tipo de experiência de mídia que antes era apenas vivenciada "na vida real" (o show de Travis Scott no *Fortnite* e o de Lil Nas X no *Roblox*). O resultado coletivo desses novos gêneros e eventos foi um crescimento enorme na indústria de jogos. Ao longo de um dia médio de 2021, mais de 350 milhões de pessoas participaram de um jogo *battle royale* — apenas um dos gêneros de jogo de alto CCU —, e bilhões podiam fazer isso. Em 2016, apenas 350 milhões de pessoas no mundo possuíam o equipamento necessário para renderizar um mundo virtual em 3D complexo. Em seu auge de 2021, o *Roblox* tinha 225 milhões de usuários mensais — um número três vezes maior do que todas as vendas do console mais popular da história, o PlayStation 2, e dois terços do tamanho de redes sociais como o Snapchat e o Twitter.

Como você pode ter adivinhado a essa altura, esses jogos parecem tão avançados em parte por causa de escolhas específicas de design que lhes permitem contornar restrições atuais de computação. A maioria dos *battle royales* aguenta cem jogadores, mas também usa mapas enormes com diversos "pontos de interesse" para afastar os jogadores uns dos outros. Isso significa que embora os servidores precisem rastrear o que cada jogador está fazendo, o dispositivo de cada jogador não precisa renderizá-los ou rastrear e processar suas ações. E embora jogadores no final precisem reunir-se em um espaço pequeno — às vezes do tamanho de um quarto — a premissa de um jogo *battle royale* significa que quase todos os jogadores foram derrotados a essa altura. Conforme o mapa encolhe, fica mais difícil sobreviver. Um jogador de *battle royale* pode precisar se preocupar com 99 competidores, mas seus dispositivos enfrentam muito menos.

Ainda assim, esses truques só chegam até certo ponto. O jogo de *battle royale Free Fire*, por exemplo, só funciona para dispositivos móveis e é um dos mais populares do mundo. Contudo, a maior parte de seus jogadores está no sudeste asiático e na América do Sul, onde a maioria dos dispositivos é Android de nível baixo a médio, em vez dos mais poderosos iPhones ou Androids de ponta. Sendo assim, o *battle royale Free Fire* é limitado a cinquenta jogadores, e não cem. Enquanto isso, quando títulos como *Fortnite* ou *Roblox* operam eventos sociais em espaços mais confinados, como uma casa de shows virtuais, eles reduzem os CCUs para cinquenta ou menos. Também limitam o que os usuários podem fazer em comparação ao modo padrão do jogo. A capacidade de construir pode ser desligada, ou o número de passos de dança pode ser reduzido da dúzia habitual para uma única opção de sequência.

Se você tem um processador que não é tão poderoso quanto o do jogador médio, você vai observar que mais concessões terão que ser feitas. Dispositivos que têm alguns anos de uso não vão carregar trajes customizados de outros jogadores (já que eles não têm consequências na jogabilidade), vão apenas representá-los como personagens-padrão. Apesar de todas as maravilhas do *Flight Simulator*, menos de 1% dos desktops ou notebooks, Macs e PCs pode rodar o jogo com suas configurações de menor fidelidade. Parte do motivo para o MSFS rodar nesses dispositivos é que muito pouco de seu mundo é real além do mapa, do clima e das rotas de voo.

Claro, as capacidades computacionais melhoram a cada ano. O *Roblox* agora suporta até duzentos jogadores em seus mundos de relativa baixa fidelidade, com até setecentos jogadores possíveis em teste beta. Contudo, ainda estamos longe do ponto no qual as únicas restrições serão criativas. O metaverso terá centenas de milhares de participantes em uma simulação compartilhada e com tantos itens virtuais customizados quanto essas pessoas quiserem; captura total de movimento; capacidade de modificar com riqueza um mundo virtual (em vez de escolher dentre cerca de uma dúzia de opções) com persistência total; e renderizar esse mundo não apenas em 1080p (normalmente considerado "alta definição"), mas em 4K ou até 8K. Mesmo os dispositivos mais poderosos da Terra têm dificuldade de fazer isso em tempo real, porque cada objeto, textura e aumento de resolução ou quadro e jogador acrescentado significa mais uma demanda em recursos computacionais escassos.

O fundador e CEO da Nvidia, Jensen Huang, imagina que o próximo passo em simulações imersivas seja nos levar além de explosões mais realistas ou de um avatar mais animado. Em vez disso, ele imagina a aplicação das "leis da física de partículas, da gravidade, do eletromagnetismo ou ondas eletromagnéticas, [incluindo] ondas de luz e rádio [...], de pressão e som".[2]

Se o metaverso vai exigir tal fidelidade à física, isso pode ser debatido. O ponto importante aqui é que poder computacional é sempre escasso, especificamente porque capacidades computacionais adicionais levam a avanços importantes. O desejo de Huang de levar as leis da física para o mundo virtual pode parecer excessivo ou pouco prático, mas presumir isso requer prever e dispensar as inovações que poderiam vir dele. Quem teria pensado que possibilitar *battle royales* de cem jogadores mudaria o mundo? O garantido é que a capacidade e as limitações da computação vão determinar quais experiências do metaverso são possíveis, para quem, quando e onde.

Dois lados do mesmo problema

Sabemos que o metaverso exige mais computação, mas exatamente quanta é necessária ainda não está claro. No Capítulo 3, citei o antigo CTO e atual consultor da Oculus, John Carmack, que acredita que "construir o metaverso é um imperativo moral". Em outubro de 2021, Carmack disse que se lhe tivessem perguntado vinte anos antes se "cem vezes o poder de processamento" seria suficiente para essa tarefa, ele teria dito sim. Porém, embora bilhões de dispositivos agora tenham essa capacidade, de acordo com Carmack, o metaverso ainda está de cinco a dez anos de distância e ainda encontraria "sérias compensações de otimização" mesmo na ponta mais distante dessa previsão. Dois meses depois, Raja Koduri, o vice-presidente da Intel e gerente-geral de seu Accelerated Computing and Graphics Group, publicou ideias parecidas no site de relações com os investidores da Intel. Koduri disse que

> *de fato, o metaverso pode ser a próxima grande plataforma da computação depois da World Wide Web e da rede móvel* [... *mas*] *computação realmente persistente e imersiva, em larga escala e acessível para bilhões de humanos em tempo real, vai exigir ainda mais: um aumento de mil vezes na eficiência da computação em relação ao que hoje é considerado de última geração.*[3]

Existem perspectivas diversas a respeito de qual a melhor forma de conseguir isso.

Um argumento é que o máximo de "trabalho" possível deve ser feito por centros de dados remotos de escala industrial em vez de nos dispositivos dos consumidores. A maior parte do trabalho de um mundo virtual acontecer no dispositivo do usuário parece a muitos um desperdício, porque significa que muitos dispositivos estão fazendo exatamente o mesmo trabalho ao mesmo tempo para a mesma experiência. Em contraste, o servidor superpoderoso operado pelo "dono" do mundo virtual está apenas rastreando os comandos dos usuários, transmitindo-os quando necessário e lidando com conflitos de processos quando eles ocorrem. Ele nem precisa renderizar nada!

Um exemplo ajuda a dar vida (virtual) a isso. Quando um jogador lança um foguete em uma árvore no *Fortnite*, essa informação (o item usado, seus atributos e a trajetória do projétil) é enviada do dispositivo desse jogador para o servidor *multiplayer* do *Fortnite*, que então transmite essa informação para todos os jogadores que precisam dela. Suas máquinas locais então processam e agem de acordo com essa informação: elas mostram a explosão, determinam se os jogadores foram feridos, removem a árvore do mapa e permitem aos jogadores mover-se por onde ela estava antes e por aí vai.

Na prática, os jogadores podem nem sequer ver a mesma explosão visual, embora o "mesmo" explosivo tenha atingido a "mesma" árvore no "mesmo" ângulo e na "mesma" hora, e a mesma lógica tenha sido aplicada ao processo de causa e efeito. Isso reflete o fato de que (devido à latência variável) um determinado dispositivo pode pensar que o foguete foi enviado um pouco antes ou depois e de uma posição levemente diferente. Normalmente, isso não importa, mas às vezes as consequências são enormes. Por exemplo, o console do jogador A pode determinar que o jogador B foi morto pela explosão que destruiu a árvore, enquanto o console do jogador B diria que o jogador B sofreu apenas um dano significativo, mas não fatal. Nenhum console está "errado", mas o jogo obviamente não pode seguir em frente com as duas versões da "verdade". Portanto o servidor precisa "escolher".

A dependência atual dos dispositivos pessoais cria outras limitações também. Os consumidores podem experimentar apenas o que seu próprio dispositivo consegue dar conta. Um iPad de 2009, um PlayStation 4 de 2013 e a edição de 2020 do PlayStation 5, cada um vai apresentar o *Fortnite* de forma diferente. O iPad será limitado a trinta quadros por segundo, enquanto o

PlayStation 4 vai oferecer sessenta quadros e o PlayStation 5, cento e vinte. O iPad provavelmente vai carregar apenas algumas texturas do mapa e talvez até pular os trajes dos avatares, enquanto o PlayStation 5 vai mostrar luzes e sombras refratando, algo que o PlayStation 4 não consegue fazer. Isso, por sua vez, significa que a complexidade geral de um mundo virtual termina sendo em parte limitada pelos dispositivos mais inferiores que podem acessá-lo. A Epic Games decidiu que avatares e trajes do *Fortnite* não devem ter um impacto na jogabilidade, mas mudar de ideia a respeito disso pode excluir muitos jogadores.

Passar tanto processamento e renderização quanto possível para centros de dados industriais parece ao mesmo tempo eficiente e essencial para a construção do metaverso. Já existem empresas e serviços apontando nessa direção. O Google Stadia e o Amazon Luna, por exemplo, processam todos os jogos em centros de dados remotos e então empurram a experiência totalmente renderizada para o dispositivo do usuário como uma transmissão de vídeo. A única coisa que o dispositivo do cliente precisa fazer é reproduzir esse vídeo e enviar comandos (se mover para a esquerda, apertar X e por aí vai) — de forma semelhante a quando assistimos à Netflix.

Os proponentes dessa abordagem frequentemente destacam a lógica de iluminar nossas casas por meio de redes elétricas e usinas elétricas industriais, não geradores particulares. O modelo com base na nuvem permite aos consumidores parar de comprar computadores para consumo, atualizados com pouca frequência e superfaturados, e em vez disso alugar o acesso a um equipamento industrial com melhor custo-benefício por unidade de poder de processamento e atualizado mais facilmente. Quer um usuário tenha um iPhone de 1.500 dólares ou uma velha geladeira ligada ao wi-fi com tela de vídeo, ele pode jogar um título de computação intensa como *Cyberpunk 2077* em toda sua gloriosa renderização. Por que um mundo virtual deveria depender de um pequeno hardware de consumo enrolado em plástico colorido em vez de um servidor de milhões (senão bilhões) de dólares sob a posse da empresa que opera o mundo virtual?

Apesar de toda a lógica clara dessa abordagem e o sucesso de serviços de conteúdo com base em servidor como a Netflix e o Spotify, a renderização remota não é uma solução consensual entre os fabricantes de jogos de hoje. Tim Sweeney argumentou que "iniciativas para colocar processamento em tempo real no lado errado da parede de latência sempre estiveram condenadas ao fracasso porque, embora a largura de banda e a latência estejam melhorando, a performance da computação local está melhorando mais rápido".[4] Em outras palavras, o debate não é se centros de dados remotos podem oferecer experiências melhores do que os dos consumidores. Eles obviamente podem. Em vez disso, é que a rede entra no caminho e provavelmente vai continuar entrando.

Aqui a analogia do gerador de energia começa a falhar. Na maior parte do mundo desenvolvido os consumidores não têm dificuldade para receber a energia de que precisam diariamente, nem com a rapidez necessária. Apesar do fato de que muito pouca energia — isso é, dados — é enviada. Para que experiências renderizadas remotamente sejam entregues, muitos gigabytes por hora precisarão ser enviados em tempo real. Mas como você sabe, ainda estamos com dificuldade para enviar alguns megabytes por hora rapidamente.

Além disso, a computação remota ainda precisa se mostrar mais eficiente para renderização. Isso é uma consequência de várias questões interconectadas.

Primeiro, a GPU não renderiza um mundo virtual inteiro, nem mesmo uma boa parte dele, em um determinado momento. Em vez disso, ela renderiza apenas o que é necessário para um dado usuário quando esse usuário precisa daquilo. Quando um jogador se vira em um jogo como *The Legend of Zelda: Breath of the Wild*, a GPU da Nvidia dentro do Nintendo Switch na verdade descarrega tudo que foi renderizado anteriormente para poder dar conta do novo campo de visão do jogador. Esse processo é chamado "abate de campo de visão". Outras técnicas incluem a "oclusão", na qual objetos que estão no campo de visão de um usuário não são carregados/renderizados se estiverem obstruindo outro objeto e o "nível de detalhe" (*level of detail* — LOD) no qual informações, como a nuance de textura na casca de uma bétula, só são renderizadas quando o jogador se torna capaz de vê-las.

Abate, oclusão e soluções no LOD são essenciais para experiências renderizadas em tempo real porque permitem ao dispositivo de um usuário concentrar seu poder de processamento no que o usuário pode ver. Mas como resultado outros usuários não podem "pegar carona" no trabalho da GPU de um jogador. Alguns leitores podem pensar que isso é uma mentira, lembrando de muitas horas passadas jogando *Mario Kart* em um Nintendo 64, que permitia aos jogadores "dividir" uma tela de TV em quatro, uma para cada motorista. Mesmo hoje, o *Fortnite* permite a um único PlayStation ou Xbox recortar uma tela ao meio para que dois jogadores possam jogar ao mesmo tempo. Mas, nesse caso, a GPU relevante está dando conta de renderizações simultâneas para vários participantes, não usuários. Essa distinção é fundamental. Cada jogador precisa entrar na mesma partida e fase — e não pode sair mais cedo. Isso porque os processadores do dispositivo só conseguem carregar e gerenciar uma quantidade finita de informação e seu sistema de RAM vai guardar temporariamente várias renderizações (por exemplo, uma árvore ou um prédio) para que elas possam ser continuamente reutilizadas por cada jogador, em vez de renderizadas do zero a cada vez. Além disso, a resolução e/ou taxa de quadros de cada jogador cai em uma quantidade proporcional ao número de usuários. Isso significa que mesmo que duas TVs sejam usadas para operar um *Mario Kart* de dois jogadores, em vez de uma TV dividida ao meio, cada jogador recebe metade dos pixels renderizados por segundo.[*]

É tecnicamente possível para uma GPU renderizar dois jogos totalmente diferentes. Uma GPU da Nvidia de ponta pode certamente dar conta de duas emulações distintas de um *Super Mario Bros.* 2D, ou uma versão de *Super Mario Bros.* e outro título igualmente simples. Contudo, isso não é feito de uma forma computacionalmente eficiente. Uma GPU da Nvidia que pode rodar o jogo de ponta A com a maior especificação de renderização possível não consegue rodar duas versões desse título com metade das especificações — nem mesmo um terço. Ela também não consegue trocar seu poder entre cada jogo com base no que eles precisam e quando, como um pai ajudando duas crianças a estudar ou ir para a cama. Mesmo que o jogo A nunca consiga usar todo o poder de uma GPU da Nvidia, a sobra não pode ser passada para outra coisa.

GPUs não geram "poder" de renderização genérico que pode ser dividido entre usuários da mesma forma que uma usina elétrica divide a eletricidade

---

[*] A exceção é quando o jogo está rodando muito abaixo da capacidade da GPU que cuida dele — como seria o caso se alguém jogasse a versão para Nintendo 64 de *Mario Kart* em um Nintendo Switch, que foi lançado 21 anos depois do Nintendo 64.

em várias casas, ou da forma que um servidor de CPU pode dar conta de entradas, localização e sincronização de dados para cem jogadores em uma batalha. Em vez disso, GPUs normalmente operam em uma "instância bloqueada" cuidando da renderização de um único jogador. Muitas empresas estão trabalhando nesse problema, mas até que seja possível não existe eficiência inerente em desenhar "mega-GPUs" similares aos geradores de energia industriais, às turbinas ou a outro tipo de infraestrutura. Enquanto geradores de energia normalmente têm um melhor custo-benefício por unidade de eletricidade, conforme sua capacidade aumenta, o que serve para GPUs é o oposto. Uma GPU que é duas vezes mais poderosa que outra, em um sentido simplificado, custa mais que o dobro para ser produzida.

As dificuldades de "dividir" ou "compartilhar" GPUs é o motivo de as fazendas de servidores do serviço de streaming de jogos na nuvem do Microsoft Xbox serem, na verdade, formadas por pilhas e pilhas de hardware de Xbox, cada um servindo a um jogador. Colocando de outra forma, a usina elétrica da Microsoft é na verdade apenas uma rede de geradores de energia domésticos, em vez de um único do tamanho de um bairro. A Microsoft poderia usar hardware de GPU e CPU próprios para sua nuvem, em vez do hardware de GPU e CPU em seus Xbox comerciais. Contudo, isso exigiria que cada jogo de Xbox fosse desenvolvido para suportar um "tipo" adicional de Xbox.

Servidores de renderização na nuvem também enfrentam problemas de utilização. Um serviço de jogos na nuvem pode precisar de 75 mil servidores dedicados à região de Cleveland às oito da noite de um domingo, mas apenas 20 mil em média, e 4 mil às quatro da manhã da segunda. Quando os consumidores são donos desses servidores, na forma de consoles ou PCs, não importa que fiquem inutilizados ou offline. No entanto, a economia de centros de dados é orientada para a otimização em nome da demanda. Como resultado, sempre será caro alugar GPUs de ponta com baixas taxas de utilização.

É por isso que o Amazon Web Services dá aos clientes uma taxa reduzida se eles alugarem servidores da Amazon com antecedência ("instâncias reservadas"). Os clientes ganham acesso garantido para o ano seguinte porque pagaram pelo servidor, e a Amazon embolsa a diferença entre o custo e o preço que é cobrado do cliente (a instância reservada mais barata para uma GPU Linux no Amazon Web Services, equivalente a um PlayStation 4, custa mais de 2 mil dólares por um ano). Se um cliente quiser acessar servidores quando precisar deles ("instâncias pontuais"), ele pode descobrir que não estão disponíveis, ou que apenas GPUs inferiores estão. Esse último ponto é chave: não estamos resolvendo a escassez de computação se a única forma de tornar os servidores remotos acessíveis é usar em vez de substituir os mais velhos.

Existe outra maneira de melhorar os modelos de custo: consolidar servidores em menos locais. Em vez de operar um centro de streaming de jogos na nuvem em Ohio, em Washington, em Illinois e em Nova York, uma empresa pode construir só um ou dois. Conforme o número e a diversidade dos clientes aumentam, a demanda tende a se estabilizar, o que resulta em uma maior taxa de utilização média. Claro, isso também significa aumentar a distância entre GPUs remotas e o usuário final, aumentando assim a latência. E isso também não resolve a distância entre usuários.

Passar recursos computacionais para a nuvem cria muitos outros custos. Por exemplo, lado a lado, dispositivos que estão sempre ligados rodando em centros de dados criam um calor considerável — muito mais do que o calor agregado daqueles servidores no armário de uma sala de estar. A manutenção, a segurança e o gerenciamento desse equipamento são caros. A mudança de transmitir dados limitados para conteúdo de alta resolução com alta taxa de quadros significa custos consideravelmente mais altos de banda larga também. Sim, a Netflix e outras empresas fazem os custos funcionar, mas elas normalmente mandam menos de trinta quadros de vídeo por segundo (não sessenta ou cento e vinte) com uma resolução menor (por exemplo, 1K ou 2K, e não 4K ou 8K, como o Google Stadia prometeu), sem ser em tempo real e de servidores próximos que estão armazenando arquivos e não executando operações computacionais intensas.

No futuro próximo, o que eu chamo de "Lei de Sweeney" — melhorias na computação local continuarão a andar mais rápido que melhorias na largura de banda, na latência e na confiabilidade das redes — provavelmente vai se manter. Embora muitos acreditem que a Lei de Moore, que foi criada em 1965 e afirma que o número de transistores em um circuito denso integrado dobra a cada dois anos mais ou menos, esteja agora desacelerando, o poder de processamento de CPUs e GPUs continua a crescer rapidamente. Além disso, os consumidores de hoje substituem com frequência seu dispositivo de computação principal, o que resulta em enormes melhorias na computação do usuário final a cada dois ou três anos.

Sonhos da computação descentralizada

A necessidade insaciável de mais poder de processamento — idealmente localizado o mais próximo possível do usuário, ou, ao menos, em fazendas de servidores industriais próximas — invariavelmente leva a uma terceira opção: computação descentralizada. Com tantos dispositivos poderosos e frequentemente inativos nas casas e mãos dos consumidores, perto de outras casas e mãos, parece inevitável que desenvolvamos sistemas para compartilhar seu poder de processamento majoritariamente ocioso.

Culturalmente, pelo menos, a ideia de uma infraestrutura compartilhada coletivamente, mas de posse particular, já é bem compreendida. Qualquer pessoa que instala painéis solares em casa pode vender o excesso de energia para a rede local (e, indiretamente, para seu vizinho). Elon Musk vende um futuro no qual seu Tesla ganha dinheiro para você como carro autônomo, enquanto você não o está usando — melhor do que só passar 99% de sua vida estacionado na garagem.

Desde os anos 1990 surgiram programas para computação distribuída usando hardware de consumo cotidiano. Um dos exemplos mais famosos é o seti@home da Universidade da Califórnia, no qual consumidores ofereceriam de forma voluntária seus computadores domésticos para alimentar a busca por vida alienígena. Sweeney destacou que um dos itens em sua "lista de tarefas" para o jogo de tiro em primeira pessoa *Unreal Tournament 1*, lançado em 1998, era "permitir que os servidores do jogo falassem uns com os outros para que pudéssemos ter um número ilimitado de jogadores em uma única sessão do jogo". Quase vinte anos depois, contudo, Sweeney admitiu que o objetivo "parece ainda estar na nossa lista de desejos".[5]

Embora a tecnologia para dividir GPUs e compartilhar CPUs fora de centros de dados seja embrionária, alguns acreditam que blockchains oferecem tanto o mecanismo tecnológico para a computação descentralizada quanto seu modelo econômico. A ideia é que os donos de CPUs e GPUs subutilizadas fossem "pagos" em alguma criptomoeda pelo uso de suas capacidades de processamento. Pode até haver um leilão ao vivo do acesso a esses recursos, seja aqueles com "trabalhos" dando lances no acesso ou aqueles com capacidade dando lance nos trabalhos.

Um mercado assim poderia oferecer parte da enorme capacidade de processamento que seria necessária para o metaverso?* Imagine: conforme você navega por espaços imersivos, sua conta continuamente dá lances para fazer as tarefas de computação necessárias em dispositivos móveis sob a posse de pessoas perto de você, mas inutilizados, pessoas que talvez estejam caminhando na rua ao seu lado, para renderizar ou animar as experiências que você encontrar. Depois, quando você não estivesse usando seus próprios dispositivos, você poderia ganhar tokens enquanto eles devolvessem o favor (mais sobre isso no Capítulo 11). Proponentes desse conceito de criptotroca o veem como uma característica inevitável de todos os microchips do futuro. Todo computador, não importa quão pequeno, seria projetado para vender ciclos extras a qualquer momento. Bilhões de processadores dinamicamente arranjados iriam mover os ciclos profundos da computação até dos maiores clientes industriais e oferecer a rede de computação final e infinita que permitiria a existência do metaverso. Talvez a única maneira de todo mundo escutar uma árvore cair é se todos nós a regarmos.

---

* Neal Stephenson descreveu esse tipo de tecnologia e experiência em detalhes em *Cryptonomicon*, publicado em 1999, sete anos depois de *Snow Crash*.

7
Motores de mundos virtuais

Uma árvore virtual cai em uma floresta virtual. Nos dois capítulos anteriores, expliquei o que é necessário para que a árvore seja renderizada e para que sua queda seja processada e então compartilhada e assim conhecida de todo observador. Mas o que é essa árvore? Onde está essa árvore? O que é a floresta? A resposta é: dados e códigos.

Dados descrevem os atributos de um objeto virtual, como suas dimensões ou sua cor. Para que nossa árvore seja processada por uma CPU e renderizada por uma GPU, esses dados precisam ser rodados por código. E se queremos cortar essa árvore e usar sua madeira para construir uma cama ou acender uma fogueira, esse código precisa ser parte de um quadro de código* muito mais *amplo* que opera no mundo virtual.

O mundo real não é muito diferente. As leis da física são o código que lê e roda todas as interações — dos motivos para uma árvore cair até como isso produz vibrações no ar que viajam até um ouvido humano, fazendo os nervos transmitirem a informação por meio de sinais elétricos por várias sinapses. De forma parecida, uma árvore "vista" por um observador humano significa que ela refletiu luz produzida (normalmente) pelo sol, luz que por sua vez é recebida e processada pelo olho e pelo cérebro humano.

---

* A árvore em si pode ser um código que junta muitos objetos virtuais menores, como folhas, tronco, galhos e casca.

Mas existe uma diferença importante: o mundo real está totalmente pré-programado. Não podemos ver raios X ou nos ecolocalizar, mas a informação necessária já existe no mundo. Em um jogo, raios X e ecolocalização exigem dados e muito código. Se você for para casa, misturar ketchup com petróleo e então tentar comer ou pintar com isso, as leis da física cuidarão dos resultados. Para que um jogo dê conta da mesma interação, ele precisa saber com antecedência o que ketchup e petróleo fazem quando são combinados (e provavelmente em porcentagens genéricas) ou saber o suficiente a respeito dos dois para que a lógica do jogo descubra isso, presumindo que o jogo é capaz.

A lógica de um mundo virtual pode dizer que o petróleo não pode ser misturado com nada. Ou que ele só pode ser misturado com óleo. Ou que se ele for misturado com qualquer coisa, o resultado é uma meleca inutilizável. Mas um resultado mais complicado exige uma quantidade consideravelmente maior de dados e que a lógica do mundo virtual seja muito mais extensa. Quanto petróleo pode ser acrescentado ao ketchup antes de ele ficar impossível de comer? Quanto ketchup pode ser acrescentado ao petróleo antes que ele se torne inútil? Como a cor e a viscosidade da substância resultante mudam com base na proporção de um ingrediente ou do outro?

O fato de que muitas dessas permutações têm pouco valor é, na verdade, enormemente valioso para as pessoas que produzem mundos virtuais. Como o herói de *The Legend of Zelda* não precisa ir para o espaço, nenhuma física espacial é necessária. Os jogadores de *Call of Duty* não precisam de caiaques, encantos ou doces; o desenvolvedor do jogo não criou o código relevante. A Nintendo e a Activision puderam focar mais dados e códigos naquilo que seus mundos virtuais precisam e se beneficiam, em vez de oferecerem permutações infinitas que teriam um valor prático limitado em seus jogos.

Apesar de toda a sua eficiência, essa abordagem apresenta obstáculos à construção de mundos virtuais ao estilo do metaverso e especialmente no estabelecimento da interoperabilidade entre eles. No *Flight Simulator*, por exemplo, um piloto pode aterrissar um helicóptero ao lado de um campo de futebol americano, mas não há nenhum jogo para ele assistir, muito menos participar. Para que a Microsoft oferecesse tal funcionalidade ela precisaria construir do zero seu próprio sistema de futebol americano, embora muitos desenvolvedores já tenham feito isso e, com anos de experiência, provavelmente façam melhor. Embora o MSFS pudesse em vez disso tentar integrar esses mundos virtuais específicos de futebol americano, as estruturas de dados e os códigos de cada lado são completamente incompatíveis. Nos capítulos sobre rede e computação anteriores, discuti o fato de que os dispositivos dos usuários estão com frequência realizando o mesmo trabalho. Mas se uma comparação pode ser feita, desenvolvedores estão ainda piores. Eles estão constantemente construindo e reconstruindo todo tipo de coisa, de um campo de futebol a uma bola de futebol e até as regras para uma bola de futebol voar pelo ar. Além disso, esse trabalho está ficando mais difícil a cada ano já que os construtores de mundos virtuais buscam tirar vantagem de CPUs e GPUs mais sofisticadas. De acordo com a Nexon, uma das maiores fabricantes de videogames do mundo, o número médio de pessoas creditadas para um jogo de ação em mundo aberto (pense em *The Legend of Zelda* ou *Assassin's Creed*) cresceu de cerca de mil em 2007 para mais de 4 mil em 2018, com orçamentos crescendo dez vezes (cerca de duas vezes e meia mais rápido).[1]

Para ouvir árvores caírem, para que elas caiam perto de campos de futebol americano e para ter o som da queda somado aos gritos da torcida respondendo ao *touchdown* da vitória, é preciso muitos programadores escrevendo muitos códigos para lidar com quantidades enormes de dados e tudo da mesma forma.

Agora que cobrimos a rede e o poder computacional necessários para compartilhar, rodar e renderizar os dados e códigos necessários para o metaverso, podemos nos voltar para esses outros conceitos.

Motores de jogo

O conceito, a história e o futuro do metaverso estão intimamente ligados aos jogos, como vimos, e esse fato talvez seja mais óbvio quando olhamos para o código básico de mundos virtuais. Esse código está normalmente contido em um "motor de jogo", um termo vago que se refere ao conjunto de tecnologias e *frameworks* que ajudam a construir um jogo, renderizá-lo, processar sua lógica e gerenciar sua memória. Em um sentido simplificado, pense nos motores de jogo como a coisa que estabelece as leis virtuais do universo — o conjunto de regras que define todas as interações e possibilidades.

Historicamente, todos os fabricantes de jogos construíram e mantiveram seus próprios motores de jogo. Mas os últimos quinze anos viram a ascensão de uma alternativa: licenciar um motor da Epic Games, que faz o Unreal Engine, ou da Unity Technologies, que faz um motor de mesmo nome.

Usar esses motores tem um custo. A Unity, por exemplo, cobra uma taxa anual de cada desenvolvedor individual que o utiliza. Essa taxa vai de 400 a 4 mil dólares, dependendo das ferramentas necessárias e do tamanho da empresa do desenvolvedor. A Unreal normalmente cobra 5% dos lucros brutos. As taxas não são o único motivo para se construir seu próprio motor. Alguns desenvolvedores acreditam que fazer isso para um determinado gênero ou experiência de jogo, como jogos de tiro realistas e rápidos em primeira pessoa, garante que seus jogos "tenham uma sensação melhor" ou uma performance melhor. Outros se preocupam com a necessidade de depender dos canais e das prioridades de outra empresa, ou temem que seu fornecedor tenha uma visão muito detalhada de seu jogo e sua performance. Dadas essas preocupações, é comum que grandes desenvolvedoras construam e mantenham seus próprios motores (algumas, como a Activision e a Square Enix até operam meia dúzia ou mais).

A maioria dos desenvolvedores, no entanto, vê fortes ganhos em licenciar e customizar o Unreal ou o Unity. Licenciar permite a equipes pequenas ou com pouca experiência construir um jogo com um motor amplamente testado e mais poderoso do que eles conseguiriam fazer — e que tem menos chances de falhar e nunca vai extrapolar o orçamento. Além disso, eles podem focar mais de seu tempo no que diferencia seu mundo virtual — *level design*, caracterização de personagens, jogabilidade etc. — em vez de na tecnologia básica necessária para que ele rode. E em vez de contratar um desenvolvedor e então treiná-lo para usar ou construir um motor próprio, eles podem apelar para os milhões de desenvolvedores individuais que já estão familiarizados com o Unity ou o Unreal e colocá-los imediatamente para trabalhar. Por razões parecidas, também é mais fácil integrar ferramentas externas. Uma startup independente que faz, digamos, software de reconhecimento facial para avatares de videogame não precisa desenhar sua solução para funcionar com um motor próprio que nunca usaram, mas pode em vez disso trabalhar com aqueles escolhidos pelo maior número de desenvolvedores.

Uma boa analogia é desenhar e construir uma casa. Nem o arquiteto, nem o decorador desenham dimensões próprias de madeira, montam ferramentas, sistemas de medida, padrões de planta ou utensílios. Isso não apenas torna mais fácil focar no trabalho criativo, como torna mais fácil contratar marceneiros, eletricistas e encanadores. Se uma casa um dia precisar de reforma, outra equipe pode modificar mais facilmente a estrutura existente porque ela não vai precisar aprender novas técnicas, ferramentas ou sistemas.

A analogia tem uma falha importante, contudo. Casas são construídas uma vez e em um lugar. Jogos, por outro lado, são desenhados para rodar no máximo de dispositivos e sistemas operacionais possível — alguns dos quais ainda não foram desenvolvidos, muito menos lançados. Como resultado, jogos devem ser compatíveis com, digamos, padrões diferentes de voltagem (por exemplo, os 240 volts do Reino Unido e os 120 volts dos Estados Unidos), sistemas de medida (imperial e métrico), convenções (fios de telefonia aéreos e subterrâneos) e por aí vai. O Unity e o Unreal são construídos e mantêm suas ferramentas de jogo de forma que elas sejam não apenas compatíveis, mas também otimizadas para qualquer plataforma.[*]

Em certo sentido, podemos pensar nos motores de jogos independentes como um bolão compartilhado de pesquisa e desenvolvimento para a indústria. Sim, a Epic e a Unity são empresas lucrativas, mas em vez de cada desenvolvedor afundar parte de seu orçamento em sistemas próprios para gerenciar a lógica central do jogo, alguns fornecedores de tecnologias multiplataforma podem concentrar uma porção de seus orçamentos em um motor mais capaz que suporte e beneficie todo o ecossistema.

Conforme os grandes motores de jogo se desenvolveram, outro tipo de solução independente emergiu: pacotes de serviços ao vivo. Empresas como

---

[*] Como você se lembra de nossa discussão sobre GPUs e CPUs, o fato de o Unreal ou o Unity ser compatível com a maior parte das plataformas de jogos não significa necessariamente que uma dada experiência pode rodar nelas.

a PlayFab (que hoje é da Azure da Microsoft) e a GameSparks (Amazon) operam muito do que um mundo virtual precisa para "rodar" experiências online e *multiplayer*. Isso inclui sistemas de contas de usuários, armazenagem de dados de jogadores, processamento de transações internas ao jogo, gerenciamento de versões, comunicação entre jogadores, combinações, placares, análises de jogos, sistemas antitrapaça e mais, tudo isso funcionando em várias plataformas. Tanto a Unity quanto a Epic agora possuem suas próprias ofertas de serviços ao vivo também, que estão disponíveis a custo baixo ou nulo e não ficam limitadas aos seus motores. O Steam, a maior loja de jogos para PC do mundo e um ponto-chave da discussão no Capítulo 10, oferece seu próprio produto de serviços online, o Steamworks.

Conforme a economia global continua a passar para mundos virtuais, essas tecnologias de várias plataformas e desenvolvedores se tornarão uma parte central da sociedade global. Em particular, a próxima onda de construtores de mundos virtuais — não fabricantes de jogos, mas vendedores, escolas, equipes esportivas, empresas de construção e cidades — provavelmente usará essas soluções. Empresas como a Unity, a Unreal, a PlayFab e a GameSparks estão em uma posição invejável. De forma mais óbvia, elas se tornam uma espécie de ferramenta-padrão, uma língua franca, para o mundo virtual — pense nelas como o "inglês" ou o "sistema métrico" do metaverso. Assim como é provável que você fale um pouco de inglês e use o sistema métrico ao viajar para fora, são boas as chances de que, se está construindo algo online hoje, independentemente do que seja, você esteja usando — e pagando — uma ou mais dessas empresas.

Mas mais importante: quem melhor para estabelecer estruturas comuns de dados e convenções de códigos que atravessam mundos virtuais do que as empresas que governam sua lógica? Quem melhor para facilitar trocas de informação, bens virtuais e moedas entre esses mundos virtuais do que as empresas que permitem as mesmas coisas dentro deles? E quem melhor para criar uma rede interconectada desses mundos virtuais, como a ICANN fez para domínios de internet ou endereços IP? Vamos voltar a essas questões e suas supostas respostas, mas primeiro precisamos considerar um caminho que alguns pensam ser a melhor e mais fácil forma de construir o metaverso.

Plataformas de mundos virtuais integrados

Conforme motores de jogos independentes e pacotes de serviços ao vivo se desenvolveram nas últimas duas décadas, outras empresas combinaram essas abordagens em uma nova: plataformas de mundos virtuais integrados (*integrated virtual worlds platforms* — IVWPS), como o *Roblox*, o *Minecraft* e o *Fortnite Creative*.

Os IVWPS são baseados em torno de seu próprio uso geral e motores de jogos multiplataformas, de forma parecida com o Unity ou o Unreal (o *Fortnite Creative*, ou FNC, da Epic Games, é construído usando o motor Unreal da Epic). Contudo, eles são desenhados de forma que nenhuma "programação" seja realmente necessária. Em vez disso, jogos, experiências e mundos virtuais são construídos usando interfaces gráficas, símbolos e objetivos. Pense nisso como a diferença entre usar um MS-DOS baseado em texto e um ios visual, ou desenhar um site em HTML *versus* criar um no Squarespace. A interface de IVWP permite aos usuários criar mais facilmente e com menos pessoas, menos investimento e menos experiência e habilidade. A maior parte dos criadores do *Roblox*, por exemplo, são crianças, e quase 10 milhões de usuários já criaram mundos virtuais na plataforma do *Roblox*.

Além disso, cada mundo virtual construído nessas plataformas precisa usar todo o pacote de serviços ao vivo da plataforma — seus sistemas de conta e comunicação, banco de dados de avatares, moeda virtual e mais. Todos esses mundos virtuais precisam ser acessados por meio do IVWP, que por sua vez serve como uma camada experiencial unificadora e um único arquivo de instalação. Nesse sentido, construir um mundo no *Roblox* é mais como construir uma página de Facebook do que um site no Squarespace. O *Roblox* até mesmo opera um mercado integrado para desenvolvedores no qual eles podem subir qualquer coisa que tenham customizado para seu mundo virtual (por exemplo, uma árvore de Natal, uma árvore com neve, uma árvore pelada, textura de casca de pinheiro) e licenciar para outros desenvolvedores de jogos. Isso dá aos desenvolvedores uma segunda fonte de renda (de desenvolvedor para desenvolvedor em vez de só desenvolvedor para jogador), enquanto também torna mais fácil, barato e rápido que outras pessoas construam seus mundos virtuais. O processo também aumenta a padronização dos objetos virtuais e dados.

Embora seja mais fácil para um desenvolvedor construir um mundo virtual usando um IVWP do que um motor de jogo como o Unreal ou o Unity, é mais difícil construir um IVWP do que um motor de jogo para começar. Por quê? Porque para um IVWP tudo é uma prioridade. Um IVWP quer permitir aos criadores flexibilidade criativa ao mesmo tempo que padroniza tecnologias de base, maximizando a interconectividade entre tudo que é construído, e minimiza a necessidade de treinamento ou conhecimento de programação por parte dos criadores. Imagine se a IKEA quisesse construir um país tão dinâmico quanto os Estados Unidos, mas forçasse todos os prédios a usarem pré-fabricados da IKEA. Além disso, a IKEA estaria no comando da moeda do novo país, sua infraestrutura, sua política, sua aduana e mais.

Uma boa maneira de entender quão difícil é operar um IVWP me foi dada por Ebbe Altberg, antigo CEO do *Second Life*. No meio dos anos 2010, um dos desenvolvedores da plataforma criou um negócio de venda de cavalos virtuais, com uma assinatura de ração de cavalos virtuais. Depois, o *Second Life* atualizou seus motores de física, mas um bug resultou nos cavalos deslizando pela ração sempre que tentavam comer. Como resultado, os cavalos passaram fome e morreram. Levou tempo para o *Second Life* ao menos saber que esse bug existia, mais ainda para consertá-lo e então dar a compensação adequada para aqueles que tinham sido afetados por ele. Mesmo assim, eventos como esse atrapalhavam a economia do *Second Life* e ao mesmo tempo geravam desconfiança no mercado, o que prejudica tanto compradores quanto vendedores. Encontrar uma forma de melhorar constantemente a funcionalidade e ao mesmo tempo continuar a suportar a programação velha sem erros é uma tarefa extraordinária. Motores de jogos também encaram uma versão desse problema. Contudo, quando a Epic atualiza o Unreal, fica a cargo de cada desenvolvedor usar essa atualização ou não e eles podem fazer isso quando quiserem, depois de vários testes e sem se preocupar com como essa atualização vai afetar suas interações com os outros desenvolvedores. Quando o *Roblox* manda uma atualização, ela chega automaticamente a todos os seus mundos.

Ao mesmo tempo, o fato de que uma "IKEA virtual" é construída com programação, e não partículas, significa que seu potencial não está limitado pela física literal, mas pelo potencial quase infinito do software. Qualquer coisa feita no *Roblox* pela Roblox Corporation ou seus desenvolvedores pode ser infinitamente reutilizada ou copiada sem custos extras. Elas podem até ser melhoradas. Cada desenvolvedor em um IVWP está efetivamente colaborando para popular uma rede sempre em expansão e cada vez mais capaz de mundos e objetos virtuais. Conforme essa rede melhora, se torna mais fácil atrair mais usuários e mais gasto por usuário, o que leva a mais lucro na rede e então a mais desenvolvedores e investimentos, e assim a outras melhorias na rede e por aí vai. Esse é o benefício de colaborar não apenas com a pesquisa e o desenvolvimento do motor, mas, bem, com a pesquisa e o desenvolvimento de tudo.

Mas como é isso na prática? A Roblox Corporation oferece a melhor resposta no momento, dado que o *Fortnite Creative* é gerenciado pela Epic Games, que se mantém privada, e as finanças do *Minecraft* não são divulgadas pela sua dona, a Microsoft.

Começa com engajamento. Em janeiro de 2022, o *Roblox* tinha uma média de mais de 4 bilhões de horas de uso por mês, tendo subido de mais ou menos 2,75 bilhões um ano antes, 1,5 bilhão no ano anterior e 1 bilhão no final de 2018. Isso exclui o tempo passado assistindo a conteúdo do *Roblox* no YouTube, que é o site de vídeos mais usado do mundo e relata que conteúdos de jogos são sua categoria mais assistida e o *Roblox* o segundo jogo mais popular (*Minecraft*, outro IVWP, é o primeiro). Para comparação, a Netflix estima que tem entre 12,5 bilhões e 15 bilhões de horas de uso por mês. Todos os principais jogos do *Roblox*, como o *Adopt Me!*, *Tower of Hell* e *MeepCity*, vieram de desenvolvedores independentes com pouca ou nenhuma experiência e equipes de dez a trinta pessoas (tendo começado com uma ou duas). Até hoje, esses títulos foram jogados de quinze a trinta bilhões de vezes cada. Em um único dia eles alcançam a metade dos jogadores do *Fortnite* ou do *Call of Duty* — e metade do que títulos como *The Legend of Zelda: Breath of the Wild* ou *The Last of Us* alcançaram em toda sua *existência*. E quanto a encher a plataforma com uma ampla gama de objetos virtuais? Vinte e cinco milhões de itens foram feitos apenas em 2021, com 5,8 bilhões sendo conquistados ou comprados.[2]

Parte do engajamento crescente do *Roblox* é movido por sua crescente base de usuários. Entre o último trimestre de 2018 e janeiro de 2022, a média de jogadores mensais aumentou de estimados 76 milhões para mais de 226 milhões (ou 200%), enquanto a média de jogadores diários cresceu de cerca de 13,7 para 54,7 milhões (ou 300%). Você vai notar que jogadores diários cresceram mais do que a base de usuários mensais e o engajamento cresceu em um volume ainda maior (400%). Não apenas o *Roblox* está ficando popular no geral, mas está ficando mais popular entre seus usuários também. Os lucros do *Roblox* subiram 469% entre o último trimestre de 2018 e o último trimestre de 2021, enquanto os pagamentos para construtores de mundos na plataforma (desenvolvedores, por exemplo) cresceram 660%. Em outras palavras, o usuário médio do *Roblox* está gastando mais por hora do que nunca e gerando mais lucro do que nunca, e com o crescimento dessas duas métricas passando do crescimento já impressionante de usuários, que é então excedido pelo crescimento em compensação para os desenvolvedores. Além disso, o crescimento do *Roblox* foi desproporcionalmente concentrado no público mais velho. No final de 2018, 60% dos usuários diários tinham menos de treze anos. Três anos depois, apenas 21% tinham. Posto de outra forma, o *Roblox* acabou 2021 com quase duas vezes e meia o número de jogadores com mais de treze anos do que tinha com menos de treze em 2018.

O aspecto mais impressionante do voo da Roblox Corporation talvez seja seu investimento em pesquisa e desenvolvimento. No primeiro trimestre de 2020, o último antes da pandemia de Covid-19, a empresa gerou cerca de 162 milhões de dólares em lucro e investiu 49,4 milhões em pesquisa e desenvolvimento. Isso significa que trinta centavos de cada dólar gasto no *Roblox* voltaram para a plataforma. Durante os sete trimestres seguintes, o lucro da Roblox aumentou mais de 250%, chegando a um total de 568 milhões de dólares no último trimestre de 2021. Contudo, a Roblox não desviou esse rendimento para lucros, nem usos alternativos. Em vez disso, ela continuou a reinvestir em pesquisa e desenvolvimento — mais ou menos na mesma taxa de antes. Como resultado, a empresa gastou mais em pesquisa e desenvolvimento no último trimestre de 2021 do que *gerou em rendimentos* no primeiro trimestre de 2021. Em 2021, a pesquisa e o desenvolvimento da

Roblox podem passar de 750 milhões de dólares e, no final do ano, pode se aproximar de 1 bilhão em uma base anual.

Como comparação, considere os jogos da Rockstar *Grand Theft Auto V* e *Red Dead Redemption 2*. O GTA V é o segundo jogo de videogame mais vendido da história, com mais de 150 milhões de cópias vendidas (o *Minecraft* fica em primeiro com quase 250 milhões). O RDR 2 foi o título mais vendido feito para a oitava geração de consoles (PlayStation 4, Xbox One, Nintendo Switch), com 40 milhões de cópias vendidas. Os dois jogos também são tidos como as produções de jogos mais caras da história, com orçamentos finais estimados entre 250 e 300 milhões de dólares e 400 a 500 milhões de dólares respectivamente, o que inclui mais de meia década de desenvolvimento para cada um, e campanhas de marketing e custos de publicação mais extensos. Ou compare o orçamento de pesquisa e desenvolvimento da Roblox com o do grupo PlayStation da Sony, que passou de 1,25 bilhão de dólares em 2021 e é composto por cerca de uma dúzia de estúdios de jogos, sua divisão de jogos na nuvem, seu grupo de serviços ao vivo e sua divisão de hardware. No mesmo ano acredita-se que o motor Unreal da Epic Games tenha gerado menos de 150 milhões de dólares em lucro. O motor da Unity trouxe muito mais — cerca de 325 milhões — mas ainda ficou com 20% a menos do que a pesquisa e o desenvolvimento da Roblox.

Os investimentos em pesquisa e desenvolvimento da Roblox são diversos e incluem melhorias nas ferramentas e no software de desenvolvedores, na arquitetura de servidor para sincronizar simulações com alta simultaneidade, no aprendizado de máquina para detectar abuso, na inteligência artificial, na renderização de realidade virtual, na captura de movimento e mais. O fato de a Roblox poder investir tanto em sua plataforma é impressionante. Em teoria, cada dólar adicional permite aos desenvolvedores produzirem mundos virtuais mais atraentes, o que atrai mais usuários e mais lucro — o que viabiliza não apenas mais pesquisa e desenvolvimento por parte da Roblox, mas também por parte dos desenvolvedores independentes que constroem esses mundos, investimento que mais uma vez atrai mais engajamento dos usuários e gastos no *Roblox*, levando a mais pesquisa e desenvolvimento por parte da empresa.

Muitas plataformas virtuais e motores, não muitos metaversos

Pense de novo na definição do metaverso que desenvolvi no Capítulo 3: uma rede em enorme escala e interoperável de mundos 3D virtuais renderizados em tempo real que podem ser experienciados de forma síncrona e persistente por um número efetivamente ilimitado de usuários com um sentimento individual de presença e continuidade de dados, como identidade, história, direitos, objetos, comunicações e pagamentos. Alguns podem ler essa definição e pensar que o *Roblox* está bem perto. Mas ele não pode ser experienciado de forma síncrona e persistente por um número efetivamente ilimitado de usuários; no momento, nenhum mundo virtual renderizado em tempo real pode. E quando isso se tornar possível com certeza será verdade para o *Roblox*. Contudo, o *Roblox* provavelmente não se encaixa na minha definição por causa de um ponto crucial: a maior parte das obras virtuais existirá fora dele. Isso faz dele mais uma metagaláxia do que um metaverso.

Mas o *Roblox* poderia se tornar o metaverso? E se o IVWP da Epic, o *Fortnite Creative*, o motor de jogo Unreal e o pacote de serviços ao vivo da Epic Online Services, além de outros projetos especiais, fossem combinados — o resultado seria o metaverso? Se você se esforçar, pode conseguir imaginar essas empresas, ou uma parecida, juntando todas as experiências virtuais e portanto se tornando uma metagaláxia do tamanho do metaverso. E é notável que alguma forma desse processo seja o que acontece em *Snow Crash* e *Jogador número um*.

O estado atual do progresso tecnológico, contudo, sugere outro resultado. Por quê? Porque por mais rápido que essas gigantes virtuais estejam crescendo, o número de experiências virtuais, inovações, tecnologias, oportunidades e desenvolvedores está crescendo mais rápido.

Embora o *Roblox* e o *Minecraft* estejam entre os jogos mais populares do mundo, seu alcance é modesto quando considerado em termos amplos. Esses dois supostos titãs possuem de 30 a 55 milhões de usuários diários ativos, uma fração da população da internet global que é de 4,5 a 5 bilhões. Na verdade, eles ainda estão no estágio ICQ de mundos virtuais; bilhões de usuários e milhões de desenvolvedores ainda precisam experimentá-los. É fácil presumir que o *Roblox* ou o *Minecraft* serão os principais beneficiários desse crescimento, mas a história nos avisa que precisamos ser céticos.

Quando a Microsoft adquiriu a desenvolvedora do *Minecraft*, Mojang, em 2014, o título tinha vendido mais cópias do que qualquer outro jogo na história e também tinha mais usuários mensais ativos — 25 milhões — do que qualquer outro jogo AAA* na história. Sete anos depois, o *Minecraft* tinha crescido quase cinco vezes em usuários mensais, mas também tinha cedido sua coroa ao *Roblox*, que crescera de menos de 5 milhões de usuários mensais para mais de 200 milhões. Além disso, o novo rei tem quase duas vezes o número de usuários *diários* do que o *Minecraft* tinha *mensalmente*. Além disso, esse período incluiu o lançamento de muitos outros IVWPS. O *Fortnite* não foi lançado até 2017, com o FNC vindo um ano depois. Outro jogo de *battle royale*, o *Free Fire*, que também conta com mais de 100 milhões de usuários ativos diários no mundo todo, lançou seu modo criativo em 2021. Embora tenha sido lançado em 2013, o *Grand Theft Auto V* passou boa parte da década passada transformando seu jogo para um jogador em um IVWP improvisado com o *Grand Theft Auto Online*. Em algum momento dos próximos anos, a aguardada sequência do título será lançada e sem dúvida vai tirar vantagem dos sucessos e aprendizados do *Roblox*, do *Minecraft* e do FNC.

Enquanto houver bilhões, ou mesmo dezenas de milhões, de jogadores que ainda não adotaram os IVWPS, mais virão para o mercado. A Krafton, uma das maiores empresas da Coreia do Sul, e criadora do *PUBG*, o primeiro e mais popular jogo de *battle royale*, com certeza está trabalhando na sua própria oferta. Em 2020, a Riot Games, que faz o jogo de maior sucesso na China, *League of Legends*, comprou o Hypixel Studios, que operava o maior servidor particular de *Minecraft* antes de fechá-lo para desenvolver sua própria plataforma ao estilo do *Minecraft*.

Muitos novos IVWPS estão sendo desenvolvidos em torno de premissas técnicas diferentes também. No final de 2021, mesmo os maiores IVWPS baseados em blockchain, o que inclui o *Decentraland*, *The Sandbox*, o

---

* "AAA" é uma classificação informal para jogos eletrônicos com grandes orçamentos de marketing e produção e que normalmente vêm dos maiores estúdios e fabricantes. É parecida com a designação "*blockbuster*" para a indústria cinematográfica. Nenhuma das duas classificações significa que o título terá sucesso financeiro.

Cryptovoxels, o *Somnium Space* e o *Upland* tinham menos de 1% dos usuários ativos diários do *Roblox* e do *Minecraft*. Contudo, essas plataformas acreditam que ao permitir mais posse de seus itens aos usuários, além de uma opinião sobre como as plataformas são governadas e o direito de participar de sua lucratividade, elas poderão crescer muito mais rápido do que os IVWPs tradicionais (mais a respeito dessa teoria no Capítulo 11).

O *Horizon Worlds* do Facebook não se limita a realidade virtual e realidade aumentada imersivas, mas foca nessas áreas, em contraste com o *Roblox*, que está disponível como uma realidade virtual imersiva, mas prioriza interfaces de tela tradicionais, como o iPad e a tela do PC. Iniciativas como o *Rec Room* e o *VRChat* também se centram em criação de mundo imersiva por realidade virtual e vêm acumulando usuários rapidamente. Valendo cerca de 1 bilhão a 3 bilhões de dólares cada uma no final de 2021, as duas plataformas seguem pequenas. Mas no começo de 2020 a Unity Technologies e a Roblox Corporation foram avaliadas em menos de 10 bilhões e 4,2 bilhões de dólares respectivamente. Dois anos depois, os valores de ambas tinham passado de 50 bilhões. A Niantic, fabricante de *Snap* e *Pokémon GO*, está trabalhando em sua própria plataforma de mundo virtual baseada em realidade aumentada e localização.

Esses concorrentes podem fracassar, mas é muito mais provável que eles cresçam junto e potencialmente substituam os atuais líderes do mercado. Pegue o Facebook como exemplo. O gigante das redes sociais começou 2010 com mais de meio bilhão de usuários mensais ativos, mas falhou em absorver qualquer uma das plataformas de redes sociais de sucesso que emergiram na década. O Snapchat foi lançado em 2011, com o Facebook lançando seu próprio aplicativo estilo Snapchat (ou "clone") em 2013 — chamava-se Poke e foi fechado um ano depois. Em 2016, o Facebook lançou o Lifestage, seu segundo clone do Snapchat, que também foi fechado depois de doze meses. Naquele mesmo ano, o Instagram, um aplicativo do Facebook, também copiou o formato das clássicas *"stories"* do Snapchat, com o aplicativo principal do Facebook adicionando a ferramenta no ano seguinte. Então, em 2019, o Instagram lançou seu próprio aplicativo parecido com o Snapchat, Threads from Instagram, embora quase ninguém tenha notado. O Facebook Gaming, o concorrente da Twitch na empresa, foi lançado em 2018, assim como um concorrente do TikTok, o Facebook Lasso. O Facebook Dating foi lançado em 2019 com o Instagram acrescentando ferramentas parecidas com o TikTok, especialmente o *"reels"*, em 2020. Os esforços do Facebook sem dúvida limitaram o crescimento desses serviços, mas cada um deles está maior do que nunca e ainda em expansão. No final de 2021, o TikTok tinha mais de um bilhão de usuários e foi o domínio de internet mais visitado daquele ano, com o Google e o Facebook fechando o top três.

Embora as maiores plataformas de mundos virtuais integrados sejam poderosas e estejam crescendo rápido, elas também representam uma porção muito menor da indústria de jogos do que o Facebook das redes sociais. Em 2021, a arrecadação combinada do *Roblox*, do *Minecraft* e do FNC representou menos de 2,5% da arrecadação em jogos em 2021 e alcançou menos de 500 milhões de uma estimativa de 2,5 a 3 bilhões de jogadores. Além disso, eles são ofuscados pelos maiores motores multiplataformas. Cerca de metade de todos os jogos hoje roda no Unity, enquanto a fatia do Unreal em mundos imersivos em 3D de alta fidelidade está estimada em 15% a 25%. Os gastos em pesquisa e desenvolvimento da Roblox podem exceder tanto os da Unreal quanto os da Unity, mas isso ignora os bilhões em investimentos extras feitos por licenciadores desses motores. Os dois jogos mais populares do mundo, excluindo títulos casuais de baixa fidelidade como o *Candy Crush*, são o PUBG *Mobile* e o *Free Fire*, ambos construídos no Unity. Mais importante pode ser o alcance dos desenvolvedores do Unreal e do Unity. Embora milhões de usuários tenham feito um *mod* de *Minecraft* ou um jogo de *Roblox*, o número de desenvolvedores profissionais que usam esses IVWPS é estimado em dezenas de milhares. A Epic e a Unity têm *milhões* de desenvolvedores ativos e treinados. E diversos motores próprios, como o IW da Activision (*Call of Duty*) e o Decima da Sony (*Horizon Zero Dawn* e *Death Stranding*), continuam a receber investimento, e os jogos que os usam são mais populares do que nunca.

O valor crescente de mundos virtuais e do metaverso aumenta os incentivos para que um desenvolvedor faça internamente seu pacote tecnológico, já que essa abordagem oferece maior oportunidade para diferenciação técnica e maior controle sobre a tecnologia de forma geral, reduzindo a dependência de terceiros que podem se tornar competidores e aumentando as margens de lucro.* Claro que muitos desses desenvolvedores ainda vão usar o Unreal ou o Unity como motores de jogo, ou então o GameSparks ou o PlayFab para serviços. Contudo, esses fornecedores permitem que um desenvolvedor escolha o que quer e também customize muito do que eles licenciam. Diferentemente dos IVWPS, eles permitem a um desenvolvedor gerenciar seus próprios sistemas de conta e operar sua própria economia interna ao jogo. Esses serviços são muito mais baratos também. A Roblox paga a um desenvolvedor menos de 25% da arrecadação que um jogador gasta no jogo.** O motor Unreal, da Epic, por outro lado, leva apenas um royalty de 5% sobre a arrecadação. O custo total do motor da Unity provavelmente deve ser menos de 1% da arrecadação de um jogo de sucesso. O Roblox assume despesas adicionais para seus desenvolvedores, como taxas altas de servidor, serviço de atendimento ao cliente e faturamento, mas na maioria dos casos um desenvolvedor ainda terá um potencial de lucro mais alto ao construir um mundo virtual independente em vez de um dentro de um IVWP. Sendo assim, devemos imaginar que não importa quanto sucesso o *Roblox* ou o *Minecraft* tenham, eles movimentarão apenas uma parcela minoritária de todos os jogos.

Embora jogos e motores de jogos sejam centrais para o metaverso, eles não chegam perto de ser sua totalidade. A maior parte das outras categorias possuem seus próprios softwares de renderização e simulação. A Pixar, por exemplo, constrói seus mundos e personagens animados usando

---

* A história da Epic Games com o *Fortnite* é um bom exemplo dessa preocupação. Como o jogo de maior arrecadação no mundo entre 2017 e 2020, o *Fortnite* obviamente canibalizou jogadores, horas de jogadores e gastos de jogadores de outros jogos — alguns dos quais são feitos por fabricantes que não a Epic, mas que usam o motor Unreal da Epic. Além disso, a versão do *Fortnite* que é tão popular hoje — o *battle royale* — não era a versão original do jogo. Quando o título foi lançado em julho de 2017, era um jogo de sobrevivência cooperativa no qual os jogadores trabalhavam para derrotar hordas de zumbi. Foi apenas em setembro de 2017 que a Epic acrescentou o modo *battle royale*, que parecia muito com o que era usado pelo jogo de sucesso PUBG, que, notavelmente, licenciava o motor Unreal. A fabricante por trás do PUBG em seguida processou a Epic por infração de copyright, embora depois o processo tenha sido abandonado (não ficou claro se um acordo foi feito). Em 2020, a Epic lançou seu próprio braço de publicação para lançar jogos feitos por estúdios independentes, colocando assim a empresa em maior competição com alguns dos fabricantes que ocasionalmente licenciavam o Unreal.

** Existe alguma flexibilidade — e a maior parte dos analistas espera que essa taxa de pagamento aumente com o tempo. Veja mais sobre isso no Capítulo 10.

soluções próprias como o RenderMan. A maior parte de Hollywood, enquanto isso, usa o software Maya da Autodesk. O AutoCAD da Autodesk, junto ao CATIA da Dassault Systèmes e o SolidWorks, são as principais soluções usadas para construir e desenhar objetos virtuais que são então transformados em objetos do mundo real. Exemplos incluem carros, prédios e aviões de caça.

Nos últimos anos, a Unity e a Unreal fizeram incursões em categorias além dos jogos, incluindo engenharia, cinema e design ajudado por computador. Em 2019, como discutido antes, o Aeroporto Internacional de Hong Kong usou a Unity para construir um "gêmeo digital" que podia se conectar a diversos sensores e câmeras do aeroporto para rastrear e avaliar o fluxo de passageiros, a manutenção e mais — tudo em tempo real. O uso de "motores de jogo" para permitir tais simulações torna mais fácil produzir um metaverso que englobe planos físicos e virtuais da existência. No entanto, o sucesso do empreendimento do aeroporto de Hong Kong e de outras simulações como essa significa mais competição, com a Autodesk, a Dassault e outras respondendo com sua própria funcionalidade de simulação. E assim como o Unreal e o Unity não oferecem toda a tecnologia necessária para construir ou operar um jogo, eles não são suficientes em outros domínios também. Muitas novas empresas de software estão emergindo e tomando a edição "base" desses motores e "produtizando" em cima deles para arquitetos civis e industriais, engenheiros, gerentes de serviços e ao mesmo tempo acrescentando seu código e suas funcionalidades próprias. Um exemplo disso é a divisão de efeitos especiais da Industrial Light & Magic da Disney (ILM). Desde que usou o Unity para filmar *O Rei Leão* (2017) e o Unreal para a primeira temporada da série *The Mandalorian* (2019), a ILM desenvolveu sua própria ferramenta de renderização em tempo real, a Helios. O fato de que nem o mais ávido fã de *Star Wars* tenha notado nenhum impacto na mudança do Unreal para o Helios na segunda temporada de *The Mandalorian* sugere quantas soluções diferentes de renderização e plataformas podem ser construídas nos próximos anos.

Medida pelo número de recursos criados, a categoria de software virtual que cresce mais rápido talvez seja aquela dos que escaneiam o mundo real. A Matterport, por exemplo, é uma empresa com uma plataforma de bilhões de dólares que converte *scans* de dispositivos como iPhones para produzir ricos modelos em 3D do interior de prédios. Hoje, o software da empresa é usado principalmente por donos de propriedades para criar réplicas vívidas e navegáveis delas em sites como Zillow, Redfin ou Compass, permitindo que locatários em potencial, além de profissionais da construção e outros prestadores de serviço, entendam melhor o espaço do que plantas, fotografias ou mesmo visitas permitiriam. Logo poderemos usar tais *scans* para determinar a localização de um roteador wireless ou uma planta, testar diferentes seleções de lâmpadas (cada uma comprável na Matterport) ou para operar toda nossa casa inteligente, incluindo a eletricidade, a segurança, a climatização e mais.

Outro exemplo é a Planet Labs, que escaneia quase toda a Terra via satélite todo dia e em oito faixas de espectro, capturando não apenas imagens em alta resolução, mas detalhes que incluem calor, biomassa e neblina. O objetivo da empresa é tornar o planeta inteiro, com todas as suas nuances, legível para um software e atualizar seus dados todo dia ou mesmo toda hora.

Dada a velocidade das mudanças, o nível de dificuldade técnica e a diversidade de usos potenciais, é provável que acabemos com dezenas de mundos virtuais e plataformas de mundos virtuais populares com muito mais fornecedores de tecnologia de base. Essa é uma coisa boa, na minha visão. Não vamos querer que uma única plataforma de mundo virtual ou motor opere todo o metaverso.

Lembre-se de Tim Sweeney alertando a respeito do alcance do metaverso: "O metaverso será muito mais presente e poderoso do que qualquer outra coisa. Se uma única empresa ganhar controle disso, ela se tornará mais poderosa que qualquer governo e será um deus na Terra". É fácil achar uma afirmação assim hiperbólica, e talvez ela seja. Porém, já nos preocupamos com como as cinco maiores empresas de tecnologia — Google, Apple, Microsoft, Amazon e Facebook, cada uma avaliada na casa dos trilhões — gerenciam nossa vida digital, influenciando como pensamos, o que compramos e mais. E nesse momento a maior parte da nossa vida ainda está offline. Embora centenas de milhões de pessoas sejam contratadas hoje pela internet e trabalhem usando seus iPhones, elas não fazem literalmente seu trabalho dentro do ios ou construindo conteúdo do ios. Quando sua filha vê uma aula pelo Zoom, ela acessa o Zoom e a escola dela por meio de seu iPad ou de seu Mac, mas a escola não é operada dentro da plataforma do ios. No Ocidente, a parcela de gastos em compras com e-commerce é hoje entre 20% e 30%, mas a maior parte disso é gasta com bens físicos, e o comércio é apenas 6% da economia. O que acontece quando passamos para o metaverso? O que acontece quando uma corporação opera a física, o mercado imobiliário, as políticas de importação, a moeda e o governo de um segundo plano da existência humana? Os avisos de Sweeney começam a soar menos hiperbólicos.

De uma perspectiva puramente tecnológica, não deveríamos querer que a evolução do metaverso se alinhe aos investimentos e às crenças de uma única plataforma. A empresa que Sweeney está imaginando com certeza priorizaria seu controle do metaverso em vez do que é melhor para as economias, os desenvolvedores e os usuários. Ela com certeza maximizaria sua parcela dos lucros também.

Mas se não tivermos uma única plataforma ou um único operador do metaverso — ou não quisermos isso —, então precisaremos encontrar um jeito de "interoperá-los". Aqui voltamos, mais uma vez, para as árvores. Como você verá, eu não estava brincando quando disse que a existência de uma árvore virtual é mais difícil de verificar do que a de uma árvore real.

8
INTEROPERABILIDADE

TEÓRICOS DO METAVERSO GOSTAM de usar o termo "bens interoperáveis", mas é um termo ruim porque bens virtuais não existem. Apenas dados existem. E é aqui — bem no começo — que os problemas de interoperabilidade começam.

Considere a "interoperabilidade" de bens físicos como um par de sapatos. O gerente de uma loja da Adidas no "mundo real" poderia proibir os clientes de usarem Nike em sua loja. Essa seria uma decisão de negócios, obviamente ruim e quase impossível de garantir. Um cliente usando Nike poderia entrar em uma loja da Adidas ao abrir sua porta. Isso porque a física é universal e assim átomos são "programados uma vez e rodam em qualquer lugar". O fato de que tênis da Nike existam fisicamente significa que eles são automaticamente compatíveis com o interior de uma loja da Adidas. O gerente da loja da Adidas precisaria *criar* um sistema para bloquear tênis que não são da Adidas, escrever a política da loja e então implementá-la.

Átomos virtuais não funcionam assim. Para que bens virtuais de uma loja virtual da Nike sejam compreendidos por uma loja virtual da Adidas, a segunda precisaria aceitar as informações desses sapatos da Nike, operar um sistema que compreendesse essa informação e então rodar o código para operar os sapatos adequadamente. De repente, a aceitação de tênis passou de passiva para ativa.

Hoje, existem centenas de formatos diferentes de arquivos usados para estruturar e armazenar dados. Existem dezenas de ferramentas populares de renderização em tempo real, a maior parte delas fragmentada em várias customizações de código.* Como resultado, quase todos os mundos virtuais e sistemas de software são incapazes de entender o que o outro considera um "sapato" (dados), e mais incapazes ainda de usar esse entendimento (código).

Que essas enormes variações possam existir surpreende aqueles familiarizados com formatos comuns de arquivo como JPEG ou MP3, ou que sabem que a maior parte dos sites usa HTML. Mas a padronização das linguagens e da mídia é consequência de quanto tempo demorou para que negócios "lucrativos" entrassem na internet. O iTunes, por exemplo, não foi lançado até 2001, quase vinte anos depois do Conjunto de Protocolos da Internet ser estabelecido. Não era prático para a Apple rejeitar os padrões já amplamente usados, como o WAV e o MP3. Nos jogos, a história é diferente. Quando a indústria começou a emergir nos anos 1950, nenhum padrão para objetos virtuais, para renderização ou para motores existia. Em muitos casos, as empresas que produziam esses jogos eram pioneiras no conteúdo baseado em computador. O Audio Interchange File Format (AIFF) da Apple ainda é o formato de arquivo de áudio mais comum para se armazenar sons em computadores Apple; ele foi criado em 1988 e é baseado no padrão geral Interchange File Format criado pela empresa de jogos Electronic Arts (EA) em 1985. Além disso, jogos de videogame nunca foram pensados para fazer parte de uma "rede" como a internet. Em vez disso, eles existiam para rodar em um software fixo e offline.

Por isso os mundos virtuais de hoje têm tanta diversidade técnica, mas também por causa das demandas computacionais e de rede intensas dos jogos modernos — tudo é construído sob medida e individualmente otimizado. Experiências de realidade aumentada e realidade virtual, jogos 2D e 3D, mundos realistas ou estilizados, simulações com alta ou baixa simultaneidade de

---

* Na Unity, o eixo Y em um sistema de coordenadas $x/y/z$ para um objeto virtual se refere a cima/baixo, enquanto o Unreal usa o eixo Z para cima/baixo e mapeia o eixo Y como esquerda/direita. Converter essa informação é fácil para o software, mas os desencontros em convenções tão básicas de dados nos ajudam a entender quão diferentes as convenções entre ferramentas podem ser.

usuários, títulos de alto ou baixo orçamento e impressoras 3D — cada uma dessas coisas usa formatos diferentes e armazena dados de formas diferentes. A padronização completa provavelmente significaria que um aplicativo seria prejudicado, e por aí vai — e frequentemente de formas imprevisíveis.

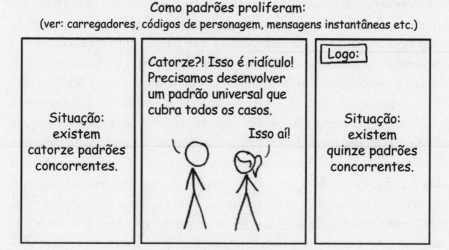

Figura 2: Tirinha online XKCD.

O desafio vai além de formatos de arquivos e aborda questões mais ontológicas. É relativamente fácil concordar com o que é uma imagem — elas são bidimensionais e não se movem (arquivos de vídeo são apenas sucessões de imagens). Mas no 3D, especialmente com objetos interativos, a concordância é muito mais difícil. Por exemplo, um sapato é um objeto ou uma coleção de objetos? Se é uma coleção de objetos, quantos? As pontas do cadarço são parte do cadarço ou separadas dele? Um sapato tem uma dúzia de ilhós individuais e cada um pode ser customizado ou mesmo removido, ou são um único conjunto interconectado? Se sapatos parecem complicados, imagine avatares — representações potenciais de pessoas reais. Esqueça árvores; o que é uma pessoa?

Além do que é visual, existem outros atributos que precisam ser examinados, como movimento ou "ajustes". O corpo do Incrível Hulk e o de uma água-viva não podem se mover da mesma forma, e isso significa que o criador desses avatares precisa construí-los com um código que detalhe esse movimento de forma que outra plataforma possa entender. Para permitir objetos de terceiros, as plataformas também vão precisar que os dados descrevam se um bem é apropriado (por exemplo, nudez, tendência à violência, estilo e tom da linguagem). Um jogo para crianças pequenas precisa diferenciar entre um traje de banho apropriado e um que não é. De forma parecida, um simulador de guerra realista vai querer saber a diferença entre um atirador vestindo um traje de camuflagem que parece uma árvore e um que é realmente uma árvore antropomorfizada. Tudo isso exige convenções de dados e provavelmente sistemas adicionais também. Um jogo 2D deve conseguir importar um avatar 3D, mas deve reestilizá-lo de acordo. E vice-versa.

Então precisaremos de padrões técnicos, convenções e sistemas para um metaverso interoperável. Mas isso não é suficiente. Pense no que acontece quando você envia uma foto de seu armazenamento de iCloud para a conta de Gmail da sua avó — de repente, seu iCloud e o Gmail dela têm uma cópia da imagem. Seu serviço de e-mail também. E se ela baixar a imagem do e-mail, existem agora quatro cópias. Mas isso não funciona para bens virtuais se eles possuem valor e são comercializados. Caso contrário, vão existir cópias infinitas toda vez que forem compartilhadas entre um mundo e outro, ou entre um usuário e outro. Isso significa que são necessários sistemas para rastrear, validar e modificar os direitos de posse desses bens virtuais e ao mesmo tempo compartilhar com segurança esses dados de parceiro em parceiro.

Se um jogador compra uma roupa no *Call of Duty*, da Activision Blizzard, e quer usá-la no *Battlefield* da EA, como isso vai funcionar? A Activision envia o registro de posse do traje para a EA, que o gerencia até que ele seja necessário em outro lugar, ou a Activision gerencia indefinidamente o traje e dá à EA direitos temporários de usá-lo? E como a Activision é paga para fazer isso? Se o jogador vender o traje para um usuário da EA que não tem uma conta na Activision, o que acontece então? Que empresa processa a transação? E se o usuário decidir modificar o traje no jogo da EA? Como esse registro é alterado? Se os usuários tiverem itens virtuais espalhados por vários títulos, como eles sequer saberão o que, ao todo, eles possuem e onde o que eles têm pode ou não ser usado?

Os padrões 3D a serem usados (ou não usados), os sistemas para construir e os dados para estruturar, as parcerias que precisarão ser feitas, os dados valiosos que precisarão ser protegidos, mas também compartilhados — essas e outras questões têm implicações financeiras no mundo real. A maior dessas considerações, contudo, pode ser como gerenciar a economia de objetos virtuais interoperáveis.

Videogames não são desenhados para "maximizar o PIB". Eles são desenhados para serem divertidos. Embora muitos jogos possuam economias virtuais que permitem aos usuários comprar, vender, trocar ou ganhar bens virtuais, essa funcionalidade existe como apoio ao jogo e como parte do modelo de lucro do fabricante. Como resultado, esses fabricantes tendem a gerenciar a economia do jogo fixando preços e taxas de câmbio, limitando o que pode ser vendido ou trocado e quase nunca permitindo que os jogadores "transformem" seu dinheiro de jogo na moeda do mundo real.

Economias abertas, comércio irrestrito e interoperação com títulos de terceiros, tudo isso torna criar um "jogo" sustentável muito mais difícil. A promessa de lucro naturalmente traz incentivos para os jogadores, mas isso pode acabar com a diversão — o propósito do jogo. E um campo uniforme de competição, outra parte do que torna um jogo divertido, pode ser facilmente sabotado pela capacidade de se comprar itens que teriam que ser conquistados. Embora muitos fabricantes monetizem seus jogos vendendo adornos e objetos dentro do jogo, eles temem o momento em que os jogadores parem de comprar itens virtuais porque os compraram de um desenvolvedor concorrente e então os importaram. Dado tudo isso, é compreensível que muitos fabricantes prefiram se focar em deixar seus jogos melhores, mais atraentes e mais populares em vez de conectá-los com um mercado de bens virtuais que ainda não foi formado, com valor financeiro obscuro e que provavelmente vai exigir concessões técnicas.

Para conquistar até mesmo uma parcela de interoperabilidade, a indústria de jogos vai precisar se alinhar com algumas assim chamadas soluções de intercâmbio — vários padrões comuns, convenções de trabalho, "sistemas de sistemas" e *frameworks de frameworks* que podem passar, interpretar e contextualizar informação com segurança vindo ou indo para terceiros e consentir com modelos de compartilhamento de dados inéditos (mas seguros e legais) que permitam aos concorrentes tanto "ler" quanto "escrever" em seus bancos de dados e até mesmo sacar itens valiosos e moeda virtual.

Interoperabilidade em um espectro

Lendo a respeito da dificuldade de fazer vários mundos virtuais concordarem sobre o que é uma árvore, ou um par de sapatos, ou as formas de se andar até uma árvore, cortá-la e vendê-la como árvore de Natal a três mundos virtuais de distância, você pode estar se perguntando se podemos esperar de verdade uma interoperabilidade significativa no metaverso em algum ponto do futuro. A resposta é sim, mas isso exige nuance.

A maior parte das roupas é interoperável no mundo real. Espera-se que todos os cintos, por exemplo, funcionem com todas as calças. Exceções existem, claro, mas no geral a maior parte dos cintos é compatível com a maior parte das calças, independentemente do ano em que você comprou o cinto, a marca do cinto, ou em que país você estava quando o comprou. Ao mesmo tempo, nem todos os cintos cabem em todas as calças igualmente. Existem padrões comuns para calças e cintos, mas uma calça 30 × 30 da J. Crew veste diferente de uma calça 30 × 30 da Old Navy (vestidos variam ainda mais; os padrões de numeração de sapato na Europa e nos EUA são completamente diferentes e por aí vai).

Ao redor do mundo, muitos padrões técnicos diferentes existem, como aqueles para voltagem residencial, medida de velocidade, distância ou peso. Em alguns casos, é necessário um equipamento novo para que um dispositivo estrangeiro seja usado (por exemplo, um adaptador de tomada) e em outros casos o governo local vai exigir substituições, como quando o exaustor de um carro é substituído para responder a regulações locais de emissão de carbono.

Calças funcionam em toda parte, embora nem todo lugar que você queira visitar aceite jeans. Cinemas permitem quase qualquer roupa e forma de crédito, mas você não pode trazer comida ou bebida de fora. Uma pessoa pode carregar uma arma para muitos, mas não todos, lugares ao ar livre nos Estados Unidos, mas raramente dentro de cidades e quase nunca em uma escola. Carros funcionam em todas as estradas dos Estados Unidos, mas para dirigir em um campo de golfe você precisa alugar um carrinho de golfe (mesmo se você tiver um). Nem todo negócio aceita todas as moedas, mas moedas podem ser trocadas por uma taxa. Muitas lojas aceitam alguns, mas não todos, cartões de crédito e algumas não aceitam nenhum. A maior parte do mundo hoje abraça o comércio, mas nem todo, não para todas as coisas, em todas as quantidades, ou livremente.

Identidade é ainda mais complicado. Temos passaportes, *score* de crédito, históricos escolares, registros legais, crachás, números de identificação e mais. Qual é usado para o quê, quais são disponibilizados para terceiros ou podem ser afetados por terceiros, tudo isso varia — às vezes com base na localização da pessoa em determinado momento.

A internet não é muito diferente. Ainda existem redes públicas e privadas (e mesmo redes offline), assim como redes, plataformas e softwares que aceitam a maior parte dos formatos comuns de arquivo, mas não todos. Embora os protocolos mais populares sejam gratuitos e abertos, muitos são pagos e privados.

A interoperabilidade do metaverso não é binária. Não é questão de se os mundos virtuais vão ou não compartilhar. É questão de quantos compartilham, quanto é compartilhado, quando, onde e a que custo. Então por que eu acredito que, dadas todas essas complicações, haverá um metaverso? Por causa da economia.

Comece com a questão do gasto do usuário. Muitos céticos do metaverso fazem alguma versão dessa pergunta: "Quem quer usar a *skin* Peely do *Fortnite* enquanto joga *Call of Duty*?". Agora, sendo justo, uma banana antropomorfizada gigante e cômica não faz muito sentido no *Call of Duty*, ou em uma sala de aula virtual, aliás. Mas é igualmente óbvio que alguns usuários querem alguns itens, como uma fantasia de Darth Vader, uma jaqueta dos Lakers ou uma bolsa da Prada, em muitos espaços diferentes. E eles certamente não querem comprar esses itens várias vezes. Eles podem estar relutantemente dispostos a fazer isso hoje, mas isso porque ainda estamos nos primeiros estágios da passagem para trajes virtuais. Em 2026, centenas de milhões de pessoas usarão diversas roupas (efetivamente), duplicadas em muitos jogos que já jogaram — e vão sem dúvida resistir a comprar essas roupas de novo. Liberar compras de um único título vai, na teoria, levar tanto a mais compras quanto a preços maiores.

Dito de outra forma, a Disney venderia mais ou menos itens se eles pudessem ser usados apenas em seus parques temáticos? Quanto alguém pagaria por uma jaqueta do Real Madrid que só pudesse ser usada no Estádio

Santiago Bernabéu? Ou quão mais baixo seria o gasto dos usuários no *Roblox* se o traje de um usuário fosse limitado a um único jogo de *Roblox*?

É provável que os gastos de consumo hoje estejam restringidos pelo entendimento de que nenhum jogo dura para sempre. Pense em qualquer coisa que você pode comprar em uma viagem de férias, mas não planeja levar para casa na sua mala — uma prancha, uma garrafa térmica, uma fantasia do Dia dos Mortos. A obsolescência esperada sempre restringe gastos.

A utilidade desses bens é ainda mais limitada pelas restrições de posse. A maior parte dos jogos e das plataformas de jogos proíbe os usuários de dar roupas ou itens para outros usuários, ou mesmo de vendê-los em troca de moeda do jogo. Os fabricantes que permitem revenda ou comércio normalmente colocam limites firmes nessa atividade. A Roblox Company só permite que "itens limitados" sejam revendidos (caso contrário o comércio entre partes prejudicaria a venda de bens na loja da própria Roblox) — e apenas assinantes do *Roblox Premium* podem vender esses itens.

Além disso, embora possamos acreditar que "compramos" esses itens, na verdade só os licenciamos e a empresa pode "expropriá-los" a qualquer momento. Isso não é um grande problema para *skins* e danças de 10 dólares, mas ninguém vai comprar 10 mil dólares em propriedade virtual que pode ser tomada a qualquer momento, com ou sem reembolso.

Considere um caso do início de 2021, reportado por Josh Ye no *South China Morning Post*. A Tencent, a maior empresa de jogos da China, "processou uma plataforma de comércio de itens de jogo para determinar quem é dono da moeda e dos itens internos do jogo". Especificamente, a empresa argumentava que esses bens não tinham "valor material na vida real" e que moedas do jogo compradas com dinheiro real eram "na prática taxas de serviço".[1] O resultado foi revolta, com muitos jogadores se sentindo traídos ou diminuídos.

Os direitos de propriedade são a base do investimento e do preço de qualquer bem, enquanto a oportunidade de lucro é um motivador bem estabelecido. Especulação financia o crescimento de novas indústrias desde sempre, mesmo quando isso resulta em uma bolha (muito da fibra ótica hoje barata nos Estados Unidos foi instalada nas vésperas do *crash* do *dotcom*). Se quisermos o maior investimento possível de tempo, energia e dinheiro no metaverso — e se quisermos alcançá-lo —, precisamos estabelecer direitos de propriedade firmes.

Todo acionista do mundo virtual tem incentivos e riscos que apontam nessa direção. É perigoso para qualquer desenvolvedor construir um negócio cujas instalações e serviços são limitados pela popularidade de uma certa plataforma ou sua economia (ou políticas econômicas). E quando qualquer coisa resulta em menos investimento, e portanto menos produtos e piores no geral, não beneficia o desenvolvedor, o usuário, o jogo ou a plataforma.

Limitar o alcance da identidade e dos dados do jogador é outro impedimento para a economia do metaverso. O ambiente tóxico em jogos é uma preocupação importante para muitas pessoas e com motivo. Hoje, contudo, enquanto a Activision pode banir um jogador do *Call of Duty* por linguagem abusiva ou racista, esse jogador pode então ir "trollar" no *Fortnite* da Epic Games (ou no Twitter, ou no Facebook). O jogador também poderia só criar uma nova conta na PlayStation Network ou trocar para o Xbox Live e, embora isso signifique fragmentar suas conquistas, algumas dessas conquistas estão presas a uma plataforma de qualquer forma. Claro, os fabricantes não querem tornar o jogo de seus concorrentes melhor, nem estão normalmente dispostos a compartilhar os dados dos jogadores. Mas nenhuma empresa de jogos se beneficia de comportamento tóxico e todo mundo é afetado negativamente por isso.

A economia, então, vai levar à padronização e à interoperação com o tempo.

A Guerra dos Protocolos oferece um exemplo ilustrativo. Entre os anos 1970 e 1990, poucas pessoas acreditavam que muitas redes concorrentes seriam substituídas por um único pacote, menos ainda comandado por organizações informais e sem fins lucrativos. Em vez disso, lidaríamos com um "ciberespaço dividido".

Os bancos e outras instituições financeiras não queriam usar ou compartilhar dados de crédito também — eles eram considerados valiosos e privilegiados demais. Mas finalmente eles foram convencidos de que registros de crédito com dados melhores e mais cobertura seriam coletivamente benéficos. Os sites concorrentes de hospedagem Airbnb e Vrbo estão atualmente fazendo uma parceria com um terceiro para evitar que hóspedes com histórico de mau comportamento façam reservas futuras. Embora

***Gateways* de rede: um ciberespaço dividido.** Neste mapa, as maiores redes computacionais se unem na massa da matrix, a rede global de computadores que podem trocar correspondência eletrônica. A internet serve como campo comum para grande parte da comunicação online, com serviços comerciais online tendo construído caminhos para a correspondência eletrônica, além de outros protocolos de comunicação e dados da internet. Grandes serviços nacionais, como o Minitel da França (www.minitel.fr), hoje oferecem um *gateway* entre seus serviços e a internet.

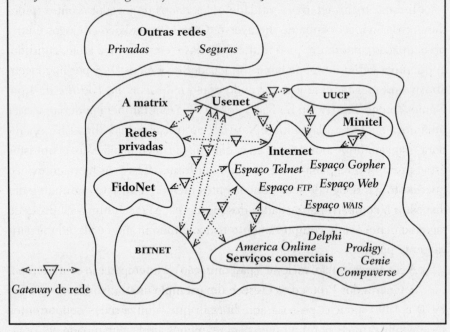

Figura 3:
Este mapa de 1995 e sua legenda refletem o que muitos especialistas da época consideravam ser o futuro das redes online: redes e pacotes de protocolos fragmentados. A internet, nesse caso, não seria um padrão de trabalho unificador, mas mais um terreno comum para muitos conjuntos diferentes de redes, algumas das quais seriam incapazes de se comunicar diretamente com outras. A maior parte dessas redes existiria na "matrix", embora algumas ficassem para sempre fora dela. Mas esse futuro nunca aconteceu. Em vez disso, a internet se tornou o *gateway* principal para todas as redes privadas e públicas, permitindo assim que cada rede se comunicasse com qualquer outra.
Fonte: *TeleGeography*

isso prejudique os infratores individuais, todos os outros hóspedes, os anfitriões e as plataformas se beneficiam.

O melhor exemplo da "gravidade econômica" vem dos motores de jogos — as mesmas empresas que são as pioneiras no encanamento do metaverso. Embora a oportunidade em mundos virtuais nunca tenha sido tão grande quanto é hoje, alcançar todo esse mercado nunca foi tão difícil. Nos anos 1980, um desenvolvedor poderia fazer um jogo para apenas um console e ao fazer isso alcançar 70% dos potenciais jogadores. Dois desenvolvedores poderiam alcançar todos os jogadores. Hoje, existem três fabricantes de consoles, dois dos quais operam consoles que estão em duas gerações diferentes, além de consoles baseados na nuvem que usam sua própria tecnologia, como o GeForce Now da Nvidia, o Luna da Amazon e o Stadia do Google. Existem também duas plataformas de PC, o Mac e o Windows, compostas de dezenas a centenas de diferentes hardwares e duas plataformas dominantes de computação móvel, o iOS e o Android, que possuem muito mais versões de OS, GPUs, CPUs e outros conjuntos de chips. Cada plataforma, dispositivo ou versão adicional exige um código que é único para um conjunto específico de hardwares, ou que foi escrito para funcionar em vários, sem padronizar a performance pelo menor denominador comum. Criar e suportar todo esse código é caro, leva tempo e é árduo. Outra opção seria ignorar uma grande parte do mercado, o que também é caro.

Esse desafio, quando combinado com a complexidade crescente dos mundos virtuais, é o motivo para motores de jogos que funcionam em diversas plataformas, como o Unity e o Unreal, terem proliferado. Eles emergiram como resposta à fragmentação e não apenas a resolvem, eles o fazem com um custo baixo e beneficiando todo mundo — mesmo as plataformas mais estabelecidas.

Imagine que um desenvolvedor decide construir um novo jogo para iOS. O ecossistema móvel da Apple tem 60% do mercado de smartphones nos Estados Unidos e 80% do mercado entre adolescentes e mais de dois terços da arrecadação global em jogos. Além disso, um desenvolvedor pode alcançar cerca de 90% dos usuários de iOS ao escrever para apenas uma dúzia de SKUs de iPhone. O resto do mercado global está dividido entre milhares de diferentes dispositivos Android. Forçado a escolher entre essas duas plataformas, um desenvolvedor vai sempre escolher o ios. Mas, ao usar o Unity, ele pode facilmente publicar um jogo para todas as plataformas (incluindo a web), aumentando assim seu potencial de lucro em 50% com poucos custos extras.

A Apple poderia preferir jogos mais exclusivos, e jogos completamente otimizados para o seu hardware, mas é melhor para todo mundo, incluindo usuários de ios e a App Store, que a maioria dos desenvolvedores móveis use o Unity. Ao ganhar mais dinheiro, os desenvolvedores podem construir jogos melhores, atraindo assim ainda mais gastos para os dispositivos móveis.

A proliferação de motores de jogos para várias plataformas como o Unity e o Unreal também deveria tornar mais fácil reunir os muitos mundos virtuais fragmentados operando hoje para um metaverso unificado. Na verdade, isso já foi provado. Por mais de uma década depois que jogos em consoles online surgiram, a Sony se recusava a aceitar *cross-play*, compras ou progressão entre jogos no PlayStation e outras plataformas. A política da Sony significava que mesmo que um desenvolvedor criasse versões do jogo para PlayStation e Xbox e dois amigos comprassem cópias do mesmo jogo, eles nunca poderiam jogar juntos. Mesmo que um único jogador comprasse duas cópias do mesmo jogo (digamos, uma para seu PlayStation e outra para seu notebook), seu dinheiro dentro do jogo e muitas outras recompensas permaneceriam presas em um ou outro.

Críticos dessa política argumentavam que a postura da Sony era uma consequência de sua posição dominante no mercado. O primeiro PlayStation vendeu 200% a mais que o console concorrente, o Nintendo 64, e 900% a mais que o Xbox. O PlayStation 2 vendeu 550% a mais que o Xbox e o GameCube da Nintendo combinados. O PlayStation 3 quase não venceu o Xbox 360, em boa parte devido às inovações do Xbox em jogos online e perdeu para o Nintendo Wii, mas no meio dos anos 2010 o PlayStation 4 tinha dobrado as vendas do Xbox One e quadruplicado as do Wii U.

Como resultado, parecia que o PlayStation via jogos de múltiplas plataformas como uma ameaça. Se os usuários não precisassem de um PlayStation para jogar com outros usuários de PlayStation — a maioria dos jogadores de console — eles teriam menos chance de comprar um PlayStation para começar, e os usuários de PlayStation poderiam até migrar para os concorrentes. O presidente de entretenimento interativo da Sony admitiu com sinceridade em 2016 que "o aspecto técnico" em abrir o acesso da PlayStation Network para o *cross-play* "poderia ser o mais fácil".[2] Porém apenas dois anos mais tarde a PlayStation permitiu jogo, compras e progressão entre plataformas. Três anos depois disso, quase todo jogo que poderia suportar essa funcionalidade a oferecia.

A Sony não mudou de ideia por causa de preferências, modelos de negócio ou pressões internas. Em vez disso, ela o fez em resposta ao sucesso do *Fortnite*, que veio de uma empresa, a Epic Games, que não por coincidência focava em jogos para diversas plataformas.

O *Fortnite* tinha diversos atributos raros quando foi lançado. Ele foi o primeiro jogo popular AAA que podia ser jogado em quase todos os principais dispositivos de jogos existentes, incluindo duas gerações de PlayStation e Xbox, Nintendo Switch, Mac, PC, iPhone e Android. O título também era gratuito, o que significava que os jogadores não precisavam comprar várias cópias para poder jogar em várias plataformas. O *Fortnite* também foi desenhado como um jogo social; ele se tornava melhor quanto mais de seus amigos jogassem. E ele era construído em torno de serviços ao vivo, em vez de uma narrativa fixa ou qualquer jogo offline: o conteúdo do jogo nunca acabava e era atualizado até duas vezes por semana. Isso, mais uma execução criativa soberba, ajudaram o *Fortnite* a se tornar o jogo AAA mais popular do mundo (com exceção da China) no final de 2018. Ele estava gerando mais renda por mês que qualquer jogo da história.

Os concorrentes dos jogos da Sony abraçaram os serviços de múltiplas plataformas para o *Fortnite*. PCs e celulares nunca bloquearam funcionalidades de múltiplas plataformas; nem o Windows ou qualquer plataforma móvel já tinha comprado jogos exclusivos. A Nintendo tinha vários serviços para outras plataformas no *Fortnite* desde o início também — mas, diferente da Sony, ela não tinha um negócio real de rede online e não o priorizou. A Microsoft, por sua vez, havia tempos impulsionava a ideia do *cross-play* (provavelmente pelo mesmo motivo que a Sony resistia a ela).

A falta de integração com outras plataformas significava que o PlayStation não apenas tinha a pior versão do *Fortnite*, mas os donos de PlayStation tinham muitas versões melhores em mãos e não precisavam pagar um dólar para usá-las. Isso mudou fundamentalmente o pensamento da Sony. Negar uma capacidade assim para títulos como *Call of Duty* pode ter tido um impacto modesto no número de cópias vendidas pela Activision, mas com o *Fortnite* a Sony estava perdendo a maior parte dos lucros do jogo e empurrando os jogadores de PlayStation para plataformas concorrentes. Claro, o PlayStation oferecia uma experiência técnica melhor que o iPhone, mas a maior parte dos jogadores considerava os elementos sociais do jogo mais importantes do que as configurações. E a Epic "acidentalmente" ativou o *cross-play* no PlayStation, supostamente sem a permissão da Sony, em pelo menos três ocasiões — incentivando ainda mais os usuários irritados a pedirem à Sony que mudasse e provando que o impedimento era questão de política, não tecnologia.

Todos esses fatores forçaram a Sony a mudar sua política. Isso foi obviamente para o bem de todos. Hoje, diversos jogos de sucesso podem ser acessados por quase todos os dispositivos computacionais (e portanto serem jogados por qualquer um, em qualquer lugar e a qualquer hora) sem que os usuários precisem pagar novamente ou fragmentar suas identidades, suas conquistas ou suas redes de jogadores. Além disso, jogabilidade, progressão e compras em diversas plataformas significam que todos os consoles competem em hardware, conteúdo e serviços. A Sony ainda está indo bem também: o PlayStation gera cerca de 45% de toda a arrecadação do *Fortnite* (e o PlayStation 5 vendeu mais que o Xbox Series S e X em uma taxa de mais de dois para um).[3]

Foi fundamental que a decisão da Sony de abrir sua plataforma fechada também tenha dado uma visão de soluções econômicas potenciais para o desafio da interoperabilidade. Para evitar o "vazamento de arrecadação", a Sony exigiu que a Epic "cobrisse" seus pagamentos na PlayStation Store. Por exemplo, se um jogador de *Fortnite* passasse cem horas jogando no PlayStation e cem horas no Nintendo Switch, mas gastasse apenas quarenta dólares no PlayStation em comparação a sessenta dólares no Nintendo Switch, a Epic teria que pagar à Nintendo uma comissão de 25% sobre esses sessenta dólares, mas então pagaria ao PlayStation 25% sobre os quarenta *e* os dez dólares que seu uso de tempo sugeriria que são devidos. Em outras palavras, a Epic paga duas vezes sobre esses dez dólares. Não está claro se essa política ainda está em funcionamento — o público só sabe que ela existe por causa do processo da Epic contra a Apple. Independentemente disso, o modelo é um exemplo de como a proliferação de jogos entre plataformas ajuda todos os participantes do mercado.

O sucesso do Discord é outro bom exemplo. Historicamente, plataformas de jogos como Nintendo, PlayStation, Xbox e Steam protegeram com firmeza suas redes de jogadores e serviços de comunicação. É por isso que alguém na Xbox Live não pode "ser amigo" de alguém na PlayStation Network, nem falar com ele diretamente. Em vez disso, usuários de outras plataformas só estão disponíveis dentro de jogos entre plataformas como o *Fortnite* em razão de seus IDs específicos do jogo. Embora essa abordagem funcione bem o suficiente quando dois jogadores sabem qual jogo querem jogar antes de entrar, não funciona bem para passar o tempo de forma não planejada ou quando pessoas jogam só para socializar. Quanto mais os jogos forem importantes no estilo de vida de uma pessoa, menos essa solução é apropriada para ela.

O Discord surgiu para responder a essa demanda e ofereceu aos jogadores vários benefícios. Ele opera em todas as grandes plataformas de computação — PCs, Macs, iPhones e Androids —, o que significa que todo jogador pode acessar um único gráfico social (e não jogadores podem participar também). O serviço também apresenta aos jogadores um rico conjunto de APIs (*Application Programming Interface*, ou Interface de Programação de Aplicação, em português) que podem ser integradas em outros jogos e quase competem com outros serviços sociais como o Slack e a Twitch, além de jogos independentes que não são distribuídos ou operados de outra maneira. O Discord foi capaz de construir uma rede maior de comunicação entre jogadores — e muito mais ativa — do que qualquer plataforma imersiva de jogos.

É importante que não exista uma forma de as plataformas impedirem os usuários de usar o aplicativo do Discord em seus celulares ou suas ferramentas de chat em particular. O sucesso do Discord levou tanto o Xbox quanto o PlayStation a anunciar integrações nativas do Discord em suas plataformas fechadas — um passo que criou uma nova solução de "intercâmbio" para as redes de jogadores, os serviços de comunicação e a socialização online.

Estabelecendo formatos e trocas 3D em comum

A padronização dos motores de jogos e pacotes de comunicação é relativamente complexa se comparada a como as convenções de objetos 3D vão emergir.

Veja o universo atual de bens 3D. Bilhões de dólares foram gastos em objetos e ambientes virtuais não padronizados em filmes e videogames, engenharia civil e industrial, saúde, educação e mais. Não há sinais de que esse nível de gasto vá fazer qualquer coisa além de aumentar no futuro próximo. Refazer constantemente esses objetos para um novo formato de arquivo ou motor é financeiramente pouco prático e com frequência um desperdício; o maior atributo da "coisa" digital é que ela pode ser reutilizada infinitamente sem custo adicional.

Soluções de intercâmbio já estão surgindo para explorar a "mina de ouro virtual" das bibliotecas de recursos previamente criadas e fragmentadas. Um bom exemplo é o Omniverse da Nvidia, que foi lançado em 2020 e permite que empresas construam e colaborem em uma simulação virtual compartilhada erguida com recursos e ambientes 3D de diferentes formatos de arquivo, motores e outras soluções de renderização. Uma empresa automotiva pode ser capaz de levar carros baseados no Unreal para um ambiente desenhado no Unity e fazer esses carros interagirem com objetos feitos no Blender. O Omniverse não suporta todas as contribuições possíveis, nem todos os metadados e funcionalidades, mas por causa disso ele oferece aos desenvolvedores independentes um motivo mais claro para a padronização. A colaboração, enquanto isso, leva a convenções formais e informais. É notável que o Omniverse seja feito com a Universal Scene Description (USD), um *framework* de intercâmbio desenvolvido pela Pixar em 2012 e que teve o código aberto em 2016. A USD oferece uma linguagem comum para definir, empacotar, montar e editar 3D com a Nvidia comparando-o ao HTML, mas para o metaverso.[4] Em resumo, o Omniverse está movendo tanto uma plataforma de intercâmbio quanto um padrão 3D. A Helios, a ferramenta própria de renderização em tempo real usada pela empresa de efeitos especiais Industrial Light & Magic é outro bom exemplo, já que é compatível com apenas alguns motores e formatos de arquivo selecionados.

Conforme a colaboração em 3D crescer, os padrões vão naturalmente surgir. No início dos anos 2010, por exemplo, a globalização levou muitas das maiores corporações do mundo a tornar o inglês sua língua corporativa oficial — isso inclui a Rakuten, a maior empresa de e-commerce do Japão; a Airbus, uma gigante do aeroespaço que tem os governos da França e da Alemanha como dois de seus maiores acionistas; a Nokia, a quarta maior empresa da Finlândia; a Samsung, a maior empresa da Coreia do Sul e mais. Uma pesquisa feita em 2012 pela Ipsos descobriu que 67% dos indivíduos cujo trabalho envolvia comunicação com pessoas em outros países preferia conduzir seu trabalho em inglês. A próxima língua era o espanhol, com 5%. É importante que 61% dos que responderam à pesquisa tenha dito que não usavam sua língua nativa quando trabalhavam com parceiros estrangeiros, portanto o alinhamento com o inglês não era um reflexo do fato de que a maior parte dos participantes eram falantes nativos do inglês.[5] A globalização também levou a padrões de fato em moedas (principalmente o dólar e o euro), unidades (por exemplo, o sistema métrico), comércio (o contêiner intermodal) e por aí vai.

O Omniverse mostrou uma coisa importante: o software não precisa que todo mundo fale a mesma língua. Em vez disso, pense nele em comparação ao sistema dentro da União Europeia, que possui 24 línguas oficiais representadas, mas três (inglês, francês, alemão) línguas "processuais" que são priorizadas (além disso, boa parte da liderança, do parlamento e da equipe da ue sabe falar pelo menos duas dessas línguas).

A Epic Games, enquanto isso, está trabalhando para ser pioneira em padrões de dados que permitem que um único "bem" (na verdade um direito a dados) seja reutilizado em vários ambientes. Pouco depois de adquirir a Psyonix, a Epic Games anunciou que o jogo de sucesso da empresa, *Rocket League*, se tornaria gratuito e passaria para a Epic Online Services. Alguns meses depois, a Epic anunciou o primeiro de muitos eventos "Llama-Rama". Esses modos de tempo limitado permitiam a jogadores do *Fortnite* completar desafios no *Rocket League* que liberariam trajes e conquistas exclusivas que poderiam ser usados em qualquer um dos jogos. Um ano depois, a Epic comprou a Tonic Games Group, fabricante do *Fall Guys* e dezenas de outros jogos, como parte de seus investimentos para "construir o metaverso".[6] É provável que a Epic estenda seus experimentos com o *Rocket League* para os títulos da Tonic, além daqueles vindos da Epic Games Publishing, que financia e distribui jogos de estúdios independentes.

Com bens que funcionam em vários títulos e com um modelo de conquistas, a Epic provavelmente está buscando criar um precedente parecido com aqueles que ela estabeleceu em jogos *cross-play*. A Epic claramente acredita que existem benefícios — ou seja, lucros — em reduzir o atrito no acesso a diferentes jogos, tornando mais fácil trazer seus amigos e itens para muitos jogos e dando aos jogadores motivos para experimentar novos. Os jogadores vão então passar mais tempo jogando, com mais pessoas, em uma diversidade maior de títulos, gastando mais dinheiro. Se isso acontecer, uma rede crescente de jogos externos vai querer se conectar com a identidade virtual, as comunicações e os sistemas de recompensas da Epic (por exemplo, partes da Epic Online Services), avançando assim a padronização em torno das diversas ofertas da Epic.

Junto da Epic há uma série de outras gigantes do software focadas em serviços sociais que buscam usar seu alcance para estabelecer padrões comuns e *frameworks* para bens virtuais compartilhados. Um exemplo claro vem do Facebook, que está acrescentando "avatares interoperáveis" ao seu conjunto de APIs de autenticação Facebook Connect. O Facebook Connect é mais conhecido do público como o botão "logar com o Facebook" que permite a usuários do Facebook substituir o sistema próprio de login de um site ou um app por seu login do Facebook. Muitos desenvolvedores prefeririam que as pessoas criassem uma conta única, já que isso dá ao desenvolvedor muito mais informações sobre o usuário e significa que o desenvolvedor controla essas informações e essa conta (e não o Facebook). Contudo, o Facebook Connect é muito mais simples e rápido, e portanto é a solução preferida da maior parte dos usuários. Como resultado, os desenvolvedores se beneficiam de mais usuários registrados (*versus* usuários anônimos). Uma proposta parecida de valor existe para o pacote de avatares do Facebook (ou talvez do Google, Twitter ou Apple). Se avatares customizados são essenciais para o usuário se expressar no mundo 3D, então poucos usuários vão querer criar um avatar novo e detalhado em cada mundo virtual que acessarem. Os serviços que aceitarem os avatares nos quais um usuário já investiu poderão oferecer uma melhor experiência para esse usuário. Algumas pessoas até argumentam que a incapacidade de usar um avatar consistente significa que nenhum avatar pode representar realmente o usuário — assim como não diríamos que Steve Jobs tinha um uniforme se ele só às vezes usasse jeans e uma blusa preta de gola alta e ocasionalmente precisasse usar calças de cambraia e uma blusa cinza de gola alta, dependendo do lugar. Isso é uma estética, e não um uniforme pensado para reforçar sua identidade. Independentemente disso, o estabelecimento de serviços para vários títulos, como o Facebook, vai servir na prática como outro processo de padronização (nesse caso, com base nas especificações do Facebook e estimulados por iniciativas de realidade aumentada, realidade virtual e IVWP).

Além de estar impulsionando a interoperabilidade de recursos, a Epic também está impulsionando a "interoperação" de propriedades intelectuais concorrentes, o que é um problema filosófico, e não técnico (jogos entre plataformas nos lembram que este é o mais difícil dos dois desafios). Com plataformas virtuais como *Fortnite*, *Minecraft* e *Roblox* crescendo em espaços sociais que moldam a cultura, elas se tornaram uma parte cada vez mais necessária do mercado consumidor, da construção de marcas e das experiências de franquia multimídia. Nos últimos três anos, o *Fortnite* produziu experiências com a NFL e a FIFA, a Marvel Comics da Disney, *Star Wars* e *Alien*, a DC Comics da Warner, *John Wick* da Lionsgate, o *Halo* da Microsoft, o *God of War* e o *Horizon Zero Dawn* da Sony, o *Street Fighter* da Capcom, o G.I. Joe da Hasbro, Nike e Michael Jordan, Travis Scott e mais.

Mas para participar dessas experiências os donos das marcas precisaram adotar algo que eles quase nunca permitem: licenças de período ilimitado (trajes dentro do jogo são guardados pelos jogadores para sempre), janelas de mercado que se sobrepõem (alguns eventos de marca acontecem com dias de distância ou se sobrepõem totalmente) e pouco a nenhum controle editorial. Em suma, isso significa que agora é possível se vestir como Neymar enquanto você usa uma mochila do Baby Yoda ou um Air Jordan, segura um tridente do Aquaman e explora uma versão virtual da Stark Industries. E os donos dessas franquias *querem* que isso aconteça.

Se a interoperabilidade tem realmente valor, então incentivos financeiros e pressão competitiva vão em algum momento resolver isso. Os desenvolvedores vão descobrir como apoiar técnica e comercialmente modelos de negócios no metaverso. E vão usar a economia geral do metaverso para ultrapassar os fabricantes de jogos "históricos".

Essa é uma lição da ascensão da monetização de jogos gratuitos. Nesse modelo de negócio, jogadores não pagam nada para baixar e instalar um jogo — ou mesmo para jogá-lo —, mas encontram compras opcionais dentro dos jogos como uma fase extra ou um item estético. Quando isso começou nos anos 2000, e mesmo uma década depois, muitos acreditavam que o jogo gratuito iria, na melhor das hipóteses, baixar os lucros de um determinado jogo e, na pior, canibalizar a indústria. Em vez disso, eles ofereceram a melhor maneira de monetizar um jogo e um motor central por trás da ascensão da cultura dos videogames. Sim, isso levou a muitos jogadores que não pagam, mas aumentou substancialmente o número total de jogadores e até deu aos jogadores pagantes um motivo para gastar mais. Afinal, quanto mais pessoas podem ver seu avatar customizado, mais você vai pagar por ele.

Assim como os jogos gratuitos fizeram novos produtos serem vendidos aos jogadores, de danças a moduladores de voz e "passes de batalha", a interoperabilidade vai fazer isso também. Os desenvolvedores podem colocar degradação no código de algo — essa *skin* funciona durante cem horas de uso, ou quinhentos jogos, ou três anos, e durante esse tempo ela lentamente se desgastará. Alternativamente, os usuários podem ter que pagar uma taxa adicional para trazer um item do título de um fabricante para um concorrente (assim como muitos bens possuem taxas de importação no "mundo real") ou pagar mais para começar por uma "edição interoperável". Nem todos os mundos virtuais vão passar para o modelo interoperável, é claro. Apesar da prevalência de jogos online *multiplayer* gratuitos hoje, muitos títulos ainda são pagos, de um só jogador, offline ou os três.

Leitores focados na web 3.0 poderão estar se perguntando por que eu ainda não falei de blockchains, criptomoedas e tokens não fungíveis. Essas três inovações inter-relacionadas parecem ter chances de desempenhar um papel fundamental em nosso futuro virtual e já estão operando como uma espécie de padrão comum em uma série cada vez maior de mundos e experiências. Mas antes de examinar essas tecnologias, precisamos primeiro examinar o papel do hardware e dos pagamentos no metaverso.

9
Hardware

Para muitos de nós, o aspecto mais empolgante do metaverso é o desenvolvimento de novos dispositivos que poderemos usar para acessá-lo, renderizá-lo e operá-lo. Isso normalmente leva a visões de capacetes superpoderosos, mas leves, de realidade aumentada e realidade virtual imersiva. Esses dispositivos não são necessários para o metaverso, mas com frequência presume-se que são a melhor forma, ou a mais natural, de experimentar seus muitos mundos virtuais. Os executivos das grandes empresas de tecnologia parecem concordar com isso, embora a suposta demanda de consumidores por esses dispositivos ainda precise se traduzir em vendas.

A Microsoft começou a desenvolver seu capacete e plataforma HoloLens em 2012 e lançou o primeiro dispositivo em 2016 e o segundo em 2019. Depois de cinco anos no mercado, menos de meio milhão de unidades foram enviadas. Ainda assim, o investimento no departamento continua e Satya Nadella, o CEO da Microsoft, ainda destaca o dispositivo para investidores e clientes, particularmente no contexto das ambições da empresa para o metaverso.

Embora o Google Glass, o dispositivo de realidade aumentada do Google, tenha rapidamente conquistado a reputação de um dos produtos mais superestimados e fracassados da história dos eletrônicos de consumo depois que foi lançado em 2013, o Google continua a apoiá-lo. Em 2017, a empresa lançou um modelo atualizado, o Google Glass Enterprise Edition, com uma atualização vindo em 2019. Desde junho de 2020, o Google gastou cerca de 1 a 2 bilhões de dólares adquirindo startups de óculos de realidade aumentada como a North e a Raxium.

Embora os esforços do Google em realidade virtual tenham recebido menos atenção da mídia do que o Google Glass, eles foram mais significativos e, pode-se dizer, mais frustrantes. A primeira investida do Google veio em 2014 e foi chamada de Google Cardboard. Ela tinha o objetivo expresso de inspirar interesse em realidade virtual imersiva. Para os desenvolvedores, o Google produziu um kit de desenvolvimento de software no Cardboard, que ajudava os desenvolvedores a criarem aplicativos específicos para realidade virtual em Java, no Unity ou no Metal da Apple. Para os usuários, o Google criou um "visor" dobrável de quinze dólares do Cardboard no qual os usuários poderiam colocar seus dispositivos iPhone ou Android para experimentar a realidade virtual sem precisar comprar um novo dispositivo. Um ano depois do Cardboard ser anunciado, o Google revelou o Jump, uma plataforma e ecossistema onde era possível fazer filmes em realidade virtual, e o Expeditions, um programa focado em oferecer excursões com base em realidade virtual para educadores. Os maiores números conquistados pelo Cardboard foram impressionantes: mais de 15 milhões de visores foram vendidos pelo Google em cinco anos, enquanto quase 200 milhões de aplicativos ligados ao Cardboard foram lançados e mais de um milhão de alunos fizeram pelo menos um passeio com o Expeditions no primeiro ano do seu lançamento. Contudo, esses números refletiam uma curiosidade dos consumidores, mais do que uma inspiração. Em novembro de 2019, o Google fechou o projeto Cardboard e abriu o código de seu SDK. (O Expeditions foi fechado em junho de 2021.)

Em 2016, o Google lançou sua segunda plataforma de realidade virtual, Daydream, que era pensada para melhorar as bases do Cardboard. As melhorias começavam com a qualidade do visor do Daydream. O capacete, que custava de oitenta a cem dólares, era feito de espuma e coberto com tecido macio (disponível em quatro cores) e, diferente do visor do Cardboard, podia ser preso à cabeça do usuário, em vez de exigir que ele o segurasse na sua frente durante o uso. O visor do Daydream também vinha com um controle remoto próprio e tinha um chip de NFC (*near-field communication*) que conseguia reconhecer automaticamente as propriedades do celular que estava sendo usado e colocá-lo em modo de realidade virtual, em vez de exigir que os usuários fizessem isso eles mesmos. Embora o Daydream tenha recebido boas resenhas da imprensa e levado empresas, entre elas a HBO e o Hulu, a produzirem aplicativos específicos de realidade virtual, os consumidores mostraram pouco interesse na plataforma. O Google cancelou o projeto no mesmo momento em que o Cardboard foi fechado.

Apesar de ter tido dificuldades com realidade aumentada e realidade virtual, o Google ainda parece ver essas experiências como centrais na sua estratégia para o metaverso. Apenas algumas semanas depois de o Facebook revelar publicamente sua visão do futuro em outubro de 2021, Clay Bavor, o chefe de realidade aumentada e realidade virtual do Google, foi promovido como subordinado direto do CEO do Google/Alphabet, Sundar Pichai, e tornou-se responsável por um novo grupo, o Google Labs. Ele contém todos os projetos existentes de realidade aumentada, realidade virtual e virtualização do Google, sua incubadora interna, a Area 120, e qualquer outro "projeto de longo prazo com alto potencial". De acordo com os relatos da imprensa, o Google planeja lançar uma nova plataforma de capacete de realidade virtual e/ou realidade aumentada em 2024.

Em 2014, a Amazon lançou seu primeiro e único smartphone, o Fire Phone. O que diferenciava o dispositivo dos líderes do mercado, Android e iOS, era o uso de quatro câmeras frontais, que ajustavam a interface em resposta aos movimentos de cabeça do usuário, e o Firefly, uma ferramenta de software que reconhecia automaticamente textos, sons e objetos virtuais. O celular acabou sendo — e permanece assim — o maior fracasso da empresa e foi cancelado pouco mais de um ano depois de ser lançado. A Amazon reconheceu um prejuízo de 170 milhões de dólares, majoritariamente em inventário não vendido. Ainda assim, a empresa logo começou a trabalhar no Echo Frames, um par de óculos que não tinha nenhum tipo de display visual, mas incluía áudio integrado, bluetooth (para conectar a um smartphone) e a assistente Alexa. Os primeiros Echo Frames foram lançados em 2019, com um modelo atualizado sendo lançado um ano depois. Nenhum dos dois parece ter vendido muito bem.

Um dos proponentes mais vocais de dispositivos de realidade aumentada e realidade virtual é Mark Zuckerberg. Em 2014, o Facebook adquiriu a Oculus VR por 2,3 bilhões de dólares, mais do que o dobro da soma paga pelo Instagram dois anos antes, embora a Oculus ainda não tivesse lançado seu dispositivo para o público. Pouco depois, Zuckerberg e seus tenentes refletiram publicamente a respeito das perspectivas de PCs com capacetes de realidade virtual como o computador principal para profissionais, com óculos de realidade aumentada se tornando a forma principal de consumidores acessarem o mundo digital. Oito anos mais tarde, o Facebook anunciou que o Oculus Quest 2 havia vendido mais de 10 milhões de unidades entre outubro de 2020 e dezembro de 2021 — um número que ultrapassa os novos consoles Xbox Series S e X da Microsoft, que foram lançados mais ou menos na mesma época. Contudo, o dispositivo ainda não substituiu o PC, é claro, e o Facebook ainda não lançou um dispositivo de realidade aumentada. Ainda assim, acredita-se que o grosso dos investimentos anuais do Facebook no metaverso, que fica entre 10 e 15 bilhões de dólares, esteja focado em dispositivos de realidade aumentada e realidade virtual.

A Apple vem sendo, como sempre, discreta sobre seus planos e crenças em relação à realidade aumentada ou virtual — mas suas aquisições e seus pedidos de patentes são reveladores. Durante os últimos três anos, a Apple comprou startups como a Vrvana, que produziu um capacete de realidade aumentada chamado Totem; a Akonia, que produz lentes para produtos de realidade aumentada; a Emotient, cujo software para aprendizado de máquina rastreia expressões faciais e discerne emoções; a RealFace, uma empresa de reconhecimento facial; e a Faceshift, que remapeava os movimentos faciais de um usuário em um avatar 3D. A Apple também comprou a NextVR, uma produtora de conteúdo em realidade virtual, além da Spaces, que criava entretenimento em realidade virtual com base em localização e experiências em realidade virtual para softwares de videoconferência. Em média, a Apple ganha mais de 2 mil patentes por ano (e pede ainda mais). Centenas dessas se relacionam à realidade virtual, à realidade aumentada ou ao rastreamento corporal.

Além das gigantes da tecnologia, diversos atores de médio porte em tecnologias sociais estão em hardwares próprios de realidade aumentada/virtual, mesmo com pouco ou nenhum histórico na produção, e menos ainda na distribuição e serviço, de eletrônicos de consumo. Por exemplo, embora os primeiros óculos de realidade aumentada da Snap, os Spectacles de 2017, tenham recebido mais elogios por seu modelo de vendas em máquinas temporárias do que por seu sucesso técnico, experimental ou de vendas, a empresa lançou três novos modelos nos últimos cinco anos.

O tamanho do investimento nesses dispositivos, mesmo em face da constante rejeição por parte dos consumidores e desenvolvedores, parece vir de uma crença de que a história vai se repetir. Toda vez que há uma transformação em grande escala em computação e rede, novos dispositivos surgem para responder melhor às suas capacidades. As empresas que fazem esses dispositivos primeiro, por sua vez, têm a oportunidade de alterar o balanço de poder na tecnologia, e não apenas produzir uma nova linha de negócios. Assim, empresas como a Microsoft, o Facebook, a Snap e a Niantic veem os desafios contínuos com realidade aumentada e realidade virtual como prova de que eles podem conseguir substituir a Apple e o Google, que operam as plataformas mais dominantes da era móvel, enquanto a Apple e o Google entendem que precisam investir para evitar disrupção. Existem alguns sinais iniciais validando a crença de que realidade aumentada e realidade virtual serão a próxima grande coisa em dispositivos tecnológicos também. Em março de 2021, o Exército norte-americano anunciou um acordo para comprar até 120 mil dispositivos HoloLens customizados da Microsoft ao longo da década seguinte. Esse contrato foi avaliado em 22 bilhões de dólares — quase 220 mil por capacete (isso inclui atualizações de hardware, reparos, software adequado e outros serviços de computação na nuvem da Azure).

Outro sinal de que dispositivos de realidade mista são o futuro é que é possível identificar várias deficiências técnicas nos capacetes de realidade virtual e realidade aumentada que podem estar impedindo sua adoção em massa. Nesse sentido, alguns argumentam que os dispositivos atuais são para o metaverso o que o fracassado tablet Newton da Apple foi para a era do smartphone. O Newton foi lançado em 1993 e oferecia muito do que passamos a esperar de dispositivos móveis — uma tela sensível ao toque, um sistema operacional e softwares próprios para o dispositivo — mas lhe faltava ainda mais coisas. O dispositivo tinha quase o tamanho de um teclado (e pesava ainda mais), não podia acessar uma rede de dados móveis e precisava de uma caneta digital, em vez de ser operado pelo dedo do usuário.

Com a realidade aumentada e a virtual, uma restrição-chave é o display do dispositivo. O primeiro Oculus comercial, lançado em 2016, tinha uma resolução de 1080 × 1200 pixels por olho, enquanto o Oculus Quest 2, lançado quatro anos depois, tinha uma resolução de 1832 × 1920 por olho (mais ou menos o equivalente ao 4K). Palmer Luckey, um dos fundadores da Oculus, acredita que mais que o dobro da última resolução seja necessário para que o Oculus VR supere questões de pixelação e se torne um dispositivo popular. O primeiro Oculus tinha uma taxa máxima de atualização de 90 Hz (90 quadros por segundo), enquanto o segundo oferecia de 72 a 80 Hz. A edição mais recente, o Oculus Quest 2 de 2020, tem uma média de 72 Hz, mas suporta a maior parte dos títulos em 90 Hz e oferece "suporte experimental" de 120 Hz para jogos de computação menos intensa. Muitos especialistas acreditam que 120 Hz é o limite mínimo para evitar o risco de desorientação e náusea. De acordo com um relatório publicado pela Goldman Sachs, 14% daqueles que experimentaram um capacete de realidade virtual imersiva diziam que sentiam enjoo "com frequência" ao usar o dispositivo, 19% responderam "algumas vezes" e outros 25% raramente encontravam esse problema, mas ainda não era nunca.

Os dispositivos de realidade aumentada têm limitações ainda maiores. A pessoa média enxerga cerca de 200 a 220 graus horizontalmente e 135 verticalmente, o que representa um campo de visão diagonal de mais ou menos 250 graus. A versão mais recente dos óculos de realidade aumentada da Snap, que custa cerca de 500 dólares, tem um campo de visão diagonal de 26,3 graus — o que significa que cerca de 10% do que você enxerga pode ser "aumentado" — e roda em trinta quadros por segundo. A HoloLens 2 da Microsoft custa cerca de 3,5 mil dólares e tem o dobro do campo de visão e da taxa de quadros, mas ainda deixa 80% da visão de um usuário não aumentada, mesmo que os olhos (e boa parte da cabeça) estejam completamente cobertos pelo dispositivo. A HoloLens 2 pesa 566 gramas (o iPhone 13 mais leve pesa 174 gramas, enquanto o iPhone 13 Pro Max tem 240 gramas) e permite apenas de duas a três horas de uso ativo. O Spectacles 4 da Snap pesa 134 gramas e só consegue operar por trinta minutos.

O desafio tecnológico mais difícil da nossa época

Podemos imaginar que as empresas de tecnologia vão inevitavelmente encontrar formas de melhorar os displays, reduzir o peso, aumentar a bateria e acrescentar novas funcionalidades. Afinal, a resolução das TVs parece aumentar a cada ano, enquanto as taxas de atualização possíveis sobem, os preços baixam e o perfil do dispositivo em si se estreita. Porém, Mark Zuckerberg disse que "o desafio tecnológico mais difícil de nossa época pode ser colocar um supercomputador na armação de óculos de aparência normal".[1] Como vimos quando examinamos a computação, dispositivos de jogos não apenas "mostram" quadros já criados, como a TV faz — eles precisam renderizar esses quadros eles mesmos. Como no caso dos desafios da latência, pode haver limitações reais impostas pelas leis do universo quando se trata do que é possível com capacetes de realidade aumentada e realidade virtual.

Aumentar tanto o número de pixels renderizados por quadro quanto o número de quadros por segundo exige um poder de processamento substancialmente maior. Esse poder de processamento também precisa caber dentro de um dispositivo que pode ser usado de forma confortável na cabeça, em vez de guardado dentro de um rack na sala de estar, ou segurado na palma da mão. E, isso é crucial, precisamos de processadores de realidade aumentada e realidade virtual que façam mais do que só renderizar pixels.

O Oculus Quest 2 indica a escala desse obstáculo. Como a maior parte das plataformas de jogos, o dispositivo de realidade virtual do Facebook tem um jogo de *battle royale*, o *Population: One*. Mas esse jogo não dá conta de 150 usuários simultâneos como o *Call of Duty: Warzone*, nem de cem como o *Fortnite*, ou mesmo os cinquenta do *Free Fire*. Em vez disso, ele está limitado a dezoito usuários. O Oculus Quest 2 não consegue lidar com muito mais. Além disso, os gráficos desse jogo estão mais próximos dos de um PlayStation 3, que foi lançado em 2006, do que dos de um PlayStation 4 de 2013 e menos ainda dos de um PlayStation 5 de 2020.

Também precisamos que os dispositivos de realidade aumentada e realidade virtual realizem coisas que não pedimos normalmente de um console ou um PC. Por exemplo, os dispositivos Oculus Quest do Facebook incluem um par de câmeras externas que podem ajudar a alertar um usuário de que está prestes a trombar com um objeto físico ou uma parede. Ao mesmo tempo, essas câmeras precisam rastrear as mãos do usuário para que possam ser recriadas dentro de um dado mundo virtual, ou usadas como controles, com certos gestos ou movimentos de dedo substituindo a pressão em um botão físico. Isso pode parecer um substituto ruim para um controle real, mas isenta o dono do capacete de realidade virtual ou aumentada de precisar viajar com (ou andar na rua carregando) um controle. Zuckerberg também falou de seu desejo de incluir câmeras no interior do capacete de realidade aumentada e realidade virtual para poder escanear e rastrear o rosto e os olhos do usuário para que o dispositivo possa guiar o avatar do usuário com base apenas nos movimentos de seu rosto e de seus olhos. Contudo, todas essas câmeras adicionais acrescentam peso e volume a um capacete e também exigem mais poder computacional, sem falar de bateria. E é claro que também aumentam o custo.

Para colocar isso em perspectiva, podemos comparar a HoloLens 2 da Microsoft com o Spectacles 4 da Snap. Embora o primeiro ofereça duas vezes mais campo de visão e taxa de quadros do que o segundo, ele também custa sete vezes mais (3 a 3,5 mil dólares *versus* 500 dólares), pesa quatro vezes mais e, em vez de parecer um Ray-Ban futurista, parece mais o crânio de um ciborgue. Para que dispositivos de consumo de realidade aumentada decolem, provavelmente precisaremos de um dispositivo mais poderoso que a HoloLens, mas menor do que o Spectacles 4. Embora capacetes industriais de realidade aumentada possam ser maiores, eles ainda são restringidos pela necessidade de caber em uma cabeça e pela necessidade de minimizar a pressão no pescoço — e também precisam melhorar muito.

O imenso desafio técnico de "supercomputadores em óculos" ajuda a explicar como dezenas de bilhões de dólares estão sendo gastos anualmente nesse problema. Mas, apesar do investimento, não haverá inovações súbitas. Em vez disso, haverá um processo constante de melhorias que, uma a uma, vão reduzir o preço e o tamanho dos dispositivos de realidade aumentada e realidade virtual e ao mesmo tempo aumentar seu poder computacional e sua funcionalidade. E mesmo quando uma barreira-chave é quebrada por uma determinada plataforma de hardware ou um fornecedor de componentes, o resto do mercado normalmente segue depois de dois ou três anos. No final, o que vai diferenciar uma dada plataforma é a experiência que ela oferece.

Podemos ver esse processo claramente na história do iPhone — o produto de maior sucesso da era móvel.

Hoje, a Apple desenha muitos dos chips e sensores dentro de seus dispositivos, mas seus primeiros vários modelos foram totalmente montados com componentes criados por desenvolvedores independentes. A CPU do primeiro iPhone veio da Samsung, sua GPU, da Imagination Technologies, vários sensores de imagem eram da Micron Technologies, o vidro da tela de toque era da Corning e por aí vai. As inovações da Apple eram menos tangíveis — como esses componentes eram reunidos, quando e por quê.

O mais óbvio foi a aposta da Apple na tela de toque, abrindo mão totalmente de um teclado físico. A escolha foi muito ridicularizada na época, especialmente pelas líderes do mercado, Microsoft e BlackBerry. A Apple também escolheu focar em consumidores, em vez de atrair grandes empresas e negócios pequenos e médios, que representavam a maior parte das vendas de smartphone entre o início dos anos 1990 até o final dos 2000. Ainda mais radical era o preço do iPhone: 500 a 600 dólares, comparado aos 250 a 350 dólares dos smartphones concorrentes, como o BlackBerry (que normalmente eram gratuitos para o usuário final também, já que eram dados por um empregador). O cofundador e CEO da Apple, Steve Jobs, acreditava que seu dispositivo de 500 dólares oferecia um valor superior — mais do que um dispositivo de 200 ou 300 dólares poderia — mesmo que o segundo estivesse disponível gratuitamente.

As apostas de Jobs na tela de toque, público-alvo e faixa de preço se provaram corretas. Elas também foram ajudadas por escolhas de interface que frequentemente pareciam contraditórias, mas lidavam perfeitamente com a tensão entre complexidade e simplicidade. Um bom estudo de caso é o "botão inicial" do iPhone.

Embora Jobs tenha mostrado pouco interesse em teclados físicos, ele ainda assim decidiu colocar um grande "botão de início" na frente do iPhone. O botão é agora um elemento familiar de design, mas era uma abordagem nova na época. Ele também tinha um custo significativo. O botão ocupava espaço que poderia ser usado para uma tela maior, bateria de maior duração ou um processador mais poderoso. Contudo, Jobs o via como uma parte essencial de apresentar aos consumidores tanto telas de toque como computação de bolso. De forma parecida com fechar um celular de flip, um usuário sabia que não importava o que estivesse acontecendo na tela de seu iPhone, apertar esse botão sempre o levaria de volta para a tela principal.

Em 2011, quatro anos depois de ter lançado o primeiro iPhone, a Apple acrescentou uma nova característica a seu sistema operacional: múltiplas tarefas. Antes disso, os usuários só podiam operar alguns aplicativos predeterminados ao mesmo tempo. Era possível escutar música pelo aplicativo iPod enquanto se lia no aplicativo do *New York Times*, mas se o usuário então abrisse o aplicativo do Facebook, o do *Times* iria fechar. Se o usuário quisesse voltar para um determinado artigo no aplicativo do *Times* ele precisaria reabrir o aplicativo, então navegar de volta para o artigo até o trecho em que tinha parado. Fazer isso significaria sair do aplicativo do Facebook também. O *multitasking* agora permitia aos usuários "pausar" um aplicativo de forma eficiente enquanto passavam para outro, tudo isso feito pelo botão de início. Se um usuário clicasse no botão, o aplicativo pausaria e eles voltariam para a tela inicial. Se ele clicasse duas vezes, o aplicativo ainda pausaria e uma bandeja com todos os aplicativos pausados seria exibida e ele poderia deslizar entre eles.

Os primeiros iPhones podiam ter dado conta do *multitasking*. Afinal, outros smartphones com CPUs similares faziam isso. Contudo, a Apple acreditava que precisava introduzir os usuários à era da computação móvel aos poucos e isso significava focar não apenas em quais tecnologias eram possíveis, mas em quando os usuários estariam prontos para ela. Por isso foi apenas em 2017, com o lançamento do décimo iPhone, que a Apple se sentiu confortável em remover o botão físico e pedir aos usuários para "deslizar para cima" a partir da base da tela.

Não existem "melhores práticas" dentro de uma categoria de dispositivos novíssimos. Na verdade, muitas das escolhas que consideramos óbvias hoje já foram controversas — não apenas a tela de toque do iPhone. Por exemplo, alguns dos primeiros aplicativos para Android usavam o conceito de "arrastar para aproximar" da Apple, mas acreditavam que ele estava invertido — se você aproxima seus dedos a coisa que você está vendo não deveria se aproximar, em vez de afastar? É quase impossível imaginar essa lógica hoje, mas isso é em parte porque fomos treinados por quinze anos para pensar que o oposto é o natural. A ferramenta de "deslizar para destravar" da Apple foi considerada uma novidade tão grande que a empresa ganhou uma patente para ela e no fim ganhou mais de 120 milhões de dólares quando os tribunais norte-americanos consideraram que a Samsung havia violado essa patente, além de outras que pertenciam à Apple. Mesmo o modelo da app store foi controverso. A líder dos smartphones BlackBerry não lançou sua app store até 2010, dois anos depois da Apple e um ano depois da famosa campanha "tem um app pra isso". Além disso, o foco da BlackBerry em usuários corporativos (e portanto segurança) levou a políticas muito rígidas, como a necessidade de documentos autenticados só para se ter acesso ao kit de desenvolvimento de aplicativos para BlackBerry, que muitos desenvolvedores nem se deram o trabalho de criar para a plataforma.

Já conseguimos observar ecos da "guerra dos smartphones" na corrida pela realidade virtual e pela realidade aumentada. Como vimos, os óculos da Snap custam menos de 500 dólares e focam em consumidores, enquanto os da Microsoft custam 3 mil ou mais e se focam em empresas e profissionais. O Google acreditava que em vez de vender um capacete de realidade virtual de centenas ou milhares de dólares, os consumidores deviam colocar os smartphones caros que eles já possuíam em um "visor" que custa menos de cem dólares. Os óculos de realidade aumentada da Amazon nem sequer têm um display digital e em vez disso enfatizam sua assistente de áudio Alexa e uma forma arrojada. O Facebook, diferente da Microsoft, parece estar focando em realidade virtual antes da realidade aumentada, e Zuckerberg e muitos de seus altos executivos refletiram que streaming de jogos na nuvem pode ser a única maneira de um usuário de realidade virtual participar de uma simulação ricamente renderizada com alta simultaneidade. Zuckerberg também disse que como dono de uma empresa focada no social, ele acredita que os dispositivos de realidade aumentada do Facebook provavelmente colocaram mais ênfase em câmeras, sensores e capacidades para rastreio de olhos e face do que os de seus concorrentes, que podem focar em minimizar o tamanho do dispositivo ou maximizar sua estética. Porém, ninguém sabe ainda as relações exatas entre, digamos, o perfil do dispositivo e sua funcionalidade, ou seu preço e sua funcionalidade. Para capitalizar a insatisfação dos desenvolvedores com o modelo de lojas de aplicativo fechadas da Apple e do Google (um tópico que explorarei com mais detalhes no próximo capítulo), Zuckerberg prometeu manter o Oculus "aberto", permitindo aos desenvolvedores distribuir diretamente seus aplicativos para os usuários e aos usuários instalarem lojas que não são do Oculus em seus dispositivos Oculus. Embora certamente vá ajudar a atrair desenvolvedores, isso produz novos riscos para a privacidade e os dados dos usuários — especialmente conforme o número de câmeras no dispositivo crescer.

Para a realidade aumentada e a realidade virtual parece claro que desafios de hardware são maiores do que para os smartphones. E ao adaptar interfaces do 2D de toque para um espaço 3D basicamente intangível é provável que a interface de design também fique mais difícil. Qual será o "arrastar para aproximar" ou "deslizar para destravar" da realidade aumentada e da realidade virtual? De que, exatamente, os usuários serão capazes e quando?

Além dos capacetes

Junto dos muitos investimentos em capacetes imersivos estão incontáveis outros esforços para produzir um novo hardware focado no metaverso que vai complementar nossos principais dispositivos de computação, em vez de substituí-los, como alguns imaginam que os dispositivos de realidade aumentada e realidade virtual possam fazer um dia.

O mais comum é jogadores imaginarem usar luvas inteligentes e mesmo trajes que possam oferecer resposta física (ou seja "háptica") para simular o que está acontecendo com seus avatares no mundo real. Muitos dispositivos assim existem hoje, mas eles custam tanto e têm a funcionalidade tão limitada que normalmente são usados apenas para propósitos industriais. Especificamente, esses dispositivos vestíveis usam uma rede de motores e atuadores eletroativos que inflam pequenos bolsos de ar, o que aplica pressão em seu dono ou limita sua capacidade de se mover.

A tecnologia de vibração háptica avançou consideravelmente desde que a Nintendo introduziu o Rumble Pak no Nintendo 64 em 1997. Os gatilhos de controle de hoje, por exemplo, podem ser programados com resistência contextual — uma pistola, um rifle e uma besta terão uma "sensação" diferente quando disparados. A besta pode até resistir, com o usuário se esforçando para puxá-la e sentindo as vibrações de uma corda virtual que não existe de verdade.

Outra classe de dispositivos de interface háptica emite sons ultrassônicos (ou seja, ondas de energia mecânica além da gama audível por humanos) de uma grade de sistemas microeletromecânicos (conhecidos como MEMS), o que produz algo que o usuário pode descrever como um "campo de força" no ar em frente a ele. O campo de força produzido por esses dispositivos, que parecem um pouco com uma caixa de metal pequena e perfurada, tem normalmente menos de quinze e vinte centímetros de altura e largura, respectivamente, mas sua nuance tende a surpreender. Participantes do teste afirmam que conseguem sentir tudo, desde um ursinho de pelúcia macio até uma bola de boliche e a forma de um castelo de areia se despedaçando, ajudados em parte pelo fato de que as pontas dos dedos contêm mais terminações nervosas do que quase qualquer outra parte do corpo. É importante que dispositivos MEMS também consigam detectar a interação do usuário, permitindo que seus ursinhos feitos de som respondam ao toque de ar do usuário, ou que o castelo se desmanche se for tocado.

Luvas e trajes também podem ser usados para capturar os dados de movimentos de um usuário, em vez de só oferecer resposta, permitindo assim que o corpo e os gestos do usuário sejam reproduzidos em um ambiente virtual em tempo real. Essa informação também pode ser capturada com o uso de câmeras. No entanto, essas câmeras exigem visão sem obstrução, relativa proximidade do usuário e podem ter dificuldade se precisarem rastrear mais do que um único usuário em detalhes. Muitos usuários — famílias, por exemplo — vão querer várias câmeras de rastreio em suas "salas do metaverso" e podem acrescentar alguns dispositivos inteligentes aos seus pulsos e tornozelos.

Essas faixas podem parecer desajeitadas (como um bracelete ou uma tornozeleira podem substituir uma câmera de alta definição observando cada dedo?), mas mesmo a tecnologia atual é impressionante. Os sensores em um

Apple Watch, por exemplo, podem distinguir entre um usuário fechando ou abrindo o punho, entre pressionar um dedo contra o polegar e dois dedos contra o polegar e podem usar esses movimentos para interagir com o Apple Watch e potencialmente outros dispositivos. Além disso, pessoas usando o relógio podem usar o movimento de fechar o pulso para colocar um cursor na tela do relógio e então usar a orientação da mão para movê-lo. O software envolvido, o AssistiveTouch da Apple funciona usando sensores-padrão, incluindo um monitor cardíaco eletrônico, um giroscópio e um acelerômetro.

Outras abordagens prometem capacidades ainda maiores. A aquisição mais cara do Facebook desde o Oculus VR em 2014 foi o CTRL-labs, uma startup de interface neural que produz braceletes que gravam atividade elétrica no tecido muscular esquelético (uma técnica chamada de eletromiografia). Embora os dispositivos do CTRL-labs sejam usados a mais de quinze centímetros do pulso e ainda mais longe dos dedos, o software dele permite que gestos minuciosos sejam reproduzidos dentro de mundos virtuais — de dedos individuais sendo erguidos para contar, apontar ou sinalizar "venha aqui", a pinças formadas por diferentes conjuntos de dedos. É importante que os sinais de eletromiografia do CTRL-labs possam ser usados para mais que reproduzir apêndices humanos. Uma famosa demonstração do CTRL-labs envolve um usuário — nesse caso um funcionário — mapeando seus dedos em um robô com cara de caranguejo e então movendo-o para frente, para trás e para os lados ao flexionar seu pulso e mover os dedos.

O Facebook também está planejando começar sua própria linha de *smartwatches*. Mas diferentemente da Apple, o Facebook não vê o dispositivo como secundário ou dependente de um smartphone. Em vez disso, o relógio do Facebook deve ter seu próprio plano de dados sem fio e inclui duas câmeras, ambas destacáveis e pensadas para serem integradas em itens externos, como mochilas ou um chapéu. Enquanto isso, a quinta maior compra na história do Google foi a empresa de dispositivos vestíveis inteligentes Fitbit, que a empresa comprou por mais de 2 bilhões de dólares no início de 2021.

Dispositivos vestíveis vão diminuir de tamanho e aumentar em performance e, conforme a tecnologia melhorar, eles serão integrados às nossas roupas. Esses desenvolvimentos vão ajudar os usuários a melhorar suas interações com o metaverso e permitir que elas ocorram em mais lugares. Carregar um controle para todo lugar a que se vai não é prático, e se o objetivo principal da realidade aumentada é fazer a tecnologia desaparecer em um par de óculos normais, então puxar um controle ou um smartphone para usá-la realmente acaba com seu propósito.

Alguns acreditam que o futuro da computação não é um par de óculos de realidade aumentada ou um relógio, ou qualquer outro tipo de dispositivo vestível, mas algo menor. Em 2014, apenas um ano depois do fracassado Google Glass ser lançado, o Google anunciou seu primeiro projeto para o Google Contact Lens, que deveria ajudar diabéticos a monitorar seu nível de glicose. Especificamente, esse "dispositivo" foi feito de duas lentes flexíveis com um chip sem fio, uma antena sem fio que é mais fina que um fio de cabelo humano e um sensor de glicose colocado no meio. Um buraco entre as lentes e os olhos do usuário permitia que o fluído lacrimal chegasse ao sensor, medindo assim os níveis de açúcar no sangue. A antena sem fio tirava energia do smartphone do usuário, que devia sustentar pelo menos uma leitura por segundo. O Google também planejava acrescentar uma pequena luz de LED que poderia alertar os usuários de picos ou quedas no nível de açúcar no sangue em tempo real.

O Google descontinuou seu programa de lentes inteligentes para diabéticos quatro anos depois de tê-lo lançado, mas a empresa afirma que o cancelamento veio de "consistência insuficiente em nossas medidas da correlação entre glicose nas lágrimas e concentração de glicose no sangue", o que foi amplamente notado por pesquisadores da comunidade médica. Independentemente disso, pedidos de patentes mostram que grandes empresas de tecnologia no Ocidente, no Oriente e no Sudeste da Ásia continuam a investir na tecnologia de lentes inteligentes.

Embora tais tecnologias possam parecer fantásticas em um mundo no qual conexões de internet seguem sendo instáveis e a computação, escassa, elas ainda assim parecem alcançáveis se comparadas às chamadas interfaces cérebro-computador (*brain-to-computer interfaces* — BCIs), que têm sido desenvolvidas desde os anos 1970 e continuam a atrair maior investimento. Muitas soluções de BCI propostas não são invasivas — pense no capacete do Professor

Xavier em *X-Men*, ou talvez em uma rede de sensores escondidos embaixo do cabelo do usuário. Outras BCIs são parcialmente ou totalmente invasivas, dependendo de quão perto do tecido cerebral os eletrodos são colocados.

Em 2015, Elon Musk fundou a Neuralink, da qual ele segue sendo CEO, e anunciou que a empresa estava trabalhando em um "tipo de máquina de costura" que poderia implantar sensores de quatro a seis micrômetros de espessura (cerca de 0,0004 centímetros, ou um décimo da largura de um fio de cabelo humano) no cérebro humano. Em abril de 2021 a empresa lançou um vídeo no qual um macaco jogava o jogo *Pong* usando um implante sem fio da Neuralink. Apenas três meses depois, o Facebook anunciou que não investiria mais em seu próprio programa de BCI. Nos anos anteriores, a empresa tinha financiado vários projetos dentro e fora da empresa, incluindo um teste na Universidade da Califórnia, em São Francisco, que envolvia vestir um capacete que lançava partículas de luz através do crânio e então media os níveis de oxigenação do sangue em grupos de células cerebrais. Um post de blog sobre o assunto explicava que "embora medir a oxigenação possa nunca nos permitir decodificar frases imaginadas, ser capaz de reconhecer um punhado de comandos que seja, como 'casa', 'selecionar' e 'deletar', já ofereceria formas completamente novas de interagir com os sistemas de realidade virtual de hoje — e com os óculos de realidade aumentada de amanhã".[2] Outro teste de BCI do Facebook envolveu uma rede física de eletrodos colocada em cima do crânio do usuário, o que permitia ao sujeito escrever em uma velocidade de cerca de quinze palavras por minuto puramente através do pensamento (a pessoa média digita 39 palavras por minuto, duas vezes e meia mais rápido). O Facebook relatou que "embora ainda acreditemos no potencial de longo prazo das tecnologias de ótica instalada na cabeça [interface cérebro-computador], decidimos focar nossos esforços imediatos em uma abordagem diferencial de interface neural que possui um caminho para o mercado de prazo mais curto para realidade aumentada/virtual"[3] e que "um dispositivo ótico montado na cabeça para discurso silencioso ainda está muito distante. Possivelmente mais do que tínhamos previsto".[4] A "abordagem de interface neural diferencial" a que o Facebook se referia é provavelmente o CTRL-labs, mas parte do problema do "caminho para o mercado" da BCI é ético, não tecnológico. Quantas pessoas querem um dispositivo que pode ler seus pensamentos — e não apenas os pensamentos relacionados à tarefa presente? E se além disso esse dispositivo for permanente?

O HARDWARE À NOSSA VOLTA

Além dos dispositivos que seguramos, vestimos e talvez também até implantemos como parte de nossa transição para o metaverso, existem dispositivos que vão proliferar pelo mundo à nossa volta.

Em 2021, o Google revelou o projeto Starline, uma cabine física desenhada para fazer com que em conversas de vídeo as pessoas parecessem que estavam na mesma sala. Diferente de um monitor tradicional ou uma estação de videoconferência, as cabines do Starline eram compostas por dezenas de sensores de profundidade e câmeras (que juntos produziam sete canais de vídeo a partir de quatro pontos de vista diferentes e três mapas de profundidade), além de um display de campo de luz com muitas camadas e feito de tecido. Essas características permitiam aos participantes serem capturados e então renderizados usando dados volumétricos, em vez de um vídeo 2D achatado. Em testes internos, o Google descobriu que em comparação com uma chamada de vídeo típica, os usuários do Starline focavam 15% a mais naqueles com quem estavam falando (isso com base em dados de rastreamento de olhos), mostravam formas não verbais de comunicação significativamente melhores (por exemplo, aproximadamente 40% a mais de gestos manuais, 25% a mais de acenos de cabeça e 50% a mais de movimentos de sobrancelha) e tinham uma memória 30% melhor quando lhes era pedido para lembrar de detalhes da conversa ou da reunião.[5] A mágica, como sempre, está no software, mas ela depende de um hardware extenso para acontecer.

A histórica fabricante de câmeras Leica agora vende câmeras fotogramétricas de 20 mil dólares que possuem até 360 mil "pontos de escaneamento por laser por segundo" e que são projetadas para capturar shoppings, prédios e casas inteiras com maior clareza e mais detalhes do que a pessoa média poderia ver se estivesse fisicamente no local. O Quixel da Epic Games, enquanto isso, usa câmeras específicas para gerar *megascans* ambientais que são compostos por dezenas de bilhões de triângulos com precisão de pixels. A empresa de imagens por satélite Planet Labs, mencionada no Capítulo 7, performa *scans* de quase toda a Terra diariamente em oito bandas de espectro, o que permite não apenas imagens diárias em alta resolução, mas detalhes que incluem calor, biomassa e neblina. Para produzir essas imagens, ela opera a segunda maior frota de satélites de uma empresa no mundo[*] com mais de 150 satélites, muitos dos quais pesam menos de cinco quilos e são menores do que 10 × 10 × 30 centímetros. Cada foto desses satélites cobre de 20 a 25 quilômetros quadrados e é formada por 47 megapixels, com cada pixel representando 3 × 3 metros. Cerca de 1,5 gigabyte de dados é enviado de um desses satélites por segundo de uma distância média de mil quilômetros. Will Marshall, o CEO e cofundador da Planet Labs, acredita que o custo por performance desses satélites tenha melhorado em mil vezes desde 2011.[6] Tais dispositivos de escaneamento tornam mais fácil e barato que empresas produzam "mundos espelhados" ou "gêmeos digitais" de alta qualidade para espaços físicos — usando esses *scans* do mundo real para produzir mundos de fantasia de maior qualidade e mais baratos.

As câmeras de rastreio em tempo real também são importantes. Considere os supermercados sem caixa, sem dinheiro e com pagamento automático da Amazon, o Amazon Go. Essas lojas usam várias câmeras para rastrear todos os clientes por meio de escaneamento facial além de rastreio de movimento e análise do andar. Um cliente pode pegar e deixar o que quiser, então simplesmente sair da loja, tendo pagado apenas pelo que está levando consigo. No futuro, esse tipo de sistema de rastreio será usado para reproduzir esses usuários, em tempo real, como gêmeos digitais. Tecnologias como o Starline do Google podem ao mesmo tempo permitir aos trabalhadores estar "presentes" na loja (potencialmente localizados em um "call center do metaverso" remoto) e saltar por diferentes telas para ajudar o cliente.

Câmeras de projeção hiperdetalhadas também terão um papel, permitindo que objetos, mundos e avatares virtuais sejam transplantados para o mundo real em detalhes realistas. A chave dessas projeções são os vários sensores que

---

[*] Como comparação, a China tem menos de quinhentos satélites, enquanto a Rússia tem menos de duzentos. Contudo, eles são normalmente muito maiores e melhores que os da Planet Labs.

permitem que câmeras escaneiem e compreendam as paisagens não planas e não perpendiculares, contra as quais vão projetar e alterar sua projeção de acordo, para que elas não apareçam distorcidas para o espectador.

Há muito tempo os tecnologistas imaginam um futuro com internet das coisas no qual sensores e chips wireless serão tão comuns quanto tomadas elétricas, embora mais diversos, permitindo assim que liguemos diversas experiências aonde formos. Imagine um canteiro de obras com drones voando no alto, cada um cheio de câmeras, sensores e chips wireless e com os operários lá embaixo usando capacetes ou óculos de realidade aumentada. Esse arranjo permitiria a um supervisor de obras saber exatamente o que está acontecendo, onde e a todo momento, incluindo o volume total de areia em um certo monte, o número de viagens necessárias para movê-lo com uma máquina, quem está mais perto de uma área problemática e mais bem posicionado para lidar com ela, quando e com que impacto.

Claro que nem todas essas experiências precisam do metaverso, ou mesmo de uma simulação virtual. Contudo, os humanos acham ambientes e apresentações de dados 3D muito mais intuitivos — considere a diferença entre ver um tablet digital contendo o status de um canteiro de obras e em vez disso ver essa informação sobreposta no canteiro e nos seus objetos. É notável que a segunda maior aquisição da história do Google (a maior se excluirmos a Motorola, que o Google abandonou depois de três anos) é o Nest Labs, que desenvolve e opera dispositivos de sensores inteligentes, por 3,2 bilhões de dólares em 2014. Oito meses depois dessa aquisição, o Google gastou mais 555 milhões de dólares para comprar a Dropcam, uma fabricante de câmeras inteligentes, que então foi embutida no Nest Labs.

Vida longa ao smartphone?

É divertido imaginar todos os novos dispositivos brilhantes que logo mais nos permitirão entrar no metaverso. Mas, pelo menos na década de 2020, é provável que a maior parte dos dispositivos para a era do metaverso sejam os que já usamos.

A maioria dos especialistas, incluindo o CEO da Unity Technologies, John Riccitiello, estima que até 2030 haverá menos de 250 milhões de capacetes de realidade virtual e realidade aumentada ativos e em uso.[7] Claro, apostar em prognósticos tão longos é perigoso. O primeiro iPhone foi lançado em 2007, oito anos depois do primeiro smartphone BlackBerry e em um ponto em que a penetração de smartphones era de menos de 5% nos EUA. Oito anos depois, o iPhone tinha vendido mais de 800 milhões de unidades e elevado a penetração nos EUA para quase 80%. Poucos em 2007 acreditavam que em 2020 dois terços de todas as pessoas na Terra teriam um smartphone.

Ainda assim, os dispositivos de realidade aumentada e realidade virtual enfrentam não apenas obstáculos técnicos, financeiros e experienciais significativos, mas também a necessidade de acharem espaço. Por trás do rápido crescimento dos smartphones estava um par simples de fatos: o computador pessoal era uma das invenções mais significativas da história humana, mas mais de trinta anos depois de ter sido inventado, menos de uma em cada seis pessoas no mundo tinha um. E os sortudos que tinham? Bem, seus computadores eram grandes e imóveis. Os dispositivos de realidade aumentada e realidade virtual não serão o dispositivo de computação principal de uma pessoa, nem mesmo seu dispositivo portátil principal. Eles estão lutando para ser o terceiro, ou mesmo o quarto — e por um bom tempo ainda serão um dos menos poderosos também.

Os dispositivos de realidade aumentada e realidade virtual podem vir a substituir a maior parte dos dispositivos que usamos hoje. Isso provavelmente não vai acontecer logo. Mesmo que o número combinado de capacetes de realidade aumentada e realidade virtual (dois tipos de dispositivos muito diferentes) em uso até 2030 passe de um bilhão, quatro vezes a previsão mencionada, eles ainda alcançariam menos do que um em cada seis usuários de smartphone. E tudo bem. Existem, em 2022, centenas de milhões de pessoas que passam horas de cada dia dentro de mundos virtuais renderizados em tempo real em seus smartphones e tablets — e esses dispositivos estão melhorando rapidamente.

Em seções anteriores, revisei as melhorias contínuas nas CPUs e GPUs de smartphones. Esses são provavelmente os avanços mais importantes no que se refere ao metaverso nesses dispositivos, mas eles estão longe de ser os únicos que vale ressaltar. Desde 2017, novos modelos de iPhone incluíram sensores infravermelhos que rastreiam e reconhecem 30 mil pontos no rosto do usuário. Embora essa funcionalidade seja mais usada para o Face ID, o sistema de autenticação facial da Apple, ela também permite a desenvolvedores de aplicativos reproduzir o rosto de um usuário em tempo real como um avatar ou com aumentos virtuais. Exemplos incluem o Animoji, da própria Apple, as lentes de realidade aumentada da Snap, e o aplicativo Live Link Face feito pela Epic Games com base no Unreal. Nos anos que virão, muitos operadores de mundos virtuais usarão essa capacidade para permitir que os jogadores mapeiem suas expressões faciais em avatares nesses mundos — ao vivo e sem precisar gastar mais um dólar em hardware.

A Apple também liderou o uso de escâneres Lidar em smartphones e tablets.* Como resultado, mesmo a maior parte dos profissionais de engenharia não vê mais a necessidade de comprar câmeras Lidar específicas de 20 mil a 30 mil dólares, e cerca de metade dos usuários norte-americanos de smartphones agora cria e compartilha virtualizações de sua casa, seu escritório, seu quintal e tudo dentro deles. Essa inovação transformou empresas como a Matterport (discutida no Capítulo 7), que hoje produz milhares de vezes o número de *scans* por ano com uma diversidade muito maior.

As câmeras de três lentes e alta resolução do iPhone também permitem aos usuários criar objetos virtuais e modelos em alta fidelidade usando fotografias, com o resultado guardado no *framework* de troca da Universal Scene Description. Esses objetos podem então ser transplantados para outros ambientes virtuais — reduzindo assim o custo e aumentando a fidelidade dos bens sintéticos — ou superpostos a ambientes reais para arte, design ou outras experiências de realidade aumentada.

O Oculus VR, por outro lado, usa a câmera multiangular de alta resolução do iPhone para produzir experiências de realidade mista. Por exemplo, um usuário do Oculus jogando *Beat Saber*** pode deixar seu iPhone muitos

---

* "Lidar" determina a distância e a forma de objetos ao medir o tempo que leva para um laser refletido (por exemplo, um feixe de luz) voltar para o receptor, de forma parecida a como radares usam ondas de rádio.

** *Beat Saber* é como o *Guitar Hero*, mas as notas não são tocadas apertando um botão em um teclado físico, e sim pressionando um botão virtual em um sabre de luz virtual.

metros atrás de si, para que possam se ver dentro de um ambiente de realidade virtual de dentro de seu capacete de realidade virtual, e tudo isso na perspectiva de uma terceira pessoa.

Muitos novos smartphones também têm novos chips de banda ultralarga (*ultra-wideband* — UWB) que emitem até um bilhão de pulsos de radar por segundo e recebedores que processam a informação de retorno. Smartphones podem assim criar amplos mapas de radar da casa ou do escritório do usuário e saber exatamente onde o usuário está dentro desses mapas (ou outros como o Google Street ou mapas de construção) e em relação a outros usuários e dispositivos. Diferentemente do GPS, a UWB oferece precisão de centímetros. A porta da frente da sua casa pode destrancar automaticamente quando você se aproximar de fora, mas deve saber que, quando você está arrumando a sapateira do lado de dentro, não deve destrancar. Usando um mapa ao vivo de radar, você será capaz de andar em boa parte da sua casa sem nunca precisar remover seu capacete de realidade virtual — seu dispositivo vai alertá-lo de uma colisão potencial, ou renderizar o obstáculo potencial dentro de seu capacete para que você possa se desviar dele.

Que tudo isso seja possível com hardware-padrão de consumo é impressionante. O papel crescente dessa funcionalidade no nosso dia a dia explica por que o preço médio de venda do iPhone da Apple aumentou de cerca de 450 dólares em 2007 para mais de 750 dólares em 2021. Posto de outra forma, os consumidores não pediram para a Apple usar o lado do custo da Lei de Moore para oferecer as capacidades dos primeiros iPhones, mas a um preço menor. Nem pediram para a Apple usar o lado da performance da Lei de Moore para melhorar o iPhone do ano anterior e manter seu preço. Em vez disso, os consumidores querem mais — mais de, bem, quase tudo que o iPhone pode fazer.

Alguns acreditam que o papel futuro dos smartphones vá incluir operar como um "computador de ponta" ou um "servidor de ponta" do usuário, oferecendo conectividade e computação para o mundo à nossa volta. Versões desse modelo já existem. Por exemplo, a maior parte dos Apple Watches vendidos hoje não têm um chip de rede de celular e em vez disso se conectam com o iPhone do dono via bluetooth. Essa abordagem tem limitações: o Apple Watch não pode fazer uma ligação quando se afasta demais do iPhone em que está conectado, nem tocar música direto para os AirPods de um usuário, baixar novos aplicativos, pegar mensagens que já não estejam gravadas no relógio e por aí vai. Mas, em troca, o dispositivo é muito mais barato, leve e consome menos bateria — tudo porque o iPhone do usuário, um dispositivo muito mais poderoso, e com um custo por performance maior, está fazendo a maior parte do trabalho.

De forma parecida, o iPhone vai mandar pedidos complexos da Siri para serem processados nos servidores da Apple, enquanto muitos usuários escolhem guardar a maior parte de suas fotos na nuvem em vez de comprar iPhones com drives maiores, que podem custar entre 100 e 500 dólares a mais. Antes, mencionei que muitos acreditam que capacetes de realidade virtual precisam pelo menos dobrar a resolução de tela oferecida pelos dispositivos top de linha no mercado hoje e chegar a taxas de quadros de 33% a 50% maiores (ou seja, produzir mais do que duas vezes e meia o número de pixels por segundo) para serem adotados popularmente. Isso também precisa acontecer com reduções de custo, diminuição do perfil do dispositivo e minimização de calor. Embora a tecnologia ainda não exista em um único dispositivo, ao conectá-lo com um PC suficientemente poderoso via o Oculus Link, o Oculus Quest 2 pode aumentar sua taxa de quadros e ao mesmo tempo sua capacidade de renderização. Em janeiro de 2022, a Sony anunciou sua plataforma PlayStation VR2, que ostentava 2000 × 2040 pixels por olho (cerca de 10% a mais comparado ao Oculus Quest 2) e uma taxa de atualização de 90 a 120 Hz (comparada à de 72 a 120 Hz do Oculus Quest 2) com um campo de visão de 110 graus (*versus* 90 graus), além de rastreamento de olhos (não disponível). Contudo, o PSVR2 exige que os usuários tenham e conectem fisicamente um console PlayStation 5, que custa mais do que o Oculus Quest 2 mais barato e não vem com um capacete PSVR2.

Considerando a escassez, a importância e o custo da computação, faz sentido focar nas capacidades de um único dispositivo em vez de investir em vários outros, especialmente quando esses dispositivos possuem limitações físicas, térmicas e de custo maiores. Um computador usado no seu pulso ou rosto simplesmente não pode competir com o que está no seu bolso. Essa lógica se aplica a mais do que apenas a computação. Se o Facebook quer que usemos um bracelete da CTRL-labs em cada membro, por que colocar em cada um chips de rede de celular e wi-fi se chips bluetooth mais baratos, que consomem menos energia e são menores, estão disponíveis e podem enviar esses dados para um smartphone gerenciar? Dados pessoais podem ser a consideração mais importante. Provavelmente não queremos que nossos dados sejam coletados, armazenados e enviados para uma grande rede de dispositivos. Em vez disso, a maior parte de nós preferiria que esses dados fossem mandados desses dispositivos para aquele em que mais confiamos (e que esteja armazenado na nossa pessoa) e que esse dispositivo gerencie quais outros podem ter acesso a outras partes dos nossos históricos, nossas informações e nossas posses online.

Hardware como entrada

Os muitos dispositivos necessários e esperados para dar conta do metaverso podem ser agrupados em três categorias. Primeiro, os "dispositivos principais de computação", que, para a maior parte dos consumidores, são smartphones, mas podem ser realidade aumentada ou realidade virtual imersiva em algum ponto do futuro. Segundo, os dispositivos de computação secundários ou "de apoio", como um PC ou um PlayStation e provavelmente capacetes de realidade aumentada e realidade virtual. Esses dispositivos podem ou não depender do dispositivo principal ou serem complementados por ele, mas eles serão usados com menos frequência do que o dispositivo principal e para propósitos mais específicos. Finalmente, temos os dispositivos terciários, como um relógio inteligente ou uma câmera de rastreio, que enriquecem ou estendem a experiência do metaverso, mas raramente vão operá-lo diretamente.

Cada categoria e subcategoria de dispositivos vai aumentar o tempo de engajamento no metaverso e seu lucro total — e oferecer aos fabricantes uma oportunidade de gerar uma nova linha de negócios. Contudo, os enormes investimentos nesses dispositivos — muitos dos quais estão a anos de serem viáveis de forma popular — têm motivações maiores.

O metaverso é uma experiência majoritariamente intangível: uma rede persistente de mundos virtuais, dados e sistemas de apoio. No entanto, dispositivos físicos são a porta de entrada para acessar e criar essas experiências. Sem eles não existe floresta para ser conhecida, escutada, cheirada, tocada ou vista. Esse fato oferece aos fabricantes e aos operadores de dispositivos poder considerável, simbólico e efetivo. Os fabricantes e operadores vão determinar que GPUs e CPUs serão usadas, os conjuntos de chips wireless e padrões usados, os sensores incluídos e por aí vai. Embora esses intermediários tecnológicos sejam cruciais para uma dada experiência, eles raramente interagem diretamente com o desenvolvedor ou o usuário final. Em vez disso, eles são acessados por meio de um sistema operacional que gerencia como, quando e por que as capacidades são usadas pelo desenvolvedor, que tipos de experiências podem oferecer a um usuário e se e até que ponto uma comissão será paga para o fabricante de determinado dispositivo.

Em outras palavras, o hardware não é só relacionado ao que o metaverso pode oferecer e quando, mas a uma luta para influenciar como ele funciona e, idealmente, levar a maior fatia possível de sua atividade econômica. Quanto mais importante o dispositivo — e quanto mais dispositivos se conectarem a ele —, maior o controle dado à empresa que o faz. Para entender o que isso significa na prática, precisamos mergulhar fundo nos pagamentos.

10
CANAIS DE PAGAMENTO

O METAVERSO É IMAGINADO COMO UM PLANO PARALELO para o lazer, o trabalho e a existência humana de forma mais ampla. Portanto, não deve ser surpresa que a extensão do sucesso do metaverso dependerá, em parte, se ele terá uma economia próspera. No entanto, ainda não estamos acostumados a pensar nesses termos; embora a ficção científica tenha previsto o metaverso, normalmente só se encontram referências passageiras à economia interna do mundo virtual nessas histórias. Uma economia virtual pode parecer uma perspectiva estranha, assustadora e até mesmo confusa, mas não deveria. Com algumas exceções importantes, a economia do metaverso vai seguir os padrões das economias do mundo real. A maior parte dos especialistas concorda com muitos dos atributos que produzem uma economia próspera no mundo real: competição rigorosa, um grande número de negócios lucrativos, confiança em suas "regras" e "justiça", direitos do consumidor consistentes, gasto de consumo consistente e um ciclo constante de disrupção e deslocamento, entre outras coisas.

Podemos ver esses atributos em funcionamento na maior economia do mundo. Os Estados Unidos não foram construídos por um só governo ou corporação, mas por milhões de negócios diferentes. Mesmo na era atual de megacorporações e gigantes tecnológicos, os mais de 30 milhões de negócios pequenos e médios do país empregam metade da força de trabalho e são responsáveis por metade do PIB (ambos os números excluem gastos militares e com defesa). As centenas de bilhões em vendas da Amazon são quase exclusivamente vindas de coisas que outras empresas fazem. O iPhone, da Apple, é um dos produtos mais significativos da história humana, e a cada ano a Apple projeta uma parte cada vez maior de seus componentes ricamente integrados.

No entanto, a maior parte desses componentes ainda vem de competidores — e muitos deles estão constantemente disputando com a Apple por causa de preços enquanto permitem que a empresa tenha competição. Além disso, os consumidores compram (e frequentemente se atualizam para novas versões) esse dispositivo incrível para poder acessar conteúdo, aplicativos e dados feitos em boa parte por empresas que não são a Apple.

A Apple é um ótimo exemplo do dinamismo da economia americana. Embora a empresa tenha sido uma líder pioneira da era do PC nos anos 1970 e 1980, ela teve dificuldades nos anos 1990 quando o ecossistema da Microsoft cresceu e os serviços de internet proliferaram. Mas, com o iPod em 2001, o iTunes em 2003, o iPhone em 2007 e a App Store em 2008, a Apple se tornou a empresa mais valiosa do mundo. Não é difícil imaginar outro resultado: no qual a Microsoft, cujo sistema operacional estava em 95% dos computadores usados para gerenciar um iPod ou rodar o iTunes, teria sido capaz de utilizar seus potenciais competidores como uma forma de avançar sua oferta de Windows Mobile e Zune. Alternativamente, poderíamos imaginar uma versão da Terra na qual provedores de internet como a AOL, a AT&T e a Comcast teriam sido capazes de usar seu poder sobre a transmissão de dados para controlar que conteúdo poderia fluir por seus sistemas, como e com qual taxa.

A economia americana é sustentada por um elaborado sistema legal que cobre tudo o que se faz ou investe, o que é vendido e comprado, quem é contratado e que tarefas essas pessoas podem fazer e também o que é devido. Embora esse sistema seja imperfeito, caro de usar e muitas vezes lento, sua existência instila em todos os participantes do mercado a fé de que seus acordos serão honrados e que existe algum meio-termo entre "competição do livre mercado" e "justiça" que beneficia todas as partes. O sucesso da Apple, além de outros gigantes da internet que nasceram na era do PC, como o Google e o Facebook, está intrinsecamente ligado ao famoso caso *Estados Unidos v. Microsoft Corporation*, que considerou que a empresa monopolizou ilegalmente seu sistema operacional por meio do controle de APIs, venda casada de software, licenciamento restritivo e outras restrições técnicas. Outro exemplo é a "doutrina da primeira venda", que permite a alguém que compra uma cópia de trabalho protegido por direitos autorais do dono desses direitos fazer com a cópia o que quiser. É por isso que a Blockbuster pôde comprar uma fita VHS por US$ 25 e, então, alugá-la infinitamente para seus clientes sem a necessidade de pagar taxas para o estúdio de Hollywood que a tinha feito, e é por isso que você tem o direito de vender sua cópia de um livro ou rasgar e recosturar uma camisa com um desenho protegido.

Até aqui neste livro, examinei as inovações, as convenções e os dispositivos necessários para conquistar um metaverso ativo e completamente construído. Mas eu ainda não falei de um dos aspectos mais importantes: "canais de pagamento".

Maiores empresas de capital aberto por capitalização de mercado (excluindo empresas estatais)
Em trilhões de dólares

	31 de março de 2002			1º de janeiro de 2022	
1	General Electric	$ 0,372	1	Apple	$ 2,913
2	Microsoft	$ 0,326	2	Microsoft	$ 2,525
3	ExxonMobil	$ 0,300	3	Alphabet (Google)	$ 1,922
4	Walmart	$ 0,273	4	Amazon	$ 1,691
5	Citigroup	$ 0,255	5	Tesla	$ 1,061
6	Pfizer	$ 0,249	6	Meta (Facebook)	$ 0,936
7	Intel	$ 0,204	7	Nvidia	$ 0,733
8	BP	$ 0,201	8	Berkshire Hathaway	$ 0,669
9	Johnson & Johnson	$ 0,198	9	TSMC	$ 0,623
10	Royal Dutch Shell	$ 0,190	10	Tencent	$ 0,560

Fontes: "Global 500", Internet Archive Wayback Machine, https://web.archive.org/web/20080828204144/http://specials.ft.com/spdocs/FT3BNS7BW0D.pdf; "Largest Companies by Market Cap", https://companiesmarketcap.com/.

Como a maior parte dos canais de pagamento é de antes da era digital, não costumamos pensar neles como "tecnologia". Na verdade, eles são encarnações de ecossistemas digitais — séries complexas de sistemas e padrões espalhadas por uma grande rede e sustentando trilhões de dólares de atividade econômica de forma majoritariamente automática. Eles são normalmente difíceis de construir e ainda mais difíceis de substituir e também muito lucrativos. Visa, MasterCard e Alipay estão entre as vinte empresas de capital aberto mais valiosas do mundo, com a maior parte de seus pares sendo empresas como Google, Apple, Facebook, Amazon e Microsoft, além de grandes conglomerados financeiros como a JPMorgan Chase e o Bank of America, que possuem trilhões em depósitos e gerenciam a transferência de outros trilhões em instrumentos financeiros todos os dias.

Não é surpresa, então, que já exista uma luta para se tornar o "canal de pagamento" dominante do metaverso. Além disso, essa luta é sem dúvida o campo de batalha central do metaverso e potencialmente seu maior impedimento também. Para examinar os canais de pagamento do metaverso, vou oferecer uma visão geral dos principais canais de pagamento da era moderna antes de explicar o papel dos pagamentos na indústria de jogos de hoje e como esse papel informou os canais de pagamento da era da computação móvel. Então, discutirei como canais de pagamento móveis estão sendo usados para controlar tecnologias emergentes e impedir competição antes de abordar por que tantos empresários, investidores e analistas focados no metaverso veem os blockchains e as criptomoedas como o primeiro canal de pagamento "nativo digital" e a solução para os problemas que assombram a economia virtual atual.

OS MAIORES CANAIS DE PAGAMENTO ATUAIS

Ao longo do último século, o número de canais de pagamento distintos cresceu como resultado das novas tecnologias de comunicação, do aumento no número de transações feitas por pessoa por dia e do fato de que a maior parte das compras não é mais feita em dinheiro físico. Entre 2010 e 2021, a parcela das transações americanas feitas em dinheiro vivo caiu de mais de 40% para cerca de 20%.

Os canais de pagamento mais comuns nos Estados Unidos são a Fedwire (antigamente conhecida como Rede da Reserva Federal, ou *Federal Reserve Wire Network*), o Chips (sistema de pagamento interbancário por câmara de compensação), a ACH (câmara de compensação automatizada), os cartões de crédito, o PayPal e serviços de pagamento de ponta a ponta como o Venmo. Esses canais possuem diferentes exigências, méritos e deméritos que têm a ver com taxas cobradas, tamanho da rede, velocidade, confiabilidade e flexibilidade. Vamos voltar a isso mais tarde quando eu discutir blockchains e criptomoedas, então é importante lembrar essas categorias e os detalhes relacionados.

Vamos começar com o canal de pagamento clássico: transferências. No meio da década de 1910, os Bancos da Reserva Federal dos EUA começaram a mover fundos eletronicamente, estabelecendo, no fim das contas, sistemas próprios de telecomunicações que alcançavam cada um dos doze Bancos da Reserva, o Comitê da Reserva Federal e o Tesouro americano. Os primeiros sistemas eram telegráficos e usavam código Morse, mas nos anos 1970 o Fedwire começou a passar para o telex, depois para operações computadorizadas e, em seguida, redes digitais próprias. Transferências só podem ser usadas entre bancos (e, portanto, por meio deles), de modo que tanto o emissor como o receptor devem ter uma conta bancária. Por motivos parecidos, uma transferência só pode ser enviada em dias de semana úteis e durante horário comercial. Embora um emissor possa programar transferências recorrentes (digamos, enviar US$ 5.000 toda terça-feira), não existe algo como um "pedido de transferência". Assim, transferências não podem ser usadas para pagar automaticamente contas recorrentes e outras faturas. Uma vez que o dinheiro é enviado por uma transferência, ele não pode ser revertido. Mesmo que isso fosse possível, outras limitações desencorajariam o uso frequente de transferências. Por exemplo, frequentemente existem taxas significativas cobradas tanto do emissor (US$ 25-45) como do receptor (US$ 15), além de outras taxas para transferências que não sejam em dólar americano, transferências falhas, confirmações (que nem sempre são possíveis) e mais. Os próprios bancos são cobrados entre US$ 0,35 e US$ 0,90 por transação pelo Fedwire.

O valor dessas taxas, que em geral são fixas, torna transferências pequenas pouco práticas. Mas para somas maiores (indivíduos podem transferir até US$ 100.000) as transferências são a opção mais barata.

Nos anos 1970, os maiores bancos dos EUA também estabeleceram um competidor (e cliente) do Fedwire, o já mencionado Chips, em parte para reduzir seus custos de transferência. Especificamente, isso significou sair do "acerto em tempo real" do Fedwire, no qual a transferência do emissor seria recebida e utilizável instantaneamente pelo receptor. Em contraste, cada banco segura as transferências Chips enviadas até o fim do dia, quando elas são agrupadas com base no banco receptor e, então, balanceadas com todas as transferências Chips que entram daquele mesmo banco. Em termos simples, o Chips permite que, em vez de o banco A enviar ao banco B milhões de transferências por dia e o banco B enviar ao banco A milhões de transferências por dia, eles esperam até o fim do dia e fazem uma única transação. Com esse sistema, nem o emissor de uma transferência nem seu receptor têm acesso aos fundos (e por até 23 horas, 59 minutos e 59 segundos). Apenas o banco tem, e o banco coleta lucro sobre isso ao longo do dia. Naturalmente, bancos normalmente usam o Chips para suas transferências. Devido a diferenças de fuso horário, proteções contra lavagem de dinheiro e outras restrições governamentais, transferências internacionais normalmente levam de dois a três dias.

Como qualquer um que já tenha feito uma transferência sabe, elas normalmente são a forma mais complexa e demorada de se enviar dinheiro, já que é necessário ter várias informações sobre o receptor. A irreversibilidade da transação, combinada com a falta (ou demora) de confirmação, também significa que erros são ainda mais demorados de serem resolvidos. No entanto, transferências ainda são consideradas a forma mais segura de se enviar dinheiro, já que as transferências Chips são limitadas a apenas 47 bancos-membros e não envolvem nenhum intermediário, enquanto o único intermediário da Fedwire é a Reserva Federal dos Estados Unidos. Em 2021, 992 trilhões de dólares foram enviados via Fedwire por meio de 205 milhões de transações (uma média de cerca de 5 milhões de dólares), enquanto o Chips mandou mais de 700 trilhões de dólares por meio de cerca de 250 milhões de transações (uma média de 3 milhões de dólares).

Uma ACH é uma rede eletrônica para processar pagamentos. A primeira ACH emergiu no Reino Unido no final dos anos 1960. Como as transferências, os pagamentos ACH só podem ser feitos durante horário comercial e exigem que o emissor e o receptor tenham contas bancárias. Essas contas normalmente precisam ser parte de uma rede ACH, e, portanto, os pagamentos ACH enfrentam limitações geográficas na maior parte dos casos. Um banco canadense normalmente pode fazer um pagamento ACH para um nos Estados Unidos, mas realizar um pagamento ACH para o Vietnã, a Rússia ou o Brasil provavelmente não é possível, ou pelo menos exige vários intermediários, que aumentam os custos. As taxas associadas com pagamentos ACH são vistas como seu principal diferencial. A maior parte dos bancos permite que clientes façam transferências baseadas em ACH gratuitamente ou no máximo por US$ 5. Negócios podem fazer pagamentos ACH para fornecedores ou funcionários por menos de 1% por transação. Diferentemente de uma transferência, um pagamento ACH é reversível e permite pedidos de pagamentos dos receptores potenciais. Essas possibilidades, somadas ao seu custo baixo, são o motivo para esse canal ser normalmente usado para fazer pagamentos a fornecedores e funcionários e configurar débito automático para contas de eletricidade, telefone, seguros e outras. Estima-se que 70 trilhões de dólares em ACH tenham sido processados nos EUA em 2021 por meio de mais de 20 bilhões de transações (uma média de cerca de US$ 2.500 por transação).[1]

A principal desvantagem da ACH é que ela é lenta: transações levam entre um e três dias. Isso porque os pagamentos ACH não "liberam" até o fim do dia (alguns bancos fazem algumas levas por dia), quando um banco agrega tudo o que precisa enviar para outro banco (ou seja, todas as ACHs) e envia como uma soma via Fedwire, Chips ou solução similar. A demora resultante produz muitos desafios além de apenas um a dois dias e meio durante os quais nem o emissor nem o receptor tem os fundos. Por exemplo, com a ACH não há confirmação de uma transação bem-sucedida — você só é notificado se há um erro. E esse erro leva vários dias para ser corrigido: o banco receptor não notifica a falha até o segundo dia, seu relatório não é processado até o fim do segundo dia e o emissor original recebe a notificação no dia seguinte (nesse ponto, o processo de três dias começa de novo).

Sistemas improvisados de cartão de crédito existem desde o final do século XIX, embora o que hoje consideramos um "cartão de crédito" não tenha surgido até os anos 1950. Hoje, "inserimos" ou "aproximamos" um cartão físico (ou digitamos a informação do nosso cartão de crédito em uma caixa online) e depois disso uma máquina de cartão de crédito ou servidor remoto captura a informação da conta e a envia digitalmente para o banco do comerciante, que então a submete para a operadora de cartão de crédito do cliente, que por sua vez autoriza ou nega a transação. O processo leva de um a três dias, embora o consumidor obviamente não note isso, e costuma custar aos vendedores de 1,5% a 3,5% por transação. Essa taxa é muito maior que para um pagamento ACH, mas cartões de crédito permitem que uma transação seja efetuada em segundos e sem necessidade de informação detalhada da conta bancária. O comprador nem precisa ter uma conta bancária.

Embora cartões de crédito frequentemente sejam gratuitos para o usuário, pagamentos atrasados e juros podem resultar rapidamente no pagamento de mais de 20% ao ano além das transações relevantes (é provável que você pague sua fatura de cartão de crédito via ACH). Operadores de cartão de crédito geram um terço de seus lucros por meio de outros serviços vendidos aos comerciantes e donos de cartões de crédito, como seguros, ou vendendo dados gerados em sua rede. Como a ACH, mas diferentemente das transferências, pagamentos com cartão de crédito podem ser revertidos, embora esse processo possa levar dias, seja frequentemente contestado e só esteja disponível durante algumas horas ou dias depois de uma transação (uma disputa pode ser requerida muito depois). Como transferências, cartões de crédito funcionam em quase todos os mercados do mundo. E, diferentemente tanto das transferências como das ACH, pagamentos com cartão de crédito são aceitos por quase todos os comerciantes e transações podem ser feitas a qualquer hora de qualquer dia. Como qualquer um com um cartão de crédito sabe, eles normalmente são a forma menos segura de se fazer um pagamento e sofrem a maioria das fraudes. Estima-se que 6 trilhões de dólares foram gastos com cartão de crédito nos EUA em 2021, com uma média de US$ 90 em mais de 50 bilhões de transações.

Finalmente, existem as redes de pagamento digital (também conhecidas como redes de ponta a ponta), como o PayPal e o Venmo. Embora os usuários não precisem de contas bancárias para abrir uma conta no PayPal ou no Venmo, essas contas precisam ser alimentadas com dinheiro oriundo de um pagamento ACH (conta bancária), de cartão de crédito ou transferência de outro usuário. Uma vez alimentadas, essas plataformas, então, servem como um banco centralizado usado por todas as contas; transferências entre usuários são, na verdade, só realocação de dinheiro que é guardado pela própria plataforma. Como resultado, os pagamentos são instantâneos e podem ser feitos a qualquer dia e hora. Quando o dinheiro é enviado entre amigos e familiares, essas plataformas normalmente não cobram uma taxa. Contudo, pagamentos feitos para negócios normalmente envolvem taxas entre 2% e 4%. E, se um usuário quiser mover seu dinheiro da plataforma para sua conta bancária, ele precisa normalmente pagar até 1% (até US$ 10) para que chegue no mesmo dia ou precisa esperar de dois a três dias (tempo no qual a plataforma coleta juros). Finalmente, essas redes, em geral, são geograficamente limitadas (o Venmo só funciona nos EUA, por exemplo) e não suportam pagamentos de ponta a ponta fora de suas redes (ou seja, um usuário do PayPal não pode enviar fundos para uma carteira do Venmo, o que quer dizer que para isso é necessário passar por várias contas intermediárias ou canais). Em 2021, estima-se que 2 trilhões de dólares foram processados globalmente por PayPal, Venmo e Cash App, da Square, com uma média de cerca de US$ 65 em mais de 30 bilhões de transações.

Em suma, os vários canais de pagamento dos EUA tendem a variar em termos de segurança, taxas e velocidade. Nenhum canal de pagamento é perfeito, mas mais importante do que seus atributos técnicos é que eles competem uns com os outros, inclusive dentro de cada categoria. Existem vários canais de transferências, múltiplas redes de cartão de crédito, múltiplos processadores e plataformas de pagamentos digitais. Cada um desses compete com base em suas vantagens e desvantagens e, mesmo dentro de uma única categoria, existem diversas estruturas de taxas. A operadora de cartão de crédito American Express, por exemplo, cobra muito mais do que a Visa, mas oferece aos consumidores pontos e vantagens mais lucrativos e, aos comerciantes, uma clientela de renda mais alta. Se um usuário decidir que não quer um cartão de crédito ou um comerciante se recusar a aceitar Amex, ambos têm várias alternativas disponíveis. E, de novo, eles também podem fazer transferências gratuitas se estiverem dispostos a emprestar seu dinheiro a uma dada rede de pagamento digital por dois a três dias.

O padrão de 30%

Podemos presumir que o mundo virtual tenha canais de pagamento "melhores" que o "mundo real". Afinal, sua economia envolve principalmente bens que só existem virtualmente e que são comprados por meio de transações puramente digitais (e, portanto, com um custo marginal baixo) e são, na maioria, de US$ 5 a US$ 100 cada. A economia virtual também é grande. Em 2021, os consumidores gastaram mais de 50 bilhões de dólares em jogos de videogame exclusivamente digitais (em contraste com discos físicos) e quase 100 bilhões de dólares mais em itens dentro dos jogos, como trajes e vidas extras. Como ponto de comparação, 40 bilhões de dólares foram gastos em bilheterias de cinemas em 2019, o último ano antes da pandemia de Covid-19, e 30 bilhões de dólares em música gravada. Além disso, o "PIB" do mundo virtual está crescendo rapidamente — ele quintuplicou desde 2005 em uma base já ajustada para a inflação. Em teoria, esses fatos deveriam significar mais criatividade, inovação e competição em pagamentos. Na prática, o oposto foi verdadeiro: os canais de pagamentos da economia virtual de hoje são mais caros, trabalhosos, lentos para mudar e menos competitivos que os do mundo real. Por quê? Porque o que consideramos ser um canal de pagamento virtual, como a carteira do PlayStation, o Apple Pay, da Apple, ou serviços dentro de aplicativos, são na verdade um ramo diferente dos canais do "mundo real" e venda casada de muitos outros serviços.

Em 1983, o fabricante de fliperamas Namco abordou a Nintendo para falar de versões de seus títulos, como *Pac-Man*, para o Nintendo Entertainment System (NES). Na época, o NES não era pensado como uma plataforma. Em vez disso, ele rodava apenas títulos feitos pela Nintendo. No fim das contas, a Namco concordou em pagar à Nintendo uma taxa de licenciamento de 10% sobre todos os seus títulos que aparecessem no NES (a Nintendo teria o direito de aprovar cada título individual) além de mais 20% para a Nintendo fabricar os cartuchos com jogos da Namco. Essa taxa de 30% no final se tornou um padrão da indústria e foi replicada para Atari, Sega e PlayStation.[2]

Quarenta anos depois, poucas pessoas ainda jogam *Pac-Man*, e cartuchos caros se transformaram em discos digitais de baixo custo fabricados pelas empresas de jogos e banda larga de custo ainda menor para downloads (em que os custos são quase todos absorvidos pelos consumidores por meio de taxas de internet e consoles). Contudo, o padrão de 30% permaneceu e se expandiu para todas as compras dentro dos jogos, como vidas extras, mochilas digitais, passes premium, assinaturas, atualizações e mais (essa taxa também cobre os dois a três pontos percentuais cobrados por um canal de pagamento de base, como o PayPal ou a Visa).

Plataformas de console têm vários motivos para a taxa além de simplesmente ganhar dinheiro. O mais importante é como eles permitem que os próprios desenvolvedores de jogos ganhem dinheiro. Por exemplo, a Sony e a Microsoft normalmente vendem seus respectivos consoles PlayStation e Xbox por menos do que eles custam para fabricar, o que torna mais barato para os consumidores acessarem poderosas GPUs e CPUs, além de outros hardwares e componentes relacionados que são necessários para se jogar um jogo. E essa perda por unidade ocorre antes de essas plataformas alocarem os investimentos de pesquisa e desenvolvimento para projetar os consoles, os custos de marketing para convencer os usuários a comprá-los e o conteúdo exclusivo (ou seja, os estúdios internos de desenvolvimento de jogos da Microsoft e da Sony) que encoraja os usuários a comprá-los quando são lançados, em vez de anos mais tarde. Dado que novos consoles normalmente possuem capacidades novas ou melhoradas, a adoção mais rápida deveria beneficiar tanto desenvolvedores como jogadores.

Essas plataformas também desenvolvem e mantêm uma série de ferramentas próprias e APIs de que os desenvolvedores precisam para fazer seus jogos rodarem em um dado console. As plataformas também operam redes *multiplayer* online e serviços como Xbox Live, Nintendo Switch Online e PlayStation Network. Esses investimentos ajudam criadores de jogos, mas eles levam a plataforma a tentar compensar e, então, lucrar com seus gastos — daí a taxa de 30%.

Plataformas de jogos podem ser um motivo para uma taxa de 30%, mas isso não significa que a taxa seja dada pelo mercado nem que seja totalmente merecida. Os consumidores são forçados a comprar esses consoles a um custo mais baixo; não existe a opção de comprar uma unidade mais cara que tenha preços de software 30% mais baratos. E, embora os consoles precisem atrair desenvolvedores, eles não competem uns contra os outros por esses desenvolvedores. A maioria das fabricantes de jogos lança seus títulos para o máximo de plataformas possível para poder alcançar o maior número de jogadores possível. Assim, nenhum dos grandes consoles vai se beneficiar de oferecer melhores termos aos desenvolvedores. Uma redução de 15% no Xbox significaria que um fabricante de jogos ganharia 21% a mais com cada cópia que fosse vendida no Xbox, mas, se escolhessem não lançar seu título para o PlayStation ou Nintendo Switch como resultado, eles perderiam até 80% das vendas totais. Isso pode resultar em alguns clientes adicionais para a Microsoft, mas não em 400% a mais, o número necessário para completar a parte do fabricante do jogo. Se a manobra da Microsoft fosse igualada pelo PlayStation ou pela Nintendo, todas as três plataformas perderiam metade de sua arrecadação de software por pouco benefício.

A crítica mais dura aos 30% põe o foco em ferramentas, APIs e serviços próprios do console. Em muitos casos, eles acrescentam custos para o desenvolvedor, em vez de ajudá-lo. Em outros, produzem valor limitado. E, em alguns casos, eles servem apenas para prender do mesmo modo os clientes e os desenvolvedores e em detrimento de ambos os grupos. Essa realidade pode ser vista claramente em três áreas: coleções de API, serviços *multiplayer* e direitos.

Para que um jogo rode em um dispositivo específico, ele precisa saber como se comunicar com os muitos componentes desse dispositivo, como a GPU e o microfone. Para dar conta dessa comunicação, sistemas operacionais de consoles, smartphone e PC produzem "kits de desenvolvimento de software" (SDKs, na sigla em inglês) que incluem, entre outras coisas, "coleções de APIs". Em teoria, um desenvolvedor poderia escrever seu próprio "driver" para falar com esses componentes ou usar alternativas gratuitas e de código aberto. O OpenGL é outra coleção de APIs usada para falar com o máximo possível de GPUs com o mesmo código-base. Mas, em consoles e no iPhone, da Apple, um desenvolvedor só consegue usar os que foram feitos pelo operador da plataforma. O *Fortnite*, da Epic Games, precisa usar a coleção de APIs DirectX da Microsoft para falar com a GPU do Xbox. A versão do *Fortnite* para PlayStation precisa usar o GNMX do PlayStation, enquanto o iOS, da Apple, exige o Metal, o Nintendo Switch exige a NVM da Nvidia, e por aí vai.

Todas as plataformas argumentam que seus APIs próprios são mais adequados para seus sistemas operacionais e/ou hardware próprios e, portanto, os desenvolvedores podem fazer softwares melhores usando-os, o que leva a usuários mais felizes. Isso normalmente é verdade, embora a maioria dos mundos virtuais operando hoje — especialmente os mais populares — seja feita para rodar no máximo de plataformas possível. Assim, eles não são ricamente otimizados para nenhuma plataforma. Além disso, muitos jogos não precisam de cada gota de poder computacional. As variações nas coleções de APIs e a falta de alternativas abertas são parte do motivo para os desenvolvedores usarem motores de jogos multiplataforma como o Unity e o Unreal, já que foram projetados para falar com todas as coleções de APIs. Para isso, alguns desenvolvedores podem preferir ceder um pouco de otimização de performance para otimizar seu orçamento usando o OpenGL em vez de pagar ou compartilhar uma porção dos lucros com a Unity ou a Epic Games.

O desafio *multiplayer* é um pouco diferente. No meio dos anos 2000, o Xbox Live da Microsoft gerenciava quase todo o "trabalho" de um jogo online: comunicação, organização das partidas, servidores, e por aí vai. Embora esse trabalho fosse difícil e caro, ele também aumentava substancialmente o envolvimento e a felicidade de um jogador, o que era bom para os desenvolvedores. No entanto, vinte anos mais tarde, quase todo esse custo é absorvido e gerenciado pela fabricante do jogo. Essa transição reflete a importância crescente de serviços online e a passagem para um suporte *cross-play*. A maior parte dos desenvolvedores agora quer gerenciar suas próprias "operações ao vivo", como atualizações de conteúdo, competições, análises do jogo e conta dos usuários, e não faz sentido para o Xbox gerenciar os serviços ao vivo de um jogo que está integrado ao PlayStation, ao Nintendo Switch e mais. Mas desenvolvedores de jogos ainda são obrigados a pagar os 30% completos para as plataformas de jogos e trabalhar com seu sistema de contas online. Além disso, se a rede Xbox Live ficar offline por dificuldades técnicas, como um exemplo, os jogadores não poderão acessar o jogo online de *Call of Duty: Modern Warfare*. E, claro, os próprios jogadores já estão pagando uma taxa de assinatura mensal para a Microsoft pelo Xbox Live e nenhuma parte dessa taxa vai para os desenvolvedores, cujos jogos justificam sua existência e que pagam mais em contas de servidores.

Os críticos argumentam que os objetivos reais das plataformas de serviços são criar uma distância extra entre desenvolvedores e jogadores, prender os dois grupos em plataformas baseadas em hardware e justificar a taxa de 30% da plataforma. Assim, quando os jogadores compram uma cópia digital do FIFA *2017* na PlayStation Store, essa cópia está para sempre ligada ao PlayStation, ou seja, o PlayStation já ganhou seus US$ 20 de uma compra de US$ 60, mas, se o jogador quiser jogar o jogo no Xbox, ele precisará gastar mais US$ 60 mesmo que o desenvolvedor esteja disposto a dá-lo ao jogador de graça. Quanto mais um usuário paga para uma fabricante de consoles como a Sony — portanto, compensando a perda pela parte do console —, mais caro se torna sair.

As plataformas têm uma abordagem parecida quando se trata de conteúdo relacionado a jogos. Se um jogador joga *BioShock* no PlayStation e mais tarde passa para o Xbox, ele não apenas precisa comprar o jogo de novo, como precisa vencê-lo uma segunda vez para chegar à fase final. Além disso, se o PlayStation desse ao jogador de *BioShock* algum troféu (digamos, por virar o jogo mais rápido do que 99% dos outros jogadores), o PlayStation ficaria com esses prêmios pela eternidade. Como discutido no Capítulo 8, a Sony pôde usar seu controle dos jogos online para impedir jogos multiplataforma por mais de uma década. Isso não ajudou nem os desenvolvedores nem os jogadores — obviamente, prejudicou ambos —, mas (teoricamente) ajudou a Sony a manter os clientes do PlayStation ao tornar mais difícil para o Xbox adquirir clientes.

Os canais de pagamento para jogos de console não são individualizados, como são no mundo real. Tanto jogadores como desenvolvedores estão proibidos de usar diretamente cartões de crédito, ACH, transferências ou redes de pagamentos digitais, e a solução de cobrança oferecida pela plataforma é casada com muitas outras coisas — posses, dados de salvamento, *multiplayer*, APIs e mais. Não importa qual seja a taxa do mercado, ou o que um desenvolvedor ou usuário precise. Não existe desconto se um jogo é apenas offline ou se ele não precisa dos serviços de jogo *multiplayer* de uma determinada plataforma. Também não importa se um jogo foi comprado na GameStop em vez de digitalmente na PlayStation Store — embora o fabricante tenha de dar à GameStop uma fatia da transação também. A taxa é a taxa. A melhor ilustração dessa realidade é uma plataforma que não tem nenhum hardware, mas se provou mais dominante que Nintendo, Sony ou Microsoft.

A ASCENSÃO DO STEAM

Em 2003, a fabricante de jogos Valve lançou um aplicativo apenas para PC chamado Steam, que na prática era o iTunes dos jogos. Na época, o disco rígido da maior parte dos PCs podia guardar apenas alguns jogos por vez — um problema que se agravava conforme o tamanho médio do arquivo de jogo crescia mais rápido do que o espaço de armazenamento acessível. Encontrar e, então, baixar esses jogos, desinstalá-los para liberar espaço para outros, reinstalar o jogo velho mais tarde quando o usuário queria voltar a ele e passá-los para um novo PC era trabalhoso. Um usuário precisava gerenciar várias credenciais, diversos recibos de cartão de crédito, endereços da web, e por aí vai. Além disso, muitos jogos online *multiplayer*, como o *Counter-Strike* da própria Valve, estavam passando para um serviço de "jogo como serviço" no qual o jogo seria atualizado e reparado frequentemente. Isso permitia aos jogos serem "recarregados" com novas ferramentas, armas, modos e cosmética, mas também significava que os jogadores precisavam atualizar os jogos constantemente, o que não gerava pouca frustração. Imagine chegar em casa depois de um longo dia de trabalho para jogar *Counter-Strike* e descobrir que você precisa esperar uma hora para que uma atualização seja baixada e instalada.

O Steam resolveu esses problemas ao criar uma "lançadora de jogos", que indexava e gerenciava de forma centralizada os arquivos de instalação, mas também cuidava dos direitos do usuário a esses jogos e baixava e atualizava automaticamente os jogos que um jogador havia instalado em seu PC.

Em troca, o Steam ficava com 30% da venda de todos os jogos em seu sistema — assim como as plataformas de console.

Com o tempo, a Valve acrescentou mais serviços ao Steam, coletivamente chamados de Steamworks. Por exemplo, a Valve usou o sistema de conta do Steam para criar uma primeira "rede social" de amigos e colegas de equipe que qualquer jogo podia acessar. Os jogadores não precisavam mais se procurar e readicionar seus amigos (ou reconstruir suas equipes) cada vez que comprassem um novo jogo. O Matchmaking da Steamworks, enquanto isso, permitia aos desenvolvedores usarem as redes dos jogadores para criar experiências *multiplayer* balanceadas e justas. O Steam Voice permitia aos jogadores falarem em tempo real. Esses serviços eram oferecidos sem custo adicional para os desenvolvedores e, diferentemente das plataformas de console, o Steam não cobrava os jogadores para acessar redes ou serviços online também. Mais tarde, a Valve tornou o Steamworks disponível para jogos que não eram vendidos no Steam, como uma cópia física de *Call of Duty* comprada na GameStop ou na Amazon, construindo assim uma rede maior e mais ricamente integrada de jogos e serviços online. O Steamworks era teoricamente gratuito para os usuários, mas também forçava todos os jogos a usarem o serviço de pagamento do Steam para todas as transações subsequentes dentro do jogo. Dessa forma, os desenvolvedores pagavam pelo Steamworks ao dar ao Steam 30% de sua arrecadação corrente.

O Steam é visto como uma das inovações mais importantes na história dos jogos para PC e um motivo crítico para esse segmento permanecer tão grande quanto os jogos em console, mesmo com maior complexidade do uso e custo mais elevado de entrada (um PC decente para jogos ainda custa mais de US$ 1.000, enquanto alcançar as especificações dos consoles mais recentes exige US$ 2.000 ou mais). Mas, quase vinte anos mais tarde, suas inovações técnicas em distribuição de jogos, gerenciamento de direitos e serviços online foram em boa parte comoditizadas. Em alguns casos, usuários e fabricantes as pulam completamente. Muitos jogadores de PC, por exemplo, hoje usam o Discord para conversar em áudio em vez do chat de voz do Steam. O aumento dos jogos multiplataforma também significou que a maior parte dos troféus e registros dos jogos é dada e gerenciada pela fabricante do jogo em vez do Steam.

Ainda assim, ninguém conseguiu competir com ou causar disrupção na plataforma da Valve, embora PCs, diferentemente de consoles, sejam ecossistemas abertos. Um jogador pode baixar quantas lojas de software quiser e até mesmo comprar um jogo direto do fabricante. O fabricante pode também não colocar um título no Steam e ainda alcançar seus clientes. Mas o poder e a centralidade do Steam certamente permanecem.

Em 2011, a gigante dos jogos Electronic Arts lançou sua própria loja, a EA Origin, que venderia exclusivamente as versões para PC de seus jogos (cortando, assim, as taxas de distribuição de 30% para 3% ou menos). Oito anos depois, a EA anunciou que iria voltar ao Steam. A Activision Blizzard, o estúdio por trás de sucessos como *Warcraft* e *Call of Duty*, passou vinte anos tentando sair do Steam, mas, exceto por títulos gratuitos como o *Call of Duty: Warzone*, a maioria dos seus títulos continua sendo vendida na plataforma. E a Amazon, a maior plataforma de e-commerce do mundo e dona da Twitch, o maior serviço de transmissão ao vivo de videogames fora da China, tem tido dificuldades para ganhar qualquer parcela significativa dos jogos em PC — mesmo depois de passar a acrescentar jogos gratuitos e itens de jogos em sua popular assinatura Prime. Nenhuma dessas tentativas causou sequer uma modesta diminuição de taxa ou mudança de política por parte da Valve.

O sucesso contínuo do Steam se deve em parte por seu serviço excelente e seu rico conjunto de ferramentas. Ele também é protegido pelo casamento forçado de distribuição, pagamentos, serviços online, direitos e outras políticas — assim como nos consoles.

Um exemplo é que qualquer jogo comprado pela loja do Steam ou rodando com Steamworks vai para sempre precisar do Steam para ser jogado. Mesmo décadas depois de o Steam ter prestado seus serviços a um jogador e desenvolvedor, a plataforma vai continuar a tirar uma parte da arrecadação corrente. A única forma de contornar isso é se o fabricante tirar o jogo do Steam completamente — o que significaria pedir aos usuários que o comprassem de novo em outro canal. Como o Steam não permite que os jogadores exportem as conquistas da plataforma, eles perderiam qualquer prêmio dado pelo Steamworks se saíssem do Steam.

De acordo com alguns relatórios, o Steam também usa cláusulas de "nações mais favorecidas" (MFN, na sigla em inglês) para garantir que, mesmo que uma loja competidora oferecesse taxas de distribuição mais baixas, um fabricante não poderia explorar isso para contornar os preços do Steam para os clientes. Considere um jogo de US$ 60 vendido pelo Steam, que fica com US$ 18 (30%) dos US$ 60 e passa US$ 42 para o fabricante. Se um concorrente oferecesse taxas de 10%, um fabricante ainda poderia vender esse jogo por US$ 60 e assim ganhar US$ 54 (US$ 8 a mais). Contudo, os usuários não vão sair de uma loja que eles amam (e que é usada por todos os seus amigos e contém décadas de compras e prêmios de jogo) por nada. Uma loja concorrente precisaria causar disrupção no Steam ao dividir a redução de taxa entre desenvolvedores e consumidores. O jogo poderia ser vendido por US$ 50, o que renderia US$ 45 ao fabricante (US$ 3 a mais) e economizaria US$ 10 para o consumidor (o corte de preços pode resultar em mais vendas totais também). Infelizmente, o MFN do Steam torna isso impossível. Se um fabricante baixar o preço em uma loja concorrente, ele terá de fazer o mesmo no Steam. Alternativamente, ele poderia sair da loja — mas um fabricante sem dúvida perderia mais clientes do que poderia esperar compensar na margem. Crucialmente, esse acordo MFN se aplica até mesmo à própria loja de um fabricante, em vez de só a agregadores terceirizados como o próprio Steam.

O esforço mais notável de concorrência com o Steam veio da Epic Games, que lançou a Epic Games Store (EGS) em 2018 com o propósito explícito de reduzir as taxas de distribuição na indústria de jogos para PC. Para atrair desenvolvedores além de usuários, a Epic buscou oferecer todos os benefícios do Steam, mas com menos limitações e preços melhores.

Jogos vendidos por meio da EGS não iriam exigir que um jogador seguisse usando a EGS enquanto ele quisesse jogar o jogo. Os jogadores eram realmente donos de uma cópia do jogo, em vez do direito a uma cópia do jogo dentro da EGS; fabricantes podiam, assim, sair da loja a qualquer momento sem abandonar seus clientes. Jogadores eram donos de seus dados de jogo também. Se eles um dia quisessem trocar a plataforma pela loja própria de um fabricante, ou qualquer outra, eles poderiam levar consigo seus troféus e redes de jogadores. A EGS oferecia taxas de loja de 12% (que caíam para 7% se o desenvolvedor já estivesse usando o Unreal, garantindo assim que, ainda que um desenvolvedor usasse o motor e a loja da Epic, ele não pagaria mais de 12% no total, mesmo que vários produtos distintos fossem comprados, usados e licenciados).

A Epic também usou o jogo de sucesso *Fortnite*, que estava gerando mais arrecadação por ano que qualquer outro jogo na história, para trazer os jogadores para a loja. Com uma atualização, as cópias do jogo para PC foram transformadas na própria Epic Games Store, com o *Fortnite* sendo título carregável dentro dela. A Epic também gastou centenas de milhões dando cópias de jogos de sucesso como *Grand Theft Auto* V e *Civilization* V e centenas de milhões mais em janelas exclusivas para uma série de títulos de PC que ainda não haviam sido lançados. Devido às MFNs do Steam, porém, ela não poderia oferecer preços menores em títulos que não fossem exclusivos.

Em 3 de dezembro de 2018 — apenas três dias antes de a Epic lançar sua loja —, o Steam anunciou que iria cortar sua comissão para 25% depois que o título de um fabricante passasse de 10 milhões de dólares em vendas brutas e para 20% depois de 50 milhões de dólares. Isso foi uma primeira vitória da Epic, embora a empresa tenha notado que a concessão da Valve beneficiava mais fortemente os maiores desenvolvedores de jogos, ou seja, os poucos gigantes globais com mais chances de abrir suas próprias lojas ou tirarem seus jogos do Steam. Ela não se aplicava aos muitos milhares de desenvolvedores independentes lutando para sobreviver e, mais ainda, para obter lucro. A Valve também se recusou a abrir o Steamworks. Ainda assim, esse passo moveu centenas de milhões em lucro anual do Steam para os desenvolvedores.

Em janeiro de 2020, a Epic tinha gastado grandes quantias de dinheiro, mas não havia inspirado mais concessões do Steam (nem das plataformas de console). No entanto, o CEO da Epic, Tim Sweeney, expressou sua visão de que lojas concorrentes precisariam cortar suas taxas, tuitando que a EGS era um "cara ou coroa": "Cara, as outras lojas não respondem, então a Epic Games Store ganha [ao roubar fatia de mercado] e todos os desenvolvedores ganham. Coroa, os concorrentes nos alcançam, perdemos nossa vantagem de lucro e talvez outras lojas vençam, mas todos os desenvolvedores ainda vencem".[3] A jogada de Sweeney pode, no fim, se mostrar certa. Porém, em fevereiro de 2022, as políticas da Valve ainda não haviam se movido uma segunda vez. Enquanto isso, a EGS vinha acumulando enormes perdas e mostrando evidências limitadas de um sucesso sustentável com os jogadores. Os dados públicos da Epic mostraram que os lucros da plataforma cresceram de 680 milhões de dólares em 2019[4] para 700 milhões de dólares em 2020[5] e 840 milhões de dólares em 2021.[6] Contudo, 64% disso foi gasto no *Fortnite*, com o título também levando 70% do crescimento de arrecadação da plataforma no período de três anos. Com quase 200 milhões de usuários únicos em 2021, cerca de 60 milhões dos quais estavam ativos em dezembro, a EGS de fato parece popular (o Steam tem uma estimativa de 120 a 150 milhões de usuários mensais). Mas, como a arrecadação da plataforma sugere, muitos desses jogadores provavelmente estão usando EGS apenas para jogar *Fortnite*, que só pode ser acessado pela EGS em PCs. Também é provável que muitos jogadores que não são do *Fortnite* usem a EGS apenas para seus jogos gratuitos. Só em 2021, a Epic lançou 89 títulos gratuitos, que valem combinados US$ 2.120 no varejo (ou cerca de US$ 24 cada). Mais de 765 milhões de cópias foram baixadas naquele ano, representando um valor simbólico de 18 bilhões de dólares, comparados aos 17,5 bilhões de dólares do ano anterior e aos 4 bilhões de dólares em 2019.* Embora essas doações tenham de fato atraído jogadores, elas não levaram a muitos gastos dos usuários (e provavelmente os prejudicaram). Documentos vazados da Epic Games sugerem que a EGS perdeu 181 milhões de dólares em 2019, 273 milhões em 2020 e iria perder entre 150 e 330 milhões de dólares em 2021, com o equilíbrio ocorrendo no mínimo em 2027.[7]

Seria possível argumentar que, como PCs são uma plataforma aberta, nenhuma loja pode ter monopólio — e é notável que a distribuidora dominante de jogos online seja independente tanto da Microsoft como da Apple, que rodam os sistemas operacionais Windows e Mac e oferecem suas próprias lojas. Ao mesmo tempo, é significativo que só exista uma grande loja lucrativa e seus maiores fornecedores tenham dificuldades para sobreviver fora dela. Alguns consideram isso um resultado saudável, especialmente com uma taxa de 30% ou mesmo 20%. Isso ocorre porque, como sempre, pagamentos são um conjunto que inclui não apenas o processamento da

---

* A Epic paga um valor de atacado com desconto alto para os fabricantes, com os pagamentos de 2021 estimados em cerca de 500 milhões de dólares.

transação, mas a existência online de um usuário, seu armazenamento, suas amizades e suas memórias, além da obrigação do desenvolvedor para com seus clientes mais antigos.

Do Pac-Man ao iPod

Você pode estar se perguntando o que cartuchos de *Pac-Man*, MFNs do Steam e cópias de *Call of Duty* têm a ver com o metaverso. Bem, a indústria de jogos não está apenas informando os princípios de design criativo e construindo as tecnologias subjacentes da "internet de nova geração". Ela também serve como o precedente econômico do metaverso.

Em 2001, Steve Jobs apresentou a distribuição digital para a maior parte do mundo com a loja de música iTunes. Para seu modelo de negócio, ele escolheu emular a comissão de 30% exigida pela Nintendo e o resto da indústria de jogos (embora diferente dos consoles, o iPod em si tinha margens de lucro acima de 50%, não abaixo de 0%). Sete anos depois, esses 30% foram transpostos para a loja de aplicativos do iPhone com o Google logo seguindo para seu sistema operacional Android.

Jobs também decidiu nesse ponto adotar o modelo fechado de software utilizado pelas plataformas de console, mas que não tinha sido usado antes por seus notebooks e computadores Mac ou seu iPod.[*] No iOS, todos os softwares e conteúdos precisariam ser baixados na App Store da Apple, e, como no PlayStation, no Xbox, no Nintendo e no Steam, apenas a Apple podia decidir qual software seria distribuído e como os usuários seriam cobrados.

O Google adotou uma abordagem mais permissiva para o Android, que tecnicamente permitia aos usuários instalarem aplicativos sem usar a Google Play Store — e sem lojas de aplicativos de terceiros também. Mas isso exigia que os usuários navegassem nas profundezas de suas configurações

---

[*] Embora a maior parte dos usuários de iPod comprassem suas músicas no iTunes, eles também podiam importar faixas de outros servidores, transferidas de CDs ou mesmo pirateadas de servidores como o Napster. Usuários mais fluentes tecnicamente podiam até baixar essas faixas para um iPod sem usar o iTunes.

de conta e dessem permissão para aplicativos individuais (por exemplo, Chrome, Facebook ou a Epic Games Store para dispositivos móveis) instalarem "aplicativos desconhecidos" e, ao mesmo tempo, alertava o usuário que isso tornava seu "celular e seus dados pessoais mais vulneráveis a ataques", forçando-o a concordar "que você é responsável por qualquer dano ao seu celular ou perda de dados que pode resultar de seu uso". Embora o Google não assuma a responsabilidade por nenhum dano ou perda de dados resultante do uso de aplicativos distribuídos pela sua Google Play Store, os passos e alertas adicionais significam que, embora a maior parte dos usuários de PC baixe softwares diretamente do fabricante, como o Microsoft Office da microsoft.com ou o Spotify do spotify.com, quase ninguém faz isso no Android.

Levou mais de uma década para que os problemas associados ao modelo proprietário empregado pela Apple, e de uma forma diferente pelo Google, emergissem no palco global. Em junho de 2020, a União Europeia processou a Apple depois que o Spotify e a Rakuten, duas empresas de streaming de mídia, alegaram que a Apple usava suas taxas para beneficiar seus próprios softwares de serviços (como o Apple Music) e prejudicar competidores. Dois meses depois, a Epic Games processou tanto a Apple como o Google alegando que as taxas de 30% e os controles eram inconstitucionais e anticompetitivos. Uma semana antes do processo, Sweeney tinha tuitado que "a Apple havia proibido o metaverso".

O atraso teve várias causas. Uma era o impacto desigual das políticas da loja da Apple, que cobrava principalmente negócios da "nova economia" e abria mão das taxas para os da velha. A Apple estabeleceu três grandes categorias de aplicativo quando se tratava de compras dentro dos aplicativos. A primeira categoria era de transações feitas para um produto físico, como comprar sabonete Dove da Amazon ou carregar um cartão do Starbucks. Aqui, a Apple não levava comissão e até permitia que esses aplicativos usassem diretamente canais de pagamento terceirizados, como PayPal ou Visa, para completar uma transação. A segunda categoria era a dos chamados aplicativos leitores, que incluía serviços que se casavam com conteúdo não transacional (por exemplo, assinaturas de consumo livre como Netflix, *New York Times*, Spotify) ou que permitem ao usuário acessar conteúdo que ele comprou anteriormente, como um filme que já foi comprado no site da Amazon e que o usuário agora quer ver no aplicativo de ios do Prime Video. A terceira categoria era de aplicativos interativos nos quais os usuários podem afetar o conteúdo (em um jogo ou drive na nuvem, por exemplo) ou fazer transações individuais por conteúdo digital (como o aluguel ou a compra de um filme específico no aplicativo do Prime Video). Esses aplicativos não tinham escolha a não ser oferecer cobrança no próprio aplicativo.

Embora esses aplicativos interativos pudessem oferecer alternativas de pagamento baseadas em navegadores, como os aplicativos de leitura, os jogadores ainda não podiam ser informados dessas opções dentro do aplicativo em si. Assim, essas alternativas eram raramente usadas — se é que eram conhecidas. Pense na última vez em que você usou um aplicativo que tinha pagamentos internos da Apple — você algum dia se perguntou se o desenvolvedor do aplicativo oferecia preços melhores online? E, se sim, quão mais baratos eles precisariam ser para você se dar o trabalho de entrar na conta deles e digitar suas informações de pagamento em vez de só clicar em "Comprar" na App Store? 10%? 15%? Quão grande precisaria ser a compra (economizar 20% em uma vida extra de US$ 0,99 não parece valer a pena)? Talvez 20% funcionassem para a maioria das compras, mas então um desenvolvedor "economizaria" apenas 7%, já que precisaria cobrir as taxas cobradas pelo PayPal ou a Visa. Se, em vez disso, um jogo pudesse exigir que um cliente fosse para outro lugar, como a Netflix ou o Spotify, eles poderiam conseguir economizar de 20% a 27%.

Vários e-mails e documentos do processo da Epic contra a Apple revelaram que os modelos de pagamento por categoria da App Store resultavam principalmente de onde a Apple acreditava que poderia tirar vantagem. Mas vantagem também se relacionava com onde a Apple acreditava que poderia gerar valor. Comércio móvel, é claro, tem sido fundamental no crescimento da economia global há algum tempo, mas a maior parte dele era realocação do varejo físico. Para muitas pessoas, a forma do iPad tornava ler o *New York Times* mais atraente no tablet que no impresso, mas a Apple não criou a indústria do jornalismo. Jogos para celular eram diferentes. Quando a App Store foi lançada, a indústria de jogos gerava um pouco mais de 50 bilhões de dólares por ano — dos quais 1,5 bilhão de dólares em dispositivos móveis.

Em 2021, o universo móvel era mais de metade da indústria de 180 bilhões de dólares e representava 70% do crescimento desde 2008.

A economia da App Store exemplifica essa dinâmica. Em 2020, estima-se que 700 bilhões de dólares tenham sido gastos usando aplicativos do ios. Contudo, menos de 10% disso foram cobrados pela Apple. Desses 10%, quase 70% foram em jogos. Dito de outra forma, sete em cada cem dólares gastos dentro de aplicativos de iPhone e iPad são em jogos, mas setenta de cada cem dólares arrecadados pela App Store foram na categoria. Dado que esses dispositivos não são focados em jogos, são raramente comprados para isso e que a Apple não oferece quase nenhum dos serviços online de uma plataforma de jogos, esse número é frequentemente uma surpresa. A juíza que presidiu o processo da Epic Games contra a Apple conhecidamente disse ao CEO Tim Cook: "Você não cobra a Wells Fargo, certo? Ou o Bank of America? Mas você está cobrando os jogadores para subsidiar a Wells Fargo".[8]

Como o lucro da App Store se originou principalmente de um segmento pequeno, mas de crescimento rápido, da economia mundial, também levou tempo para que a App Store se tornasse um negócio grande que valesse a pena examinar. Ironicamente, mesmo a Apple parecia duvidar que se tornaria um. Dois meses depois do lançamento, Jobs analisou o negócio incipiente para o *Wall Street Journal*. Nesse relatório, o jornal afirmou que a "Apple provavelmente não tiraria muito lucro direto desse negócio... Jobs está apostando que aplicativos venderão mais iPhones e dispositivos iPod touch com wireless, aumentando o apelo dos produtos da mesma forma que a música vendida pela iTunes da Apple tornou iPods mais desejáveis". Para isso, Jobs disse ao *Journal* que as taxas de 30% da Apple eram pensadas para cobrir as taxas de cartão de crédito e outras despesas operacionais da loja. Ele também disse que a App Store "vai passar de meio bilhão, logo... Quem sabe, talvez se torne um mercado de 1 bilhão de dólares em algum ponto". A App Store passou da marca de 1 bilhão de dólares em seu segundo ano, com a Apple notando que ela agora operava "um pouco acima da margem de equilíbrio".[9]

Em 2020, a App Store tinha se tornado um dos melhores negócios da Terra. Com arrecadação de 73 bilhões de dólares e uma margem estimada de 70%, ela seria grande o suficiente para estar na lista da *Fortune 15* se fosse descolada de sua empresa-mãe (que é a maior empresa do mundo em capitalização de mercado, além de a mais lucrativa em termos de dólar). E isso apesar do fato de que a App Store cobrava menos de 10% das transações fluindo por seu sistema, que por sua vez é menos de 1% da economia global. Se o ios fosse uma "plataforma aberta", esses lucros provavelmente competiriam entre si, pelo menos em parte. A Visa e a Square ofereceriam taxas menores dentro dos aplicativos enquanto lojas de aplicativos concorrentes iriam emergir para oferecer serviços comparáveis aos da Apple, mas por preços menores. Mas isso não é possível porque a Apple controla todos os softwares em seu dispositivo e, como consoles de jogos, os mantém fechados e casados. E seu único grande concorrente, o Google, está igualmente feliz com esse estado das coisas.

Essas questões não são exclusivas do metaverso, é claro, mas suas consequências para ele serão profundas, pelo mesmo motivo que a juíza Gonzalez Rogers focou as políticas para jogos da Apple: o mundo todo está se tornando como os jogos. Isso significa que ele está sendo forçado para o modelo de 30% das grandes plataformas.

Pegue a Netflix como exemplo. Em dezembro de 2018, o serviço de streaming escolheu remover a cobrança interna no seu aplicativo de ios. Sendo um "aplicativo leitor", isso estava no direito da empresa, e sua equipe de planejamento financeiro havia decidido que, embora pedir aos usuários para entrar em netflix.com e manualmente digitar seu cartão de crédito fosse custar algumas assinaturas *versus* a alternativa de um clique no aplicativo, a arrecadação perdida era menos do que os 30% que eles precisariam passar para a Apple.* Mas, em novembro de 2021, a Netflix acrescentou jogos móveis ao seu plano de assinatura, o que transformou a empresa em um

---

* Em 2016, a Apple ofereceu a aplicativos de assinatura uma redução para comissão de 15% quando um cliente chegasse ao segundo ano seguinte de assinatura (ou seja, o 13º mês). Embora isso pareça significativo, já que a maioria das assinaturas espera reter os assinantes para sempre, e, portanto, os 30% se aplicariam apenas a uma pequena porção dos clientes, o reverso é verdade. A Netflix, por exemplo, tem uma renovação mensal de cerca de 3,5%. Isso significa que o cliente médio dura 28 meses, o que significaria uma média de 21,5%. Colocado de outra forma, apenas 62% dos assinantes chegam ao segundo ano. Além disso, a maior parte dos serviços de assinatura não é a Netflix. A média de renovação da indústria de vídeos online por assinatura fica em cerca de 6%, ou uma média de 17 meses de serviço por assinante, menos de 48 de cada 100 assinaturas chegando ao seu segundo ano.

"aplicativo interativo" e a forçou a voltar ao serviço de pagamento da própria Apple (ou parar de oferecer o aplicativo de ios).

Mas por que, exatamente, os 30% da Apple "proíbem" o metaverso, para voltar ao comentário de Sweeney antes do processo? Existem três razões centrais. A primeira, isso dificulta o investimento no metaverso e afeta de forma adversa seus modelos de negócios. Segundo, eles cerceiam as empresas que são pioneiras do metaverso hoje, ou seja, plataformas de mundos virtuais integrados. Terceiro, o desejo da Apple de proteger seus lucros efetivamente proíbe muitas das tecnologias focadas no metaverso de se desenvolverem mais.

Custos altos e lucros desviados

No "mundo real", o processamento de pagamentos custa desde 0% (dinheiro), normalmente tem seu máximo em 2,5% (padrão para compras com cartão de crédito), e algumas vezes chega a 5% (no caso de transações baixas com taxas de mínimo). Esses números são baixos por causa da competição robusta entre canais de pagamento (transferência *versus* ACH, por exemplo) e dentro deles (Visa *versus* MasterCard e American Express).

Mas no "metaverso" tudo custa 30%. Verdade, a Apple e o Android fazem mais do que só processar pagamentos — eles também operam suas lojas de aplicativo, hardware, sistemas operacionais, conjunto de serviços na nuvem, e por aí vai. Mas todas essas capacidades são casadas de forma forçada e, consequentemente, não são expostas à competição direta. Muitos canais de pagamento também são vendas casadas. Por exemplo, a American Express dá aos consumidores acesso a crédito, além de sua rede de pagamento, vantagens e seguro, enquanto os comerciantes ganham acesso a uma clientela lucrativa, serviços antifraude e mais. No entanto, esses serviços também estão disponíveis separados e competem com base nas especificidades desses conjuntos. Em smartphones e tablets, não existe essa competição. Tudo está agrupado em só dois sabores: Android e ios. E nenhum dos sistemas tem incentivos para diminuir as taxas.

Isso não significa necessariamente que o conjunto seja superfaturado ou problemático. Mas certamente parece ser. A taxa de juro anual média para empréstimos de cartão de crédito sem garantias fica entre 14% e 18%, enquanto a maioria dos estados tem proibições usurárias que limitam as taxas a 25%. Até mesmo os shoppings mais caros do mundo não cobram aluguel que seja 30% da arrecadação de uma loja, nem os impostos nas cidades mais tributadas dos estados mais tributados das nações mais tributadas chegam perto de 30%. Se chegassem, todos os consumidores, trabalhadores e negócios iriam embora e todo corpo tributário sofreria. Mas, na economia digital, existem apenas dois "países", e ambos estão felizes com seu "PIB".

Além disso, as margens de lucro de negócios pequenos e médios nos EUA ficam em torno de 10% a 15%. Em outras palavras, a Apple e o Google colhem mais lucro com a criação de um novo negócio digital ou a venda digital do que aqueles que investiram (e assumiram o risco) para fazê-la. É difícil argumentar que esse seja um resultado saudável para qualquer economia. Considere isso de outra forma: cortar a comissão dessas plataformas de 30% para 15% mais do que dobraria o lucro dos desenvolvedores independentes — com boa parte desse dinheiro sendo, então, reinvestida nos produtos. Muitos, senão a maioria, concordariam que isso é provavelmente melhor do que passar mais dinheiro para duas das empresas mais ricas do planeta.

A dominância atual da Apple e do Google também leva a incentivos econômicos indesejáveis. A Nike, que já é pioneira de roupas esportivas virtuais no metaverso, serve como um bom exemplo. Se a Nike vender tênis físicos no aplicativo da Nike para iOS, a Apple cobrará 0% de taxa. Mais tarde, se a Nike decidir dar ao comprador de seus tênis do mundo real o direito a cópias virtuais ("compre Air Jordans na loja, ganhe um par no *Fortnite*", por exemplo), a Apple ainda assim não cobrará uma taxa. Se o proprietário, então, "vestir" esses tênis virtuais no mundo real, como pode ser possível com um iPhone ou os óculos de realidade aumentada da Apple, a Apple ainda não cobrará nada. A mesma coisa se aplica se os tênis físicos da Nike tiverem chips bluetooth ou NFC que falem com os dispositivos iOS, da Apple. Mas se a Nike quiser vender tênis virtuais independentes para um usuário, ou pistas de corrida virtuais ou aulas de corrida virtuais, a Apple cobrará 30%. Em teoria, a Apple cobraria uma parte se ela determinasse que a fonte primária de valor em um conjunto combinado de tênis virtuais mais reais fosse virtual também. O resultado é muito caos para uma série de arranjos nos quais a função dos dispositivos, componentes e capacidades da Apple é em geral a mesma.

Aqui vai outro caso hipotético, desta vez aplicado à Activision, uma empresa focada em produtos virtuais, diferentemente da Nike. Se um usuário de *Call of Duty: Mobile* comprar um par de tênis virtuais de US$ 2 para seu personagem, a Apple cobrará US$ 0,60. Mas se a Activision em vez disso pedir ao usuário para assistir a propagandas valendo US$ 2 para trocar por um par gratuito de tênis virtuais, a Apple cobrará US$ 0. Em resumo, as consequências das políticas da Apple moldarão como o metaverso é monetizado e quem lidera esse processo. Para a Nike, a diferença de 18% entre a taxa de 30% da Apple e a de 12% defendida pela Epic é boa, mas não necessária. E, se a Nike quiser, ela poderá se livrar totalmente da taxa ao usar seu negócio físico já existente. A maior parte das startups precisa da margem extra, no entanto, e não pode usar uma linha de negócios pré-metaverso.

Esses problemas só vão aumentar nos próximos anos. Hoje, um professor particular de Ensino Médio pode vender aulas em vídeo diretamente ao cliente por meio de um navegador e, se ele escolher oferecer um aplicativo ios, poderá optar por não oferecer pagamentos no aplicativo. Isso porque aplicativos focados em vídeo são "aplicativos leitores". Mas, se esse professor quiser acrescentar experiências interativas, como aulas de Física que incluam a construção de uma máquina simulada de Rube Goldberg, ou um curso prático para conserto de motores automotivos com uma rica imersão 3D, ele será obrigado a aceitar pagamentos dentro do aplicativo porque será, agora, um "aplicativo interativo". A Apple ou o Android recebem uma taxa especificamente porque esse professor escolheu investir em uma aula mais difícil e mais cara.

A Apple argumentaria que o benefício adicionado da imersão justificaria sua taxa, mas a matemática aqui é mais complicada. Um livro didático não interativo de US$ 100 vendido fora da loja de aplicativos precisaria cobrar US$ 143 para compensar a taxa da Apple. O professor precisaria de um preço ainda mais alto para recuperar seu investimento e seu risco — e, para cada dólar adicional que ele cobrasse, a Apple levaria trinta centavos.

A US$ 200, a Apple recebe US$ 60 pela nova aula, enquanto o que o professor tira aumentou só US$ 40 e os alunos têm de pagar US$ 100 a mais. É difícil ler isso como um resultado social positivo — especialmente dado que a experiência educacional do aluno provavelmente não dobrou de qualidade, não importa o quão significativas sejam as melhorias proporcionadas pelo 3D.

Margens restritas nas plataformas de mundos virtuais

Os problemas dos canais de pagamento de 30% são particularmente pronunciados em plataformas de mundos virtuais.

O *Roblox* está cheio de usuários felizes e criadores talentosos. Contudo, poucos desses criadores estão ganhando dinheiro. Embora a Roblox Corporation tenha arrecadado quase 2 bilhões de dólares em 2021, apenas 81 desenvolvedores (por exemplo: empresas) ganharam mais de 1 milhão de dólares naquele ano e apenas sete passaram dos 10 milhões de dólares. Isso é ruim para todo mundo na verdade, dado que mais lucro para os desenvolvedores significaria mais investimento dos desenvolvedores e produtos melhores para os usuários, o que por sua vez atrai mais gastos dos usuários.

Infelizmente, é difícil para os desenvolvedores aumentarem suas arrecadações porque a Roblox paga a eles apenas 25% de cada dólar gasto em seus jogos, ferramentas ou itens. Embora isso faça o pagamento de 75% a 80% da Amazon parecer generoso, o inverso é verdade.

Imagine uma situação envolvendo uma arrecadação de US$ 100 no *Roblox* para ios. Com base na performance fiscal de 2021, US$ 30 vão para a Apple de cara, US$ 24 são consumidos pelos custos de infraestrutura e segurança do *Roblox* e mais US$ 16 são gastos em despesas operacionais. Isso deixa um total de margem bruta pré-imposto de US$ 30 para a Roblox reinvestir em sua plataforma. O reinvestimento inclui três categorias: pesquisa e desenvolvimento (que tornam a plataforma melhor para usuários e desenvolvedores), aquisição de usuários (que aumenta os efeitos da rede, o valor para o jogador individual e a arrecadação para os desenvolvedores) e pagamentos de desenvolvedores (que levam à criação de jogos melhores no

Roblox). Essas categorias recebem US$ 28, US$ 5 e US$ 28 (isso excede a meta da Roblox em 25% devido a incentivos, garantias mínimas e outros compromissos com os desenvolvedores), ou US$ 60 se combinadas. Como resultado, a Roblox atualmente opera com uma margem de cerca de -30% no ios. (A margem combinada da Roblox é um pouco melhor, -26%. Isso porque ios e Android representam de 75% a 80% da arrecadação total da plataforma, com a maioria do que resta se originando de plataformas como o Windows, que não cobram uma taxa).

Resumindo, a Roblox enriqueceu o mundo digital e transformou centenas de milhares de pessoas em novos criadores digitais. Mas, para cada US$ 100 de valor que gera em dispositivos móveis, ela perde US$ 30, os desenvolvedores ficam com US$ 25 em lucro bruto (ou seja, antes de todos os seus custos de desenvolvimento) e a Apple recolhe cerca de US$ 30 em lucro puro, muito embora a empresa não tenha arriscado nada. A única maneira de a Roblox aumentar a arrecadação dos desenvolvedores hoje é aprofundar suas perdas ou diminuir seu investimento em pesquisa e desenvolvimento, o que por sua vez prejudicaria tanto a Roblox como os desenvolvedores no longo prazo.

As margens da Roblox devem melhorar com o tempo, já que nem os custos operacionais nem as despesas de marketing e vendas provavelmente crescerão tão rápido quanto os ganhos. Contudo, essas duas categorias vão liberar apenas alguns pontos percentuais — não é o suficiente para cobrir as perdas consideráveis ou para aumentar marginalmente a parcela de arrecadação dos desenvolvedores. O trabalho de pesquisa e desenvolvimento deve oferecer alguma margem relacionada a aumentos e melhorias também, mas empresas que crescem rápido não deveriam alcançar lucratividade em operações de pesquisa e desenvolvimento. A maior categoria de custo do *Roblox*, infraestrutura e segurança, provavelmente não vai diminuir, já que é impulsionada principalmente pelo uso (que, por sua vez, gera arrecadação), e, se houver, provavelmente as operações de pesquisa e desenvolvimento da empresa vão permitir experiências que custem *mais* para operar por hora (por exemplo, mundos virtuais com alta simultaneidade ou que envolvam mais transmissão de dados em nuvem). A segunda maior (e única restante) categoria de custo são as taxas de loja, que a Roblox não controla.

Para a Apple, as restrições de margem da Roblox (e as consequências dessas restrições sobre a arrecadação dos desenvolvedores da Roblox) são uma característica, não um erro, do sistema da App Store. A Apple não quer um metaverso feito de plataformas de mundos virtuais integrados, mas sim muitos mundos virtuais separados que são interconectados por meio de sua App Store ou do uso dos padrões e serviços da Apple. Ao privar essas plataformas de fluxo de caixa, enquanto oferece muito mais aos desenvolvedores, a Apple pode empurrar o metaverso para esse resultado.

Vamos voltar ao meu exemplo anterior de um professor buscando produzir aulas interativas. O professor precisa aumentar o preço da sua aula em 43% ou mais só para fechar a conta devido à taxa de 30% da Apple. Mas, se ele passasse para o *Roblox*, seu preço precisaria aumentar 400% para compensar os 75,5% coletados pela *Roblox* e a Apple em conjunto. Embora o *Roblox* seja muito mais fácil de usar que o *Unity* ou o *Unreal*, assuma muitos custos adicionais para o professor (por exemplo, taxas de servidor) e ajude na aquisição de clientes, a enormidade dessa diferença de preço vai levar a maior parte dos desenvolvedores a lançar aplicativos autônomos usando o Unity ou o Unreal ou uni-los em plataformas específicas para educação. Em ambos os casos, a Apple se torna a distribuidora principal do software virtual, com a App Store oferecendo serviços de descoberta e cobrança.

Impedindo tecnologias disruptivas

As políticas da Apple e do Google limitam o potencial de crescimento não apenas das plataformas de mundos virtuais, mas também de toda a internet. Para muitos, a World Wide Web é o melhor "protometaverso". Embora ela não tenha vários componentes da minha definição, ela é uma rede interoperável de sites em enorme escala, todos eles rodando com padrões comuns e disponíveis em quase todo dispositivo, rodando em qualquer sistema operacional e por meio de qualquer navegador. Muitos na comunidade do metaverso acreditam, portanto, que a web e os navegadores deveriam ser o ponto focal de todo o desenvolvimento do metaverso. Muitos padrões abertos já estão sendo conduzidos, incluindo o OpenXR e o WebXR para renderização, a WebAssembly para programas executáveis, o Tivoli Cloud para espaços virtuais persistentes, a WebGPU, que aspira oferecer "capacidades modernas de gráficos e computação 3D" dentro de um navegador, e mais.

A Apple frequentemente argumenta que sua plataforma não é fechada porque ela oferece acesso à "web aberta", ou seja, sites e aplicativos. Assim, os desenvolvedores não precisam produzir aplicativos para alcançar usuários de ios, especialmente se eles discordam das taxas ou políticas da Apple. Além disso, a empresa argumenta, a maior parte dos desenvolvedores escolhe fazer aplicativos apesar dessa alternativa, o que mostra que os serviços casados da Apple estão vencendo a concorrência de toda a web em vez de serem anticompetitivos.

O argumento da Apple não é convincente. Lembre-se da história que eu trouxe no início deste livro, daquilo que Mark Zuckerberg uma vez chamou de "o maior erro" do Facebook. Durante quatro anos, o aplicativo de ios da empresa era apenas um *thin client* que rodava HTML, ou seja, seu aplicativo tinha muito pouco código e estava, em geral, só carregando várias páginas web do Facebook. Um mês depois de passar para um aplicativo que tinha sido "reconstruído do zero" com código nativo, os usuários estavam lendo o dobro de histórias do *feed* de notícias do Facebook.

Quando um aplicativo é escrito de forma nativa para um dado dispositivo, a programação é configurada especificamente para os processadores desse dispositivo, seus componentes, e assim por diante. Como resultado, o aplicativo tem uma performance mais eficiente, otimizada e consistente. As páginas e os aplicativos da web não podem acessar diretamente os drives nativos. Em vez disso, eles precisam falar com os componentes de um dispositivo por meio de uma espécie de "tradutor" e com código mais genérico (e, frequentemente, mais desajeitado). Isso leva ao resultado oposto dos aplicativos nativos: ineficiência, subotimização e performance menos confiável (como travamentos).

Mas, por mais que os consumidores prefiram aplicativos nativos para todas as coisas, do Facebook ao *New York Times* e à Netflix, eles são essenciais para ambientes 2D e 3D ricos e renderizados em tempo real. Essas experiências são computacionalmente intensas — muito mais do que renderizar uma foto, carregar um artigo de texto ou reproduzir um arquivo de vídeo. As experiências baseadas na web impedem, em grande parte, uma jogabilidade rica, como as do *Roblox*, do *Fortnite* e de *The Legend of Zelda*. Essa acaba sendo uma das razões para a Apple poder colocar regras de cobrança tão rígidas para jogos.

Além disso, a web precisa ser acessada com um navegador, que é um aplicativo. E a Apple usa seu controle da App Store para evitar navegadores concorrentes em seus dispositivos ios. Isso pode ser surpreendente se você normalmente usa o Chrome no seu iPhone ou iPad. Contudo, ele é só a "versão para o sistema ios do WebKit [Safari da Apple] envolvendo a *user interface* (UI)[*] do browser do Google", de acordo com o especialista da Apple John Gruber, e o aplicativo do Chrome para o ios [não pode] "usar os motores de renderização de JavaScript do Chrome". O que pensamos como o Chrome no ios é simplesmente uma variante do navegador Safari, da própria Apple, mas que entra no sistema de contas do Google.[**,10]

Como o Safari está por baixo de todos os navegadores de ios, as decisões técnicas da Apple para seu navegador definem o que a chamada "web aberta" pode ou não oferecer a desenvolvedores e usuários. Os críticos argumentam que a Apple usa sua posição para direcionar tanto desenvolvedores como usuários para seus aplicativos nativos, nos quais a empresa cobra uma comissão.

O melhor estudo de caso aqui é a adoção morna que o Safari fez do WebGL, uma API de JavaScript projetada para permitir renderização de 2D e 3D mais complexa em navegadores usando processadores locais. O WebGL não oferece jogabilidade "de aplicativo" para o navegador, mas eleva a performance e ao mesmo tempo simplifica o processo de desenvolvimento.

No entanto, o navegador móvel da Apple normalmente suporta apenas uma subseleção do conjunto total de ferramentas do WebGL e, muitas vezes, anos depois de eles terem sido lançados pela primeira vez. O Safari para Mac adotou o WebGL 2.0 dezoito meses depois de ele ser lançado, mas o Safari

---

[*] Interfaces gráficas com as quais o usuário pode interagir. (N. T.)

[**] A Apple normalmente força navegadores externos a usarem versões mais antigas, e, portanto, mais lentas e menos capazes, do WebKit em relação ao seu Safari para ios também.

móvel esperou mais de quatro anos para fazer a mesma coisa.* Na verdade, as políticas do ios, da Apple, reduziram o espaço existente nos tetos já baixos dos jogos baseados na web, empurrando assim mais desenvolvedores e usuários para sua App Store e evitando um "metaverso" interoperável que, como a World Wide Web, fosse construído em html.

Evidências dessa hipótese podem ser encontradas na abordagem que a Apple tomou para outro método de renderização em tempo real: a nuvem. No Capítulo 6, discuti essa tecnologia em detalhes; como você vai se lembrar, a transmissão de jogos na nuvem envolve passar boa parte do "trabalho" normalmente gerenciado por um dispositivo local (como um console ou um tablet) para um centro de dados remoto. Um usuário pode, então, acessar recursos computacionais que ultrapassam de longe aqueles que poderiam ser contidos de forma acessível (se possível) em um pequeno dispositivo eletrônico de consumo, o que é teoricamente bom tanto para o usuário como para o desenvolvedor.

Não é bom, no entanto, para aqueles cujos modelos de negócios se baseiam na venda de tais dispositivos e do software que roda neles. Por quê? Esses dispositivos acabam sendo pouco mais que uma tela de toque com uma conexão de dados que estão reproduzindo um arquivo de vídeo. Se tanto um iPhone de 2018 como um de 2022 conseguem jogar *Call of Duty* igualmente bem — o aplicativo mais complexo que provavelmente rodará no dispositivo —, por que gastar US$ 1.500 substituindo o dispositivo? Se você não precisa mais baixar jogos de vários gigabytes, por que comprar os iPhones mais caros (e com mais margem de lucro), que possuem discos rígidos maiores?

Jogos na nuvem são uma ameaça ainda maior para a relação entre a Apple e os desenvolvedores de aplicativos móveis. Para lançar um jogo de iPhone hoje, um desenvolvedor precisa ser distribuído pela App Store da Apple e usar a coleção de apis própria da Apple, o Metal. Mas, para lançar um jogo que rodasse na nuvem, um desenvolvedor poderia distribuí-lo em quase qualquer aplicativo, do Facebook a Google, *New York Times* e Spotify. Não apenas isso, mas o desenvolvedor poderia usar a coleção de apis que

---

* Que a Apple agora suporte o WebGL 2.0 é de alguma forma fora da questão. Os desenvolvedores não esperam anos na esperança de que um dado padrão vá ser suportado e eles não podem apostar seus futuros.

quisesse, como o WebGL ou até mesmo uma que ele próprio escrevesse, e ao mesmo tempo usar quaisquer GPU e sistema operacional de que gostasse — e ainda alcançar qualquer dispositivo Apple em funcionamento.

Durante anos, a Apple essencialmente bloqueou qualquer forma de aplicativo de jogo na nuvem. O Stadia, do Google, e o Xbox, da Microsoft, eram tecnicamente autorizados a ter *um* aplicativo, mas só se ele não rodasse efetivamente os jogos. Em vez disso, eles eram na verdade showrooms — exibindo o que esses serviços hipotéticos tinham —, como uma versão da Netflix que tivesse títulos que não poderiam ser clicados.

Como transmissões de jogos na nuvem são transmissões de vídeo e o navegador Safari suporta transmissões de vídeo, jogos na nuvem ainda eram tecnicamente possíveis em dispositivos ios (embora a Apple proibisse esses aplicativos de dizer isso aos usuários). Mas o Safari também coloca várias limitações experimentais no navegador que, tanto para desenvolvedores de jogos na nuvem como de jogos com base em WebGL, tornam os jogos baseados em navegador pouco satisfatórios. Por exemplo, aplicativos da web não podem realizar sincronização de dados como tarefa de fundo, conectar-se automaticamente a dispositivos bluetooth ou enviar notificações push como um convite para jogar um jogo. Mais uma vez, essas limitações não afetam de verdade aplicativos como o *New York Times* ou o Spotify, mas erodem significativamente os interativos.

A Apple argumentou originalmente que jogos na nuvem tinham sido banidos para proteger os usuários. A Apple não conseguiria revisar e aprovar todos os títulos e suas atualizações, e assim os usuários poderiam ser prejudicados por conteúdo inapropriado, violações de privacidade ou qualidade inferior. Mas esse argumento era inconsistente com outras categorias de aplicativos e políticas. A Netflix e o YouTube reúnem milhares e até mesmo bilhões de vídeos que não são revisados pela Apple. Além disso, a política da App Store não exigia que os desenvolvedores tivessem moderação perfeita, apenas esforços e políticas robustos.

Considerando isso, os críticos contra-argumentaram que as políticas da Apple eram motivadas pelo desejo de proteger seus próprios hardware e negócio de vendas de jogos. A ascensão do streaming de música pode ter sido um aviso para a Apple nesse sentido. Em 2012, o iTunes tinha quase 70%

do mercado em arrecadação de música digital nos EUA e operava com uma margem bruta de lucro de quase 30%. Hoje, a Apple Music tem menos de um terço do mercado de streaming de música e acredita-se que opere com uma margem negativa. O Spotify, o líder do mercado, nem se vende pelo iTunes. A Amazon Music Unlimited, que fica em terceiro, é quase exclusivamente usada por clientes Prime e não dá nenhuma arrecadação à Apple.

No verão de 2020, a Apple finalmente revisou suas políticas para que serviços como o Google Stadia e o Microsoft xCloud pudessem existir no ios e como aplicativos. Mas as novas políticas são bizantinas e amplamente descritas como anticonsumidor. Para dar apenas um exemplo forte, serviços de jogos na nuvem precisariam primeiro submeter cada jogo (e atualização futura) para que a App Store avaliasse e, então, manter uma entrada separada para o jogo na App Store.

Essa exigência tem várias implicações. Primeiro, a Apple na prática controlaria o cronograma de lançamento de conteúdo para esses serviços. Segundo, ela poderia negar de forma unilateral qualquer título (o que aconteceria apenas depois que ele tivesse sido licenciado, e o serviço não teria a capacidade direta de modificar o jogo para responder às exigências da Apple). Terceiro, as avaliações de usuários ficariam fragmentadas pelos aplicativos do serviço de streaming e a App Store. Quarto, esses serviços de distribuição de jogos precisariam que seus desenvolvedores formassem uma relação com a App Store, um serviço concorrente de distribuição de jogos.

As políticas da Apple também afirmavam que assinantes do Stadia ainda não conseguiriam jogar os jogos do Stadia no aplicativo do Stadia (que permaneceria como um catálogo). Em vez disso, os usuários precisariam baixar um aplicativo dedicado do Stadia para cada jogo individual que quisessem jogar. Isso seria como baixar um aplicativo da Netflix para *House of Cards*, e um aplicativo da Netflix para *Orange Is the New Black*, e um aplicativo da Netflix para *Bridgerton*, com o próprio aplicativo da Netflix servindo apenas como um catálogo/diretório para gerenciamento de direitos, em vez de ser um serviço de streaming de vídeo. De acordo com e-mails vazados entre a Microsoft e a Apple, cada aplicativo teria quase 150 megabytes e precisaria ser atualizado toda vez que a tecnologia com base na nuvem fosse atualizada.

Embora o Stadia fosse cobrar o usuário por sua assinatura, selecionar o conteúdo dentro dessa assinatura e ser responsável por sua entrega, a Apple distribuiria o jogo da nuvem (via App Store), e os clientes ios acessariam o título pela tela inicial do ios (não do aplicativo do Stadia). As políticas da Apple também criam uma confusão inevitável no consumidor. Se um jogo fosse oferecido em várias plataformas, por exemplo, a App Store acabaria com várias entradas (haveria *Cyberpunk 2077* – Stadia, *Cyberpunk 2077* – Xbox, *Cyberpunk 2077* – PlayStation Now, e por aí vai). E, cada vez que um serviço removesse um título de seu serviço (se o Stadia removesse *Cyberpunk 2077*), os usuários ficariam com um aplicativo vazio em seu dispositivo.

A Apple também declarou que todos os serviços de streaming de jogos precisariam ser vendidos igualmente pela App Store, tratando-os de forma diferente de como a Apple trata outros conjuntos de mídia, como os da Netflix e do Spotify, que têm seus aplicativos distribuídos pela App Store, mas podem (e escolhem) não oferecer cobrança no iTunes. Finalmente, a Apple disse que todos os jogos por assinatura deveriam ficar disponíveis como uma compra *à la carte* na App Store. Isso, de novo, é diferente das políticas para música, vídeo, áudio e livros. A Netflix não precisa (e não faz isso) deixar *Stranger Things* disponível no iTunes para compra ou aluguel.

A Microsoft e o Facebook (que também está trabalhando em seu próprio serviço de streaming de jogos) foram rápidas em criticar publicamente as políticas revistas da Apple: "Isso segue sendo uma má experiência para os clientes", a Microsoft disse no dia da atualização da Apple. "Os jogadores querem entrar direto em um jogo de seu catálogo selecionado dentro de um aplicativo, assim como eles fazem com filmes e músicas, e não serem forçados a baixar mais de cem aplicativos para jogar jogos individuais [que são transmitidos] da nuvem." O presidente de vídeo e jogos do Facebook disse ao *The Verge*: "Chegamos à mesma conclusão dos outros: aplicativos web são a única opção para jogos na nuvem no ios no momento. Como muitos apontaram, as políticas da Apple para 'permitir' jogos de nuvem na App Store não permitem muita coisa. A exigência da Apple de que cada jogo na nuvem tenha sua própria página, passe por revisão e apareça em buscas acaba com o propósito dos jogos na nuvem. Esses bloqueios significam que os jogadores são impedidos de descobrir novos jogos, jogar em vários dispositivos e acessar jogos de alta qualidade instantaneamente em aplicativos nativos para o ios — mesmo para aqueles que não estão usando os dispositivos mais recentes e caros".

Bloqueando o blockchain

Para todas as restrições que a Apple coloca em experiências interativas, seus controles mais rígidos focam canais de pagamento emergentes.

Veja o controle que a Apple coloca em seu chip NFC. A sigla NFC se refere à comunicação de campo próximo, um protocolo que permite que dois dispositivos eletrônicos compartilhem informações de forma sem fio em distâncias curtas. A Apple proíbe todos os aplicativos e experiências web do ios de usarem pagamentos móveis por NFC, com a única exceção sendo o Apple Pay. Apenas o Apple Pay pode oferecer pagamentos por aproximação que levam um segundo ou menos para serem completados e não exigem nem que você desbloqueie o celular, muito menos navegue até um aplicativo e seu submenu. Já a Visa precisa pedir que o usuário faça exatamente isso e, então, solicitar que o vendedor escaneie uma versão virtualmente reproduzida de um cartão físico ou de um código de barras.

A Apple afirma que suas políticas são feitas para proteger seus clientes e seus dados. Mas não existe nenhuma evidência que sugira que Visa, Square ou Amazon coloquem os usuários em risco — e a Apple poderia facilmente introduzir uma política que desse acesso ao NFC apenas para instituições bancárias regulamentadas. Alternativamente, ela poderia colocar exigências adicionais de segurança, como um limite de US$ 100 ou mesmo US$ 5 em compras por NFC. A Apple permite que desenvolvedores externos usem o chip de NFC para outros casos que são possivelmente mais perigosos do que comprar uma xícara de café ou um par de jeans. A Marriott e a Ford, por exemplo, usam NFC para destravar quartos de hotel e portas de carro. Pode-se razoavelmente concluir que isso está relacionado ao fato de que a Apple não opera na indústria hoteleira ou automotiva. Ela, por outro lado, tira cerca de 0,15% de cada transação feita com o Apple Pay — mesmo que o Apple Pay processe a transação em si usando o Visa ou MasterCard do cliente.

O problema do Apple Pay pode parecer modesto hoje. Dito isso, e como eu discuti no Capítulo 9, podemos estar nos movendo para um futuro no qual nosso smartphone não seja só um smartphone, mas um supercomputador que moverá muitos dispositivos à nossa volta. Também é provável que ele sirva como nosso passaporte para mundos virtuais e físicos. Não só o iCloud ID, da Apple, é usado para acessar a maior parte dos softwares online hoje, como a Apple recebeu aprovação de vários estados americanos para operar versões digitais de identificação estatal, como uma carteira de motorista, que pode ser usada para preencher uma ficha bancária ou embarcar em um voo. Exatamente como essas identidades serão usadas, para quais desenvolvedores elas estarão disponíveis e sob quais condições podem determinar a natureza e o tempo correto do metaverso.

Outro estudo de caso é a abordagem da Apple a blockchains e criptomoedas. No próximo capítulo, entrarei em mais detalhes a respeito de como essas tecnologias funcionam, o que elas podem oferecer no metaverso e como as políticas da Apple são problemáticas se você acredita em blockchain. Mas primeiro eu quero falar rapidamente de como elas já estão em conflito com as políticas da App Store e os incentivos de plataforma. Por exemplo, nem a Apple nem nenhuma plataforma importante de console permite aplicativos que usem mineração de cripto ou processamento de dados descentralizado. A Apple baseou essa proibição na crença explícita de que esses aplicativos "drenam rapidamente a bateria, geram calor excessivo ou colocam um fardo desnecessário nos recursos do dispositivo".[11] Os usuários poderiam argumentar justamente que eles — não a Apple ou a Sony — têm o direito de decidir se sua bateria está sendo descarregada muito rapidamente, de gerenciar o calor de seus dispositivos ou de determinar o uso apropriado dos recursos do dispositivo. Independentemente disso, o efeito final é que nenhum desses dispositivos pode participar na economia de blockchain nem tornar seu poder computacional não usado disponível para aqueles que precisam dele (por meio da computação descentralizada).

Além disso, essas plataformas (com a exceção da Epic Games Store) não permitem jogos que aceitem criptomoedas como forma de pagamento ou que usem bens virtuais baseados em criptomoedas (ou seja, tokens não fungíveis, ou NFTs). Embora isso seja às vezes retratado como um protesto contra a energia usada para rodar os blockchains, tais afirmações não sustentam um exame detalhado. O selo de música da Sony investiu em startups de NFT e criou seus próprios NFTs, enquanto o Azure, da Microsoft, oferece certificações de blockchain e seu braço de investimentos corporativos investiu em diversas startups. O CEO da Apple, Tim Cook, admitiu que ele tem criptomoedas e considera NFTS "interessantes". É mais provável que essas plataformas recusem jogos de blockchain porque eles simplesmente não funcionam com seus modelos de negócios. Permitir que *Call of Duty: Mobile* se conecte com uma carteira de criptomoedas seria como um usuário conectar o jogo diretamente com sua conta bancária em vez de pagar por intermédio da App Store. Aceitar NFTs, por outro lado, seria como um cinema permitir que clientes trouxessem suas sacolas de compras para um filme — algumas pessoas poderiam ainda comprar uma caixa de M&Ms, mas a maioria não faria isso. Além disso, é impossível imaginar como uma plataforma poderia justificar tirar uma comissão de 30% da compra ou da venda de um NFT de vários milhares ou milhões de dólares — e, se tal comissão se aplicasse, todo o valor do NFT seria devorado se mudasse de mãos vezes o suficiente.

Os esforços da Apple para suportar criptomoedas enquanto protege sua arrecadação com jogos na App Store produziu ainda mais confusão. A Apple permite aos usuários comprar e vender criptomoedas usando aplicativos de trading como o Robinhood ou o Interactive Brokers, por exemplo, mas eles não podem comprar NFTs por esses mesmos aplicativos. O que torna a distinção estranha é o fato de que não existe distinção técnica entre essas duas compras — a única diferença é que o bitcoin é um token de base cripto "fungível", em que cada bitcoin é substituível por outro, enquanto a compra de uma obra em NFT é um token não fungível, em que ele não pode ser substituído por nenhum outro token. As coisas ficam mais confusas se os direitos desse token não fungível estiverem fracionados em tokens fungíveis (pense em vender ações para uma obra de arte). Essas "ações" podem ser compradas e vendidas pelo aplicativo de iPhone. Independentemente disso, as políticas nebulosas da Apple produzem uma experiência que não beneficia nem desenvolvedores nem clientes — ela se parece com a enfrentada pelos aplicativos de jogos na nuvem. Os aplicativos de iOS para mercados de NFT como o OpenSea só podem servir como um catálogo; usuários podem ver o que possuem e o que os outros estão vendendo — mas, para comprar ou trocar eles mesmos, precisam passar para um navegador. Além disso, os únicos jogos baseados em blockchain que podem rodar no iPhone são aqueles que usam um navegador. É por isso que quase todos os jogos blockchain de sucesso de 2020 ou 2021 focavam em coletar (cartões esportivos virtuais, arte digital, e por aí vai) ou eram limitados a gráficos 2D simples e jogadas por turnos (*Axie Infinity*, por exemplo, que é uma espécie de releitura do jogo de sucesso dos anos 1990 para Game Boy *Pokémon*). Não é possível fazer muito mais.

Digital primeiro exige o físico primeiro

No centro do problema dos canais de pagamento virtuais existe um conflito. A própria ideia do metaverso supõe que a "próxima plataforma" não é baseada em hardware nem mesmo em um sistema operacional. Em vez disso, é uma rede persistente de simulações virtuais que existem independentemente, e, na verdade, não dizem respeito a um dado dispositivo ou sistema. A diferença está entre um aplicativo do *New York Times* que roda no iPhone de um único usuário e um iPhone usado para dar acesso a um universo vivo do *New York Times*. Existe evidência dessa transição hoje. Os mundos virtuais mais populares, como *Fortnite*, *Roblox* e *Minecraft*, são projetados para rodar no máximo de dispositivos e sistemas operacionais possível e só são levemente otimizados para cada um.

Claro, você não pode acessar o metaverso sem hardware. E cada ator na área de hardware está lutando para ser um (senão *o*) portal de pagamentos para essa oportunidade de trilhões de dólares. Para vencer essa briga, eles agrupam de forma forçada seus hardwares com vários SDKs e APIs, lojas de aplicativos, soluções de pagamentos, identidades e gerenciamento de posses, um processo que aumenta as taxas das lojas, afasta a concorrência e fere os usuários individuais e os desenvolvedores. Podemos ver isso no bloqueio do WebGL, em notificações baseadas em navegador, jogos na nuvem, NFC e blockchains. Sempre existem justificativas para uma política individual, mas elas são impossíveis de serem validadas pelo mercado quando só existem duas plataformas de smartphones e seus respectivos serviços são tão intensamente agrupados. Todo o esforço regulatório para introduzir mais competição em ofertas individuais de serviços acabou cerceado. Em agosto de 2021, uma medida foi aprovada na Coreia do Sul impedindo operadores de lojas de aplicativos de exigir seus próprios sistemas de pagamento, argumentando que essa exigência era monopolista e feria tanto consumidores como desenvolvedores. Três meses depois, e antes de as mudanças na lei entrarem em vigor, o Google anunciou que aplicativos que escolhessem usar um serviço alternativo de pagamentos teriam de pagar uma nova taxa para usar sua loja de aplicativos. O preço? Quatro por cento a menos que a antiga taxa — quase exatamente o custo da antiga taxa menos as taxas cobradas por Visa, MasterCard ou PayPal. Assim, qualquer desenvolvedor que escolhesse usar outro canal de pagamento acabaria economizando menos de 1%. A margem era tão pequena, que trocar de sistema não faria sentido e nenhum corte de preço para o consumidor seria possível. Em dezembro de 2021, reguladores holandeses ordenaram à Apple que deixasse aplicativos de namoro usarem serviços de pagamentos externos (as exigências específicas para a categoria vêm do fato de que o líder da categoria, o Match Group, havia feito uma reclamação para a Autoridade Holandesa para Consumo e Mercado). Em resposta, a Apple atualizou suas políticas na Holanda, permitindo que desenvolvedores lançassem (e, portanto, mantivessem) uma versão apenas em holandês de seu aplicativo, que suportaria pagamentos alternativos. No entanto, essa nova versão não poderia usar a solução de pagamentos da própria Apple, que cobraria uma nova taxa de transação de 27% (os mesmos 30% menos 3%). Além disso, o aplicativo precisaria mostrar um aviso de que ele "não suportaria o sistema privado e seguro de pagamentos da App Store".[12] Vários reguladores, executivos e analistas argumentaram que a formulação escolhida pela Apple foi deliberada para "assustar" os usuários[13] e que os desenvolvedores precisariam mandar para a Apple um relatório mensal detalhando todas as transações feitas nesse sistema, depois do qual eles receberiam uma fatura da comissão devida (pagável em até 45 dias).

A centralidade e a influência do hardware ajudam a explicar por que o Facebook, em particular, está tão comprometido com construir seus próprios dispositivos de realidade aumentada e realidade virtual e investir em projetos exuberantes como interfaces cérebro-máquina e smartwatches com seus próprios chips sem fio e câmeras. Como o único membro das gigantes de tecnologia sem um dispositivo ou sistema operacional líder, o Facebook está unicamente familiarizado com o fato de que operar apenas nas plataformas de seus maiores competidores é um impedimento. Seu serviço de jogos na nuvem foi efetivamente bloqueado em todas as maiores plataformas móveis e de console. E, sempre que o Facebook vende algo para um de seus usuários, ele coleta tanto dinheiro quanto envia para seus inimigos. A plataforma de mundos virtuais integrados da empresa, *Horizon Worlds*, enquanto isso, está fundamentalmente restringida pelo fato de que ela nunca pode oferecer para um desenvolvedor uma parcela maior da arrecadação que o ios ou o Android. O exemplo mais doloroso talvez sejam as mudanças na "Transparência de Rastreamento de Aplicativos" (ATT, na sigla em inglês) da Apple, que foram implementadas em 2021, catorze anos depois do primeiro iPhone. Em um sentido simplificado, a ATT exige que desenvolvedores de aplicativos recebam permissões "ativas" explícitas dos usuários para poder acessar seus dados-chave e do dispositivo, enquanto ao mesmo tempo explicam exatamente para que os dados estão sendo coletados e por que (muito desse script foi escrito pela Apple, e a equipe da loja de aplicativos da empresa teria direitos de aprovação sobre qualquer alteração). A Apple argumentou que as mudanças eram do interesse dos usuários, mas de 75% a 80% deles parecem ter rejeitado o aviso em dezembro de 2021.[14] Outros viram esse movimento como um esforço deliberado de prejudicar suas concorrentes focadas em anúncios, construir o próprio negócio de anúncios da Apple e, ao reduzir a eficácia dos anúncios, incentivar mais desenvolvedores a focar seu modelo de negócios em pagamentos dentro do aplicativo, no qual a Apple coleta uma taxa de 15% a 30%. Em fevereiro de 2022, Mark Zuckerberg disse que a mudança de política da Apple iria reduzir a arrecadação daquele ano em 10 bilhões de dólares (quase o mesmo tanto que o Facebook estava gastando em seus investimentos no metaverso). Alguns relatórios mostram que o negócio de anúncios da Apple era responsável por 17% de todas as instalações de aplicativos do ios antes de a ATT ser instaurada. Seis meses depois, ele tinha uma fatia de mercado de quase 60%.

Para resolver esse problema, o Facebook precisa fazer mais do que construir seus próprios dispositivos leves de baixo custo e alta performance. Ele precisa que esses dispositivos rodem independentemente de um dispositivo iPhone ou Android, ou seja, sem usar seus chips computacionais e de rede, como a Apple e o Google provavelmente fazem. O resultado é que os dispositivos do Facebook provavelmente serão mais caros, tecnicamente limitados e mais pesados do que aqueles produzidos pelas gigantes dos smartphones de hoje. Talvez esse seja o motivo para Mark Zuckerberg ter dito que "o desafio tecnológico mais difícil de nosso tempo é encaixar um supercomputador na armação de um par de óculos normal" — seus competidores já colocaram a maior parte desse supercomputador no bolso das pessoas.

Por motivos parecidos, o padrão mais comum de disrupção da era digital — novos dispositivos computacionais — pode ser uma falsa esperança. A hegemonia do Windows, da Microsoft, foi quebrada por um dispositivo independente, o telefone celular. Mas, se nossos óculos de realidade aumentada e realidade virtual, lentes inteligentes e até mesmo interfaces cérebro-máquina vão ser governados por esses mesmos telefones celulares, então não poderá haver um novo rei.

Novos canais de pagamento

Neste capítulo, cobri o papel dos canais de pagamento em determinar o "custo de fazer negócio" na era digital e como eles estão influenciando o desenvolvimento técnico, comercial e competitivo do metaverso. O que eu não falei diretamente é como eles podem ativamente transformar uma economia. A China oferece um estudo de caso útil.

Quando o WeChat, da Tencent, foi lançado em 2011, a China era majoritariamente uma sociedade de dinheiro vivo. Mas, em alguns anos, o aplicativo de mensagens levou o país para a era dos pagamentos e serviços digitais. Isso foi uma consequência de muitas das oportunidades únicas

— e, no Ocidente, efetivamente impossíveis — do WeChat. Por exemplo, o WeChat permitia aos usuários se conectarem diretamente com sua conta bancária em vez de exigir um cartão de crédito intermediário ou rede de pagamentos digital, o que é proibido pelos principais consoles de jogos e lojas de aplicativos de smartphones. Sem intermediários, e porque a Tencent queria construir sua rede social de mensagens, o WeChat oferecia taxas baixas para transações: de 0% a 0,1% para transações de ponta a ponta e menos de 1% para pagamentos para comerciantes, sem taxas para entrega em tempo real ou confirmação de pagamentos. E como essa capacidade de pagamento era construída com padrões comuns (QR codes) e embutida em um aplicativo de mensagens era fácil para todo mundo com um smartphone adotá-la e usá-la. O sucesso do WeChat também ajudou a Tencent a construir sua indústria nacional de videogames, que sem isso teria sido limitada pela falta de acesso a cartões de crédito no país.

No Ocidente, esses sistemas normalmente estariam à mercê dos donos do hardware. Contudo, a Tencent ficou poderosa tão rapidamente na China, que até a Apple foi forçada a permitir que o WeChat operasse sua própria loja de aplicativos dentro do próprio aplicativo e processasse os pagamentos internamente — e o iPhone foi lançado na China dois anos antes do serviço de mensagens. Em 2021, o WeChat processou estimados 500 bilhões de dólares em pagamentos, com um valor médio de apenas alguns dólares cada.

Para que o metaverso surja, é provável que os desenvolvedores e criadores no Ocidente precisem encontrar formas de contornar esses controladores. Aqui, finalmente, chegamos ao porquê de existir tanto entusiasmo com blockchains.

11
Blockchains

Alguns observadores hoje acreditam que os blockchains são estruturalmente necessários para que o metaverso se torne uma realidade, enquanto outros acham essa afirmação absurda.

Ainda existe uma boa quantidade de confusão a respeito da tecnologia de blockchain em si, mesmo antes de chegarmos à sua relevância para o metaverso, então vamos começar com uma definição. Dito de forma simples, blockchains são bancos de dados gerenciados por uma rede descentralizada de "validadores". A maior parte dos bancos de dados hoje é centralizada. Um único registro é guardado em um armazém digital, gerenciado por uma única empresa, que rastreia informações. Por exemplo, a JPMorgan Chase gerencia um banco de dados que rastreia quanto dinheiro você tem em sua conta-corrente, além de um registro detalhado de todas as transações anteriores que validam como esse balanço foi acumulado. Claro, a JPMorgan tem muitos backups desse registro (e você pode ter também) e ela, na verdade, opera uma rede de diferentes bancos de dados, mas o que importa é que esses registros digitais estão em posse e são gerenciados por uma única parte: a JPMorgan. Esse modelo é usado para quase toda informação digital e virtual, não apenas registros bancários.

Diferentemente de um banco de dados centralizado, registros de blockchain não ficam em uma única localização nem são gerenciados por uma única parte — ou, em muitos casos, nem mesmo por um grupo identificável de indivíduos ou empresas. Em vez disso, um "contador" do blockchain é mantido por meio de um consenso em uma rede de computadores autônomos que ficam no mundo todo. Cada um desses computadores, por sua vez, está efetivamente competindo (e sendo pago) para validar esse contador ao resolver essencialmente equações criptográficas que surgem de uma transação individual. Um benefício desse modelo é sua relativa incorruptibilidade. Quanto maior (ou seja, mais descentralizada) a rede, mais difícil é para que qualquer dado seja subscrito ou disputado, já que a maior parte da rede descentralizada teria de concordar, em vez de, digamos, um indivíduo na JPMorgan ou o banco de forma geral.

A descentralização tem suas desvantagens. Por exemplo, ela é inerentemente mais cara e consome mais energia do que usar um banco de dados padrão porque muitos computadores diferentes estão fazendo o mesmo "trabalho". Por motivos parecidos, muitas transações de blockchain levam dezenas de segundos, ou mesmo mais, para serem completadas, já que a rede precisa primeiro estabelecer consenso — o que pode significar enviar a informação por boa parte do mundo só para confirmar uma transação a dois metros de distância. E, claro, quanto mais descentralizada a rede, mais desafiador o problema do consenso em geral fica.

Devido a essas questões, a maior parte das experiências com base em blockchain na verdade guarda o máximo de "dados" possível em bancos de dados tradicionais em vez de "on chain" [na cadeia]. Isso seria como a JPMorgan guardar o saldo da sua conta em um servidor descentralizado, mas a informação de login da sua conta em um banco de dados central. Os críticos argumentam que qualquer coisa que não seja totalmente descentralizada está na verdade completamente centralizada — no caso citado, seus fundos são ainda efetivamente controlados e validados pela JPMorgan.

Isso leva algumas pessoas a concluírem que bancos de dados descentralizados representam passos técnicos para trás — menos eficientes, mais lentos e ainda dependentes de seus pares centralizados. E, mesmo que os dados sejam totalmente descentralizados, a vantagem parece modesta; poucas pessoas se preocupam, afinal, com a JPMorgan e seu banco de dados centralizado perdendo o saldo bancário de seus clientes ou roubando deles.

É compreensível que seja mais assustador pensar que uma coleção de validadores desconhecidos seja tudo o que está protegendo nossa riqueza. Se a Nike dissesse que você era dono de um tênis virtual, ou gerenciasse e, então, rastreasse um registro afirmando que você o vendeu para outro colecionador online, quem discordaria ou invalidaria seu valor porque foi a Nike que registrou a transação?

Então, por que um banco de dados descentralizado ou uma arquitetura de servidor é vista como o futuro? Isso ajuda a deixar de lado a ideia de NFTs, criptomoedas, medos de roubo de registros e coisas assim. O que importa é que os blockchains são canais de pagamento *programáveis*. É por isso que muitos os posicionam como o primeiro canal de pagamento nativo digital, enquanto argumentam que PayPal, Venmo, WeChat e outros são pouco mais do que imitações dos canais tradicionais.

Blockchains, bitcoins e Ethereum

O primeiro blockchain popular, o Bitcoin, foi lançado em 2009. O único foco do blockchain Bitcoin é operar sua própria criptomoeda, o bitcoin (o primeiro normalmente tem a inicial em maiúscula, enquanto o segundo, não, para podermos distinguir entre eles). Para esse fim, o blockchain Bitcoin é programado para compensar os processadores lidando com transações de bitcoin ao enviar bitcoins a eles (isso é chamado de taxa "gás" e normalmente é paga pelo usuário para submeter uma transação).

Claro, não há nada de novo em pagar a alguém — ou mesmo muitas pessoas — para processar uma transação. Nesse caso, contudo, o trabalho e o pagamento acontecem automaticamente e estão unidos; uma transação não pode acontecer sem que o processador seja compensado. Isso é parte do motivo pelo qual os blockchains são chamados de "sem confiança". Nenhum validador precisa se perguntar se, como e quando será pago, ou se os termos de seu pagamento podem ser alterados. As respostas para essas perguntas estão embutidas de forma transparente no canal de pagamento — não existem taxas escondidas nem risco de mudanças súbitas de política. Relacionado a isso, nenhum usuário precisa se preocupar se dados desnecessários estão sendo compartilhados ou armazenados por um operador de rede individual ou podem ser usados de forma maliciosa. Contraste isso com usar um cartão de crédito armazenado em um banco de dados centralizado que pode depois ser invadido por uma parte externa ou acessado de forma inapropriada por um funcionário. Os blockchains são também "livres de permissão": no caso do Bitcoin, qualquer um pode se tornar um validador de rede, sem a necessidade de ser convidado ou aprovado, e qualquer um pode aceitar, comprar ou usar bitcoins.

Esses atributos criam um sistema autossustentável por meio do qual um blockchain pode aumentar sua capacidade e ao mesmo tempo diminuir os custos e aumentar a segurança. Conforme as taxas de transação aumentam em valor de dólar ou volume, validadores adicionais se juntam à rede, o que baixa os preços por causa da competição. Isso, por sua vez, aumenta a descentralização do blockchain, o que torna mais difícil para qualquer pessoa tentando manipular um contador estabelecer consenso (pense em candidatos eleitorais tentando fraudar trezentas urnas em vez de três).

Defensores também gostam de destacar que o modelo de blockchain sem confiança e permissões significa que a "arrecadação" e os "lucros" de operar sua rede de pagamentos são decididos pelo mercado. Isso difere da indústria tradicional de serviços financeiros, que é controlada por alguns gigantes com décadas de idade que possuem poucos concorrentes e nenhum incentivo para baixar as taxas. As únicas forças competitivas das taxas do PayPal, por exemplo, são aquelas cobradas pelo Venmo ou pelo Cash App, da Square. Para o Bitcoin, as taxas são baixadas por qualquer um que escolha competir por uma taxa de transação.

Pouco depois de o Bitcoin surgir (seu criador segue anônimo), dois usuários pioneiros, Vitalik Buterin e Gavin Wood, começaram a desenvolver um novo blockchain, Ethereum, que eles descreveram como uma "mistura de rede descentralizada de mineração e plataforma de desenvolvimento de software".[1] Como o Bitcoin, o Ethereum paga àqueles que operam sua rede por meio de sua própria criptomoeda, o ether. Contudo, Buterin e Wood também estabeleceram uma linguagem de programação (Solidity) que permitia aos desenvolvedores construírem seus próprios aplicativos sem confiança e sem permissão (chamados de "dapps", aplicativos descentralizados) que também poderiam lançar seus próprios tokens semelhantes a criptomoedas para os contribuidores.

O Ethereum, então, é uma rede descentralizada que é programada para compensar automaticamente seus operadores. Esses operadores não precisam assinar um contrato para receber essa compensação nem se preocupar com serem pagos, e, enquanto eles competem uns com os outros por compensação, essa competição aumenta a performance da rede, o que por sua vez atrai mais uso, produzindo assim mais transações a serem gerenciadas. Além disso, com o Ethereum, qualquer um pode programar seu próprio aplicativo em cima dessa rede enquanto ao mesmo tempo programa esse aplicativo para compensar seus contribuidores e, se tiver sucesso, oferecer valor àqueles que operam a rede de base também. Tudo isso ocorre sem um tomador de decisão único ou instituição de gerência. Na verdade, não existe e não pode existir uma entidade assim.

A abordagem de governança descentralizada não evita que a programação de base seja revisada ou melhorada. Contudo, a comunidade governa essas mudanças e deve, portanto, ser convencida de que qualquer revisão seja para o benefício coletivo.* Desenvolvedores e usuários não precisam se preocupar que, por exemplo, a "Ethereum Corp" possa de repente aumentar as taxas de transação do Ethereum ou impor taxas novas, recusar uma tecnologia ou padrão emergente, lançar um serviço que compita com os dapps mais bem-sucedidos, e por aí vai. A programação sem confiança e sem permissão do Ethereum, na verdade, encoraja desenvolvedores a "competirem" com sua funcionalidade central.

O Ethereum possui detratores, que focam três críticas principais: as taxas de processamento são muito altas, o tempo de processamento é muito longo e a linguagem de programação é muito difícil. Alguns empreendedores escolheram tratar de um ou todos esses problemas construindo blockchains

---

* Isso não é automaticamente o caso, já que blockchains podem ser programados para oferecer (ou segurar) uma gama ampla de direitos de governança entre os donos de tokens, enquanto apenas criadores de determinado blockchain controlam a distribuição inicial desses tokens. Contudo, a maior parte dos "blockchains públicos", em contraste com os "blockchains privados", que são normalmente de uma empresa, é descentralizada e gerenciada por uma comunidade.

concorrentes, como Solana ou Avalanche. Outros empreendedores, em vez disso, construíram o que é chamado de blockchains "Camada 2" em cima do Ethereum (Camada 1). Esses blockchains Camada 2 efetivamente operam como "mini-blockchains" e usam sua própria lógica de programação e rede para gerenciar uma transação. Algumas "soluções para reprodução de Camada 2" juntam transações em vez de processá-las individualmente. Isso naturalmente atrasa um pagamento ou transferência, mas o processamento em tempo real nem sempre é necessário (assim como seu provedor de serviços telefônicos não precisa ser pago em uma hora determinada do dia). Outras "soluções de reprodução" buscam simplificar o processo de validação de transação usando apenas uma porção da rede em vez de ela toda. Outra técnica envolve deixar que os validadores proponham transações sem provar que resolveram as equações criptográficas de base enquanto os mantém honestos oferecendo recompensas para outros validadores se eles mais tarde provarem que essa proposta foi desonesta, com a recompensa sendo quase toda paga pelo validador desonesto. Essas duas abordagens reduzem a segurança da rede, mas muitos consideram a troca apropriada para compras de pequeno valor. Pense nisso como a diferença entre comprar um café e comprar um carro; existe um motivo para o Starbucks não pedir o endereço de cobrança do seu cartão de crédito, enquanto uma concessionária da Honda pede e faz uma checagem de crédito e identidade. "Sidechains" [cadeias laterais] enquanto isso permitem que tokens sejam movidos para dentro e fora do Ethereum conforme necessário, servindo um pouco como uma gaveta de trocados em oposição a um cofre trancado.

Alguns argumentam que Camadas 2 são uma solução improvisada — que desenvolvedores e usuários estariam melhor trabalhando com as Camadas 1 de maior performance. Eles podem estar certos. Ainda assim, é significativo que um desenvolvedor possa usar uma Camada 1 para começar seu próprio blockchain e, então, desintermediar essa Camada 1 de seus usuários, desenvolvedores e operadores de rede ao usar, ou mesmo construir, um blockchain Camada 2. Além disso, a programação sem confiança e sem permissão da Camada 1 significa que Camadas 1 concorrentes podem "fazer pontes", permitindo que desenvolvedores e usuários sempre possam passar seus tokens para outro blockchain.

O arco do Android

Um contraste óbvio aos blockchains sem confiança e sem permissão são as políticas da Apple e da plataforma ios. Contudo, o ios nunca foi vendido como uma "plataforma aberta" nem centrada em comunidade. Nesse sentido, é uma comparação injusta. Uma melhor seria com o Android.

O so Android foi comprado pelo Google por "pelo menos 50 milhões de dólares" em 2005, e a gigante de buscas sempre terá um papel desproporcional em seu desenvolvimento. Para aplacar preocupações, o Google estabeleceu a Open Handset Alliance [OHA] em 2007, que iria coletivamente guiar o "sistema operacional móvel de código aberto" baseado no Linux os Kernel de código aberto e iria priorizar "tecnologias e padrões de código aberto". Em seu lançamento, a OHA contava com 34 membros, incluindo gigantes das telecomunicações como a China Mobile e a T-Mobile, desenvolvedores de software como a Nuance Communications e o eBay, fabricantes de componentes como a Broadcom e a Nvidia e fabricantes de dispositivos como LG, HTC, Sony, Motorola e Samsung. Para se juntar à OHA, membros precisavam concordar em não "bifurcar" o Android (pegar uma cópia do software de "código aberto" e começar a desenvolvê-lo de forma independente) ou apoiar aqueles que o fizessem (o Fire os, da Amazon, que roda a Fire TV e tablets da empresa, é uma bifurcação do Android).

O primeiro Android foi lançado em 2008 e, em 2012, o sistema operacional tinha se tornado o mais popular do mundo. A OHA e a filosofia "aberta" do Android foram menos bem-sucedidos. Em 2010, o Google começou a construir sua própria linha "Nexus" de dispositivos Android, que a empresa posicionou como "dispositivos de referência" que "serviriam como guia para mostrar à indústria o que era possível".[2] Só um ano mais tarde o Google comprou uma das maiores fabricantes independentes de dispositivos Android, a Motorola. Em 2012, o Google começou a passar seus serviços-chave (mapas, pagamento, notificações, a Google Play Store e mais) para fora do sistema operacional em si e para uma camada de software, o Google Play Services. Para acessar esse conjunto, os licenciados do Android precisariam se adequar às "certificações" do próprio Google. Além disso, o Google não permitiria que dispositivos não certificados usassem a marca Android.

Muitos analistas consideram o fechamento progressivo do Android uma resposta ao crescente sucesso da Samsung com o sistema operacional. Em 2012, a gigante sul-coreana vendeu quase 40% dos smartphones Android (e a maioria dos dispositivos de ponta) — mais de sete vezes a quantidade da segunda maior fabricante, a Huawei. Além disso, a Samsung se tornou cada vez mais agressiva com suas alterações em cima da versão "base" do Android, produzindo e vendendo sua própria interface (TouchWiz) e, ao mesmo tempo, pré-instalando em seus dispositivos seu próprio conjunto de aplicativos, muitos dos quais competiam com os oferecidos pelo Google. A Samsung até acrescentou sua própria loja de aplicativos móveis. O sucesso da Samsung como uma fabricante de Android está com certeza ligado a esses investimentos, mas sua abordagem não é tão diferente de "bifurcá-lo". Independentemente, um TouchWiz os de fato ameaçava desintermediar o Google de seus desenvolvedores e usuários e, ao mesmo tempo, servir como o verdadeiro "dispositivo de referência".

O arco do Android é importante para qualquer entendimento do futuro do metaverso. O metaverso oferece a oportunidade de disrupção dos controladores de hoje, como a Apple ou o Google, mas muitos temem que apenas acabemos com novos controladores — talvez a Roblox Corporation ou a Epic Games. Embora o WeChat, da Tencent, tenha taxas baixas para transações do mundo real, por exemplo, a empresa usou seu controle sobre os pagamentos digitais e videogames para cobrar de 40% a 55% de todos os downloads e itens virtuais dentro do aplicativo — uma soma que excede de longe a da Apple, cujo poder a Tencent foi capaz de superar. Assim como uma entrada em um contador de blockchain é considerada incorruptível, muitos acreditam que o blockchain em si também seja.

Dapps

Diferentemente dos principais blockchains, muitos dapps são apenas parcialmente descentralizados. As equipes fundadoras dos dapps tendem a ter uma grande porção dos tokens do dapp (como elas acreditam de forma inerente que o dapp terá sucesso, elas têm incentivos para manter esses tokens também) e podem, portanto, ter a capacidade de alterar o dapp à vontade. Contudo, o sucesso de um dapp depende de sua capacidade de atrair desenvolvedores, contribuidores de rede, usuários e, com frequência, provedores de capital também. Isso exige a venda e a distribuição de pelo menos parte dos tokens para grupos de fora e primeiros adotadores. E, para manter o apoio da comunidade, muitos dapps têm um comprometimento com o que é chamado de "descentralização progressiva", que é às vezes explicitamente programada para ser consistente com a natureza sem confiança dos blockchains.

Isso pode se parecer com a abordagem convencional de uma startup. A maior parte dos aplicativos e plataformas precisa manter seus desenvolvedores e usuários felizes — especialmente no lançamento. E, com o tempo, seus criadores (os fundadores e funcionários) veem suas participações acionárias serem diluídas. Talvez eles até abram o capital, tornando assim a governança do app "descentralizada" e permitindo a qualquer um se tornar um acionista livre de qualquer permissão. Mas é aqui que as nuances do blockchain entram em foco.

Conforme um aplicativo se torna mais bem-sucedido, ele tende a se tornar mais controlador. O Android, do Google, e o ios, da Apple, seguiram esse caminho. Muitos tecnologistas veem esse fenômeno como o arco natural de um negócio tecnológico lucrativo — conforme ele acumula usuários, desenvolvedores, dados, arrecadação etc., ele usa seu poder crescente para ativamente prender desenvolvedores e usuários. É por isso que é difícil exportar sua conta do Instagram e recriá-la em outro lugar. É também por isso que muitos aplicativos fecham suas apis conforme aumentam ou enfrentam concorrência.

O Facebook, por exemplo, por muito tempo permitiu que os usuários do Tinder usassem sua conta de Facebook como seu perfil no aplicativo de relacionamento. O Tinder, é claro, preferia que os usuários tivessem sua própria conta no aplicativo — mas o Tinder não é pensado para ser um serviço para a vida toda, e era mais importante, especialmente no início, que ele se mostrasse fácil de usar. O aplicativo também se beneficiava de permitir aos usuários colocarem rapidamente suas "melhores" fotos do Facebook no aplicativo em vez de serem forçados a revirar anos de armazenamento na nuvem. O Facebook também permitia aos usuários conectarem seu gráfico social ao Tinder, possibilitando assim que eles vissem se tinham amigos em comum com um match potencial e, se sim, quem. Alguns usuários preferiam um match com alguém de quem eles pudessem buscar referências por motivos de segurança. Outros gostavam de poder ir a um encontro e fazer uma verdadeira "primeira impressão" e, assim, "deslizavam para direita" apenas indivíduos com quem eles não tinham amigos em comum. Embora muitos usuários do Tinder (e do Bumble) gostassem dessa função do gráfico social, o Facebook a fechou em 2018 — pouco antes de anunciar seu próprio serviço de namoro, que naturalmente era baseado em seu gráfico e sua rede social únicos.*

Muitos blockchains são estruturalmente desenhados para prevenir esse arco. Como? Eles mantêm de forma efetiva o que é valioso para o desenvolvedor de um dapp — seus tokens — enquanto o usuário tem custódia de seus próprios dados, identidade, carteira e bens (por exemplo, suas imagens) por meio de registros que estão, de novo, no blockchain. Em um sentido simplificado, um Instagram totalmente baseado em blockchain nunca armazenaria as fotos de um usuário, operaria a conta dele ou gerenciaria suas curtidas e conexões com amigos.** O serviço não pode ditar, muito menos controlar, como esses dados são usados. Na verdade, um serviço concorrente pode lançar e, então, imediatamente usar os mesmos dados, colocando pressão no líder do mercado. Esse modelo de blockchain não significa que os aplicativos são comoditizados — o Instagram real venceu seus concorrentes em parte por causa de sua performance superior e construção técnica —, mas geralmente reconhecemos que a posse da conta, o gráfico social e os dados de um usuário são a fonte principal de valor.*** Ao manter a maior

---

* O Facebook ainda permite que usuários do Tinder usem sua conta do Facebook para se cadastrar, entrar e preencher seu perfil do Tinder com fotos de seu perfil do Facebook. Manter essa funcionalidade, enquanto fecha o acesso ao gráfico social de um usuário, faz sentido. O Facebook não pode impedir os usuários de reutilizarem fotos postadas no Facebook, já que são fáceis de serem salvas ("clique com o botão direito, Salvar como"), e, por meio da "contagem de likes", também permite a um usuário identificar suas melhores fotos. Além disso, se usuários do Facebook vão usar o Tinder, o Facebook se beneficia de saber disso. No mínimo, isso permite ao Facebook, então, recomendar seu serviço de namoro, que ainda usa o gráfico social, para esse usuário.

** Em um sentido simplificado, esses dados só são "expostos" ao serviço conforme necessário.

*** Alguns capitalistas de risco e tecnologistas dizem que blockchains são "protocolos gordos" que sustentam "aplicativos magros" em contraste com o modelo de "protocolo magro" e "aplicativo gordo" da internet de hoje. Embora o Conjunto de Protocolos da Internet seja enormemente valioso — e, por sorte, não é um produto para lucro —, ele não opera a iden-

disso fora das mãos de um aplicativo (ou, nesse caso, de um dapp), os entusiastas do blockchain acreditam que podem causar disrupção no arco tradicional de desenvolvimento.

Chegamos a um entendimento simplificado das operações, capacidades e filosofias de blockchain. Mas a tecnologia segue muito abaixo das expectativas modernas de performance (hoje, um Instagram baseado em blockchain provavelmente armazenaria quase tudo "offchain" [fora da cadeia] e cada foto levaria um segundo ou dois para carregar). Mais importante, a história está cheia de tecnologias que poderiam ter causado disrupção nas convenções existentes, mas não alcançaram sua promessa ou potencial. Os blockchains se darão melhor?

NFTS

O maior indicador do que os blockchains podem conseguir é o que eles já conquistaram. Em 2021, o valor total de transações excedeu 16 trilhões de dólares — mais de cinco vezes a quantidade que as gigantes dos pagamentos digitais PayPal, Venmo, Shopify e Stripe processaram combinadas. No último trimestre, o Ethereum processou mais que a Visa, a maior rede de pagamentos do mundo e a 12ª maior empresa em capitalização de mercado.

Que isso tenha sido possível sem uma autoridade central, um parceiro de gerência ou mesmo uma sede — que tudo aconteça via contribuidores independentes (e, às vezes, anônimos) — é uma maravilha. Além disso, esses pagamentos eram feitos por meio de dezenas de carteiras diferentes (em vez de serem limitados a uma rede firmemente controlada, como é o caso de canais de pagamento de ponta a ponta como o Venmo ou o PayPal), podiam ser realizados a qualquer momento (diferentemente de ACH e transferências) e foram completados dentro de segundos a minutos (diferentemente da ACH). Tanto o emissor como o receptor podiam confirmar uma transação de

---

tidade de um usuário nem armazena seus dados ou gerencia suas conexões sociais. Em vez disso, toda essa informação é capturada pelo TCP/IP.

sucesso ou com erro (sem uma taxa adicional). Além disso, nenhuma dessas transações precisou que o usuário tivesse uma conta bancária nem nenhuma empresa precisou assinar, muito menos negociar, um acordo de longo prazo com um blockchain específico, processadores de blockchain ou provedor de carteira. Como veremos, as carteiras de blockchain também podem ser programadas para débito automático, crédito, reversões — e mais.

Embora a maior parte desse volume de transações reflita investimentos e comércio de criptomoedas em vez de pagamentos, ele também foi apoiado por um florescimento do desenvolvimento com base em cripto. As produções mais simples são coleções de NFT. Desenvolvedores e usuários individuais colocarão a posse de um item (digamos uma imagem) em um blockchain, em um processo chamado "cunhagem", depois do qual o direito da imagem é gerenciado de forma parecida com uma transação de criptomoeda. A diferença é que o direito se refere a um "token não fungível", ou um token que, diferentemente de um bitcoin ou um dólar, que são totalmente substituíveis por outros, é único.

Defensores de blockchains acreditam que essa estrutura aumente o valor desses bens virtuais porque eles oferecem ao comprador um sentimento mais verdadeiro de "posse". Considere o ditado "posse é nove décimos da lei".[3] Sob os modelos de servidores centralizados, um usuário nunca pode tomar posse completa de um bem virtual. Em vez disso, ele só ganha acesso ao bem que é guardado, por meio de um registro digital, na propriedade de outra pessoa (ou seja, um servidor). E, mesmo que o usuário tirasse esses dados do servidor e passasse para seu próprio disco rígido, isso também não seria suficiente. Por quê? Porque o resto do mundo precisaria reconhecer esses dados e concordar com seu uso. Blockchains podem fazer isso por natureza.

O sentimento de posse é aumentado por outro direito de propriedade fundamental: o direito irrestrito de revenda. Quando um usuário compra um NFT de um certo jogo, a natureza sem confiança e sem permissão do blockchain significa que o fabricante do jogo não pode bloquear a senha desse NFT em nenhum ponto. Eles nem são ativamente informados disso (embora a transação seja registrada em um livro-caixa público). Por motivos relacionados, é impossível para um desenvolvedor "trancar" bens baseados em blockchain em seu mundo virtual. Se o jogo A vender um NFT, os jogos B, C, D e adiante poderão incorporá-lo se o proprietário assim o quiser — os dados de propriedade do blockchain são livres de permissão e o proprietário está no controle do token. Finalmente, estruturas de token significam que, mesmo se uma versão duplicada desse bem virtual for cunhada, o original se manterá distinto e "original" — como uma pintura assinada e datada listada como um de um.

Ao longo de 2021, cerca de 45 bilhões de dólares foram gastos em NFTs em uma ampla variedade de categorias.[4] Elas incluem os NBA Top Shots, do Dapper Labs, que transformavam momentos individuais das temporadas 2020-2021 e 2021-2022 da NBA em NFTs colecionáveis, tipo cartões; os CryptoPunks, da Larva Labs, uma série de 10 mil avatares 2D de 24 × 24 pixels gerados algoritmicamente que são normalmente usados como fotos de perfil; os Axies, que são uma espécie de Pokémon baseados em blockchain que podem ser colecionados, criados, trocados e postos para lutar; e cavalos 3D usados nas pistas de corrida do cassino virtual *Zed Run*. O Bored Ape, outra série de fotos de perfil NFT, é também usado como cartão de membro para o Bored Ape Yacht Club.

Quarenta e cinco bilhões de dólares são suficientes para fazer até mesmo olhos virtuais se arregalarem, mas não está claro exatamente como alguém pode comparar essa soma aos quase 100 bilhões de dólares gastos em 2021 em conteúdo de videogames gerenciado por bancos de dados tradicionais. Se alguém comprasse um CryptoPunk por US$ 100, então vendesse por US$ 200, um total de US$ 300 teria sido "gasto", mas apenas US$ 100 foram gastos em termos líquidos. Por outro lado, quase todas as compras de bens virtuais *tradicionais* são de uma via, ou seja, os bens não podem ser revendidos ou trocados. Todo dólar é "líquido". Isso significa que em 2022 outros 100 bilhões de dólares podem ser gastos em ativos tradicionais de jogos, mas, mesmo que o gasto com NFT dobre, poderá haver apenas 10 bilhões de dólares, mais ou menos, gastos de forma incremental. De repente, o argumento de que NFTs geraram metade da arrecadação da indústria de jogos parece ter sido exagerado por um fator de dez. Talvez um contraste mais preciso seja entre o gasto de cada ano em ativos virtuais tradicionais e o valor de mercado de NFTs. O preço mínimo de mercado para as cem maiores coleções de NFT foi estimado em cerca de 20 bilhões de dólares no final de 2021 — por volta da metade do volume de comércio, mas ainda um quarto do mercado tradicional de jogos. Contudo, "preços mínimos de mercado" presumem que todo NFT em uma dada coleção seria vendido pelo preço do NFT mais barato naquela coleção. Esse tipo de análise é uma forma útil de comparar o crescimento em diferentes coleções, mas não seu valor de mercado.

Alguns críticos argumentam que a maior parte do valor dos NFTs é especulativo — por exemplo, baseado no potencial de lucro —, não baseado em utilidade, como é o caso de *skins* do *Fortnite*. Isso tornaria qualquer tipo de comparação impossível. Ao mesmo tempo, o mercado de arte global reconheceu 50,1 bilhões de dólares em gastos (de compras e vendas) em 2021, e poucos debateriam que as compras não têm utilidade, embora elas também tenham valor especulativo. A proximidade entre essas duas categorias também é instrutiva quanto à escala do mercado de NFT. Além disso, é o próprio fato de que NFTs podem ser revendidos que faz entusiastas do blockchain acreditarem que os usuários colocam mais valor nelas. NFTs podem até ser emprestados para outros jogadores ou jogos, com o proprietário recebendo um "aluguel" programático conforme esses NFTs são usados ou "juros" quando eles geram lucro.

Independentemente de se alguém deveria, ou como poderia, comparar gastos de NFT com os de itens e conteúdo de videogames, suas taxas de crescimento são muito diferentes — assim como o potencial de crescimento no futuro próximo. O gasto geral em NFTs em 2021 foi mais de noventa vezes o gasto de cerca de 350 milhões a 500 milhões de dólares em NFTs um ano antes, o que por sua vez foi mais de cinco vezes os gastos de 2019. Em contraste, vendas de itens virtuais tradicionais cresceram cerca de 15% em média. Além disso, a utilidade dos NFTs é muito restringida hoje pelo fato de a maior parte dos videogames ainda não os permitir. E, porque nenhuma das grandes plataformas de console ou lojas de aplicativos móveis suporta compras em jogos de blockchain, a maioria dos jogos que usa títulos de NFT fica limitada ao navegador, e como resultado possui gráficos e jogabilidade rudimentares. Esse é um dos motivos para muitas das experiências mais bem-sucedidas com NFT serem baseadas em colecionar, em vez de "jogar" ativamente. É também por isso que a maioria dos jogos, franquias de jogos, franquias de mídia, marcas e empresas mais populares não lança NFTs — e, por isso, acredita-se que só alguns milhões de pessoas já tenham comprado um NFT, enquanto bilhões de pessoas fazem compras em jogos todos os anos. Conforme a funcionalidade dos NFTs melhorar e o número de marcas e usuários participantes aumentar, o valor dos NFTs vai, com certeza, crescer. Existe certamente bastante espaço para as duas coisas.

A vantagem mais importante pode vir de se conseguir a interoperabilidade em NFTs. Embora membros da comunidade blockchain digam com frequência que NFTs de blockchain são inerentemente interoperáveis, isso não é realmente verdade. Já mencionei que usar um bem virtual exige tanto acesso aos seus dados como código para entendê-lo. A maior parte das experiências e dos jogos de blockchain não tem esse código. Na verdade, a maioria dos NFTs de hoje coloca os direitos a um bem virtual no blockchain, mas não os dados desse bem virtual, que seguem armazenados em um servidor centralizado. Assim, o proprietário do NFT não pode exportar os dados do bem para outra experiência a menos que receba permissão do servidor centralizado que o está armazenando. Por razões parecidas, quase nenhuma experiência com base em blockchain é realmente descentralizada — mesmo aquelas que lançam NFTs. Os desenvolvedores não podem, por exemplo, revogar os direitos desses NFTs, mas eles poderiam alterar o código que os utiliza ou deletar a conta do usuário em um jogo.

O fato de ativos "descentralizados" terem dependências "centralizadas" leva a duas conclusões principais. Primeiro, NFTs são inúteis — sujeitos a fraude, especulação e falta de compreensão. Isso foi frequentemente o caso em 2021 e provavelmente seguirá sendo verdade nos próximos anos. Segundo, o potencial ainda não utilizado dessa tecnologia é extraordinário e será alcançado conforme a utilidade e o acesso a jogos e produtos de blockchain aumentarem.

A segunda conclusão aponta para a importância dos blockchains para o metaverso. Por exemplo, os blockchains não apenas estabelecem um registro comum e independente de bens virtuais, mas também oferecem uma potencial solução técnica para o maior obstáculo à interoperabilidade dos bens virtuais: vazamento de arrecadação.

Muitos jogadores adorariam mover seus bens e títulos de um jogo para outro. Contudo, diversos desenvolvedores de jogos geram a maior parte de sua arrecadação vendendo bens que são usados exclusivamente dentro de seus jogos. A possibilidade de um jogador "comprar fora e usar dentro" põe em perigo o modelo de negócios do desenvolvedor. Os jogadores podem acumular tantos bens virtuais a ponto de não verem mais a necessidade de comprar nenhum outro. Ou podem começar a comprar todas as suas *skins* no jogo A, mas então jogar exclusivamente no jogo B, o que resultaria em distorções a respeito do local onde a maioria dos custos e da arrecadação ocorre. Na verdade, é provável que vendedores de bens virtuais surjam oferecendo fortes descontos nos bens vendidos dentro do jogo porque eles não precisam recuperar os custos iniciais de desenvolvimento e operação de um jogo.

Muitos desenvolvedores hesitam por causa da preocupação de que uma economia de itens abertos possa criar muito mais valor do que eles próprios podem capturar. O desenvolvedor A pode produzir a *skin* A para o jogo A e, então, o jogo A recusa, e a *skin* A se torna um item popular (e valioso) no título do desenvolvedor B. Nesse caso, o desenvolvedor A, na verdade, criou conteúdo para que um concorrente o vencesse! Ou talvez as criações do desenvolvedor A tenham se tornado icônicas e muito valiosas, permitindo a um jogador lucrar muito mais com as criações do desenvolvedor A do que o próprio desenvolvedor A jamais poderia. (Para piorar, o desenvolvedor A pode nunca ver um dólar além da primeira venda.)

O comércio é, claro, um processo complicado que envolve alguns perdedores, mesmo que o impacto econômico agregado seja fortemente positivo. Contudo, a interoperabilidade pode ser em parte facilitada por uma mistura de taxas e impostos (como é o caso no mundo real). Por exemplo, a maior parte dos NFTs é programada para pagar automaticamente uma comissão a seu criador original sempre que for trocada ou revendida. Sistemas similares podem ser estabelecidos para pagamento na importação ou utilização de um bem "estrangeiro". Outros observadores propõem a degradação programada de bens virtuais, o que lhes agregaria um "custo" intrínseco de "uso" que lentamente remove o valor de um bem e impulsiona novas compras. A programação de blockchain sozinha não consegue parar os vazamentos, já que a prevenção precisa que esses sistemas e incentivos sejam "perfeitos"; as lições da globalização nos dizem que isso é impossível. Mas, por meio de modelos sem confiança, sem permissão e de compensação automática, muitos acreditam que os blockchains podem, ainda assim, produzir um mundo virtual mais interoperável.

Jogando em blockchain

Independentemente de você acreditar nos NFTs em longo prazo, existem mais aspectos interessantes de mundos virtuais e comunidades baseados em blockchains. No início, notei que dapps podiam emitir seus próprios tokens tipo criptomoeda para suas redes e usuários. Eles não precisam ser emitidos para recursos computacionais, como é o caso da transação de processamento do Bitcoin e do Ethereum. Eles também podem ser dados por contribuição de tempo, entrega de novos usuários (aquisição de clientes), entrada de dados, direitos de IP, capital (dinheiro), largura de banda, bom comportamento (como pontuação comunitária), ajuda em moderação e mais. Esses tokens podem ser oferecidos com direitos de governança e, claro, podem valorizar junto com o projeto de base. Todo usuário (ou seja, jogador) pode, muitas vezes, comprar esses tokens também, o que lhes permite participar no sucesso financeiro do jogo que amam.

Os desenvolvedores acreditam que esse modelo pode ser usado para reduzir a necessidade de dinheiro de investidores, aprofundar o relacionamento com a comunidade e aumentar significativamente o engajamento. Se amamos jogar *Fortnite* ou usar o Instagram, é lógico que iremos investir neles e os usaremos mais se pudermos lucrar com eles ou ajudar a governá-los. Afinal, milhões de pessoas gastam bilhões de horas arando campos e semeando canteiros no *FarmVille* sem renda ou posse do *FarmVille*, ou mesmo de suas próprias fazendas. Como é sempre o caso, os blockchains não são uma exigência técnica para esses tipos de experiências, mas muitos acreditam que estruturas livres de confiança, permissão e fricção deem a tais experiências mais chances de decolar, prosperar e, mais importante, se provarem sustentáveis. A sustentabilidade vem não apenas do maior envolvimento dos usuários em um aplicativo e da posse dele, mas das formas como o blockchain desencoraja o aplicativo a trair a confiança do usuário e, em vez disso, força-o a conquistá-la.

Um bom exemplo da dinâmica blockchain dapp para usuário é demonstrada pela competição entre o Uniswap e o Sushiswap. O Uniswap foi um dos primeiros dapps de Ethereum a ganhar adoção em massa, sendo pioneiro no formador de mercado automatizado, que permitia aos usuários trocar um token por outro por meio de um câmbio centralizado. O código predominantemente aberto do Uniswap foi copiado e bifurcado por um concorrente, o Sushiswap. Para ganhar adoção, o Sushiswap emitiu tokens para seus usuários. Os usuários tinham exatamente a mesma funcionalidade que no Uniswap, mas recebiam o que na prática era uma participação acionária do Sushiswap por fazer isso. Isso forçou o Uniswap a contrapropor com seu próprio token e recompensar retroativamente todos os usuários anteriores. Uma "corrida armamentista" que beneficia o usuário como essa é típica. Os dapps têm poucas barreiras que evitam o surgimento de versões melhores de suas funcionalidades, especificamente porque os blockchains, e não os dapps, mantêm boa parte dos dados que normalmente valorizamos na era digital — a identidade de um cliente, seus dados, suas posses digitais etc.

Além de operar dapps e serviços de contas, os blockchains também podem ser usados para suportar provisões de infraestrutura de jogos relacionada à computação. No Capítulo 6, destaquei a necessidade insaciável de mais recursos computacionais e a crença antiga de que alcançar o metaverso exigiria usar os bilhões de CPUs e GPUs que ficam praticamente inutilizados em boa parte do dia. Várias startups baseadas em blockchain estão buscando isso — e estão sendo bem-sucedidas. Uma, a Otoy, criou a rede e o token RNDR baseados em Ethereum para que as pessoas que precisassem de poder extra de GPU pudessem enviar suas tarefas para computadores ociosos conectados à rede RNDR em vez de a um caro provedor na nuvem, como a Amazon ou o Google. Toda a negociação e contratação entre as partes é resolvida em segundos pelo protocolo RNDR, nenhum lado conhece a identidade ou os detalhes da tarefa sendo executada e todas as transações ocorrem usando tokens de criptomoeda RNDR.

Outro exemplo é o Helium, que o *New York Times* descreveu como "uma rede sem fio descentralizada para dispositivos da 'internet das coisas' movida por criptomoeda".[5] O Helium funciona com o uso de hotspots de US$ 500 que permitem ao usuário retransmitir com segurança sua conexão de internet doméstica — e isso até duzentas vezes mais rápido que um dispositivo wi-fi doméstico tradicional. Esse serviço de internet pode ser usado por qualquer um, de consumidores (digamos para conferir o Facebook) até infraestrutura (por exemplo, um parquímetro processando uma transação de cartão de crédito). A empresa de transportes Lime é uma das maiores clientes e usa o Helium para rastrear sua frota de mais de 100 mil bicicletas, patinetes, ciclomotores e carros, muitos dos quais encontram regularmente "zonas mortas" da rede móvel.[6] Aqueles que operam um hotspot do Helium são compensados com o token HNT do Helium em proporção ao uso. Em 5 de março de 2022, a rede Helium possuía mais de 625 mil hotspots, de pouco menos de 25 mil um ano antes, distribuídos por quase 50 mil cidades em 165 países.[7] O valor total dos tokens do Helium excede 5 bilhões de dólares.[8] Notavelmente, a empresa foi fundada em 2013, mas teve dificuldade para ganhar adoção até ter passado de um modelo tradicional (isto é, não pago) de ponta a ponta para um que oferecia aos contribuidores compensação direta via criptomoeda. A viabilidade de longo prazo e o potencial do Helium ainda são incertos; a maior parte dos provedores de serviços de internet (ISPs, na sigle em inglês) proíbe seus clientes de retransmitir sua conexão de internet, e, embora os ISPs tenham normalmente ignorado violações de serviço desse tipo desde que a conexão não fosse revendida e o uso total de dados fosse baixo, não há garantia de que eles seguirão ignorando tais violações pelos usuários do Helium ou qualquer sistema análogo. Independentemente disso, a empresa serve como outro lembrete do potencial de modelos de pagamento descentralizados e agora está fazendo acordos diretos com os ISPs.

A escala e a diversidade do boom de criptojogos em 2021, combinadas com sua relativa infância e o enorme retorno por jogador, levaram a um aumento do desenvolvimento. Uma das principais investidoras em jogos no mundo me disse que quase todo desenvolvedor de jogos talentoso que ela conhecia, com a exceção daqueles que já comandavam estúdios famosos, estava focado em construir jogos em blockchain. No total, jogos baseados em blockchain e plataformas de jogos receberam mais de 4 bilhões[9] de dólares em investimento de risco (o investimento de risco total para empresas e projetos de blockchain foi de cerca de US$ 30 bilhões; alguns especulam que outros 100 a 200 bilhões de dólares já tenham sido arrecadados ou marcados pelos fundos de capital de risco).[10]

O influxo de talento, investimento e experimentação pode rapidamente produzir um círculo virtuoso no qual mais usuários criam uma carteira cripto, pagam jogos de blockchain e compram NFTs, aumentando assim o valor e a utilidade de todos os outros produtos de blockchain, o que também atrai mais desenvolvedores e, por sua vez, mais usuários, e por aí vai. No fim das contas, isso nos leva a um futuro no qual um punhado de criptomoedas intercambiáveis é usado para mover as economias de incontáveis jogos diferentes, substituindo aquele no qual o gasto se mantém fragmentado entre Minecoins, V-Bucks, Robux e várias outras denominações próprias. E, nesse futuro, todos os bens virtuais são pelo menos em parte pensados para a interoperação.

Com escala suficiente, até mesmo os mais bem-sucedidos desenvolvedores de jogos da era pré-blockchain, incluindo a Activision Blizzard, a Ubisoft e a Electronic Arts, acharão essas tecnologias financeiramente irresistíveis e essenciais para a concorrência. A transição será facilitada pelo fato de que eles abrirão suas economias e seus sistemas de conta para um sistema que não é de plataformas concorrentes, como a Valve e a Epic Games, mas de uma comunidade de jogadores.

Organizações autônomas descentralizadas

O aspecto mais disruptivo de canais de pagamento nativos digitais "programáveis", no entanto, é o modo facilitado como eles permitem mais colaboração independente e investimento em novos projetos. Isso não é um ponto estruturalmente separado de nada que discutimos até aqui, mas é importante entendê-lo em um contexto mais amplo.

Para isso, quero falar sobre uma máquina de vendas. O primeiro dispositivo desses, na verdade, surgiu milênios atrás (por volta do ano 50) e permitia que um consumidor inserisse uma moeda e recebesse água benta em troca. No final dos anos 1800, essas máquinas já aceitavam uma grande variedade de compras diferentes — não só um único item, como água, mas também chiclete, cigarros e selos. Nenhum comerciante ou advogado gerenciava a distribuição dos bens nem aceitava e validava os pagamentos, mas o sistema funcionava com regras fixas: "Se isto, então isto". Todo mundo confiava no sistema.

Blockchains podem ser vistos como uma máquina de vendas virtual. Só que muito, muito mais inteligentes. Por exemplo, eles podem rastrear múltiplos contribuidores e avaliá-los de forma distinta. Imagine que alguém queira comprar uma barra de chocolate em uma máquina do mundo real. Talvez ele só tenha US$ 0,75 e queira um chocolate de US$ 1, então pede US$ 0,25 a um passante para completar a transação. Talvez a pessoa concorde, mas só se receber metade da barra, em vez da taxa proporcional de um quarto. Uma "máquina de venda blockchain" permitiria que os dois colaboradores escrevessem um chamado "contrato inteligente" para esse arranjo e, então, depois de aceitar cada pagamento individual, o dispositivo automaticamente (e de forma incorruptível) entregaria as quantidades apropriadas (metade e metade) para os donos apropriados. Ao mesmo tempo, a máquina de vendas blockchain pode ter pagado automaticamente todos os responsáveis pela barra de chocolate também — cinco centavos para a pessoa que abasteceu a máquina, sete centavos para o dono da máquina e dois centavos para o fabricante.

Contratos inteligentes podem ser escritos em minutos e servem para quase qualquer propósito; eles podem ser pequenos e temporários ou enormes e persistentes. Diversos escritores e jornalistas independentes usam contratos inteligentes para bancar suas pesquisas, investigações e escrita — servindo como uma espécie de adiantamento de ganhos futuros, mas que vem da comunidade em vez de uma corporação. Após serem completados, esses trabalhos são cunhados no blockchain e vendidos, ou talvez colocados atrás de um acesso pago com base em cripto, com os lucros sendo compartilhados de volta com os mecenas. Em outros casos, um coletivo de autores emitiu tokens para patrocinar uma nova revista em andamento que fica, então, disponível de forma exclusiva para aqueles que têm tokens. Alguns escritores usam contratos automáticos para compartilhar automaticamente gorjetas com aqueles que os ajudaram ou inspiraram. Nada disso exige números de cartão de crédito, digitar detalhes de ACH, faturas, nem mesmo muito tempo — só uma criptocarteira com criptomoedas.

Alguns veem os contratos inteligentes como a versão do metaverso de uma LLC (sociedade de responsabilidade limitada) ou 501(c)(3) (organização sem fins lucrativos). Um contrato inteligente pode ser escrito e pago imediatamente, sem necessidade de que os participantes assinem documentos, passem por checagens de crédito, confirmem pagamentos ou designem acesso a contas bancárias, contratem advogados ou mesmo saibam as identidades dos outros participantes. Além disso, o contrato inteligente gerencia de forma "livre de confiança" boa parte do trabalho administrativo da organização de forma contínua, incluindo determinar direitos de posse, calcular votos em medidas, distribuir pagamentos, e por aí vai. Essas organizações são normalmente chamadas de "organizações autônomas descentralizadas", ou "DAOs".

Na verdade, muitos dos NFTs mais caros foram comprados não por indivíduos, mas por DAOs compostos por dezenas (e, em alguns casos, milhares) de usuários de cripto com pseudônimos que nunca poderiam ter feito a compra sozinhos. Usando tokens de DAO, o coletivo pôde determinar quando esses NFTs venderiam e qual o preço mínimo, além de gerenciar o desembolso. O exemplo mais notável de um DAO desses é o ConstitutionDAO, que foi formado em 11 de novembro de 2021 para comprar uma das treze primeiras edições sobreviventes da Constituição dos Estados Unidos, que seria leiloada pela Sotheby's no dia 18 de novembro. Apesar do planejamento limitado e de nenhuma conta bancária "tradicional", o DAO foi capaz de arrecadar mais de 47 milhões de dólares — muito mais do que os 15 a 20 milhões de dólares que a Sotheby's havia estimado que seria necessário para vencer esse leilão. No final, o ConstitutionDAO perdeu para um comprador particular, o bilionário gerente de fundos de investimento Ken Griffin, mas a *Bloomberg*, em uma reportagem sobre o esforço, escreveu que ele "mostrou o poder do DAO… [DAOs têm] o potencial de mudar a forma como as pessoas compram coisas, constroem empresas, compartilham recursos e gerenciam organizações sem fins lucrativos".[11]

Ao mesmo tempo, o ConstitutionDAO também iluminou muitos dos problemas do blockchain Ethereum. Por exemplo, estima-se que entre 1 milhão e 1,2 milhão de dólares foi gasto processando transações para financiar o DAO. Embora isso represente 2,1% das contribuições — dentro da média para canais de pagamento tradicionais —, a contribuição mediana foi estimada em US$ 217, com quase US$ 50 gastos em "gás". Além disso, o blockchain Ethereum não pode "abrir mão" de taxas para reverter ou refinanciar uma transação. No fim, essas taxas foram na prática dobradas como resultado do leilão, já que muitos contribuidores pediram suas doações de volta. Muitas doações seguiram no DAO porque o custo de pegar de volta a contribuição excedia seu valor. (Muitos desses problemas são atribuídos a códigos malfeitos em contratos inteligentes e poderiam ter sido evitados, especialmente se outro blockchain ou solução de Camada 2 tivesse sido usado.)

Embora um membro do "mercado financeiro tradicional" tenha sido capaz de vencer a comunidade "financeira descentralizada" para comprar a Constituição dos EUA, o mundo das altas finanças também está usando DAOs para fazer seus investimentos. Um exemplo é o Coletivo Komorebi, que faz investimentos de risco em "fundadores cripto excepcionais que sejam mulheres ou não binários" e que inclui entre seus membros diversos capitalistas de risco proeminentes, executivos de tecnologia, jornalistas e trabalhadores de Direitos Humanos. No final de 2021, cerca de 5 mil entusiastas da vida ao ar livre usaram um DAO para comprar uma área de dezesseis hectares perto do Parque Nacional de Yellowstone, em Wyoming, que havia aprovado uma legislação reconhecendo a legitimidade do DAO no início do ano. O "CityDAO" é, no geral, organizado pelo Discord e não possui um líder oficial (o cofundador do Ethereum, Vitalik Buterin, é um membro), com todas as grandes decisões tomadas por voto e os membros tendo a possibilidade de vender seus tokens a qualquer momento. Um membro, o representante de fato do CityDAO, disse ao *Financial Times* que ele esperava que a aceitação do Wyoming da estrutura de DAO se "tornasse esse elo fundamental entre bens digitais, cripto e o mundo físico".[12] Como ponto de referência, o Wyoming também foi o primeiro estado a autorizar a criação de LLCs, tendo passado uma legislação relacionada em 1977, cerca de dezenove anos antes de ela estar disponível no resto do país.

O Friends With Benefits [FWB] é na prática um clube de membros com base em DAO no qual tokens são usados para se ganhar acesso a canais privados do Discord, eventos e informação. Algumas pessoas argumentaram que, ao exigir que as pessoas comprem tokens para entrar, o FWB está simplesmente reproduzindo o centenário modelo das "taxas de associação" de todo clube exclusivo que já existiu, mas agora se beneficiando da onda "cripto". Contudo, essa visão ignora a potência do projeto de token do FWB. Os membros não pagam "taxas" anuais. Em vez disso, eles precisam comprar um certo número de tokens do FWB para ganhar entrada — e, então, guardá-los para seguirem membros. Como resultado, todos os membros são em parte donos do FWB e podem sair a qualquer momento ao venderem seus tokens. Como esses tokens se valorizam conforme o clube se torna mais bem-sucedido ou desejável, todo membro é incentivado a investir seu tempo, suas ideias e seus recursos no clube. A valorização também torna cada vez menos prático para que *spammers* entrem no FWB, enquanto em circunstâncias normais a popularidade de uma plataforma social online só encoraja os trolls. A valorização significa que o clube precisa trabalhar mais para conquistar seu papel na vida de um membro. Se você entrou em um clube comprando US$ 1.000 em tokens, mas esses tokens quadruplicam de valor, o clube precisa fazer mais para mantê-lo como membro. Afinal, se você sair, sua venda diminui o valor de mercado dos tokens que restam. Finalmente, muitos DAOs sociais usam contratos inteligentes para emitir tokens para membros individuais por suas contribuições, ou para aqueles que não têm dinheiro para se juntar ao coletivo, mas são considerados valiosos por seus membros.

O Nouns DAO é na prática um remix do FWB com o CryptoPunks. A cada dia um novo Noun — um NFT de um avatar pixelizado bonitinho — é leiloado, com 100% dos lucros líquidos indo para o tesouro do Nouns DAO, que existe exclusivamente para aumentar o valor dos NFTs Nouns. Como, especificamente, esse tesouro faz isso? Financiando propostas criadas e votadas pelos proprietários dos NFTs. Na verdade, é um fundo de investimento em crescimento constante governado por um comitê em crescimento constante de governadores.

Alguns veem DAOs sociais e tokens como uma forma de lidar com o assédio pontual e a toxicidade em redes sociais online de grande escala. Imagine, por exemplo, um modelo no qual usuários do Twitter fossem recompensados com valiosos tokens do Twitter por relatar mau comportamento, pudessem ganhar mais ao revisar tuites já reportados e os perdessem se violassem as regras. Ao mesmo tempo, em vez de confiar em dicas ou postar tuítes promocionais em nome dos anunciantes para gerar renda, os superusuários e influenciadores poderiam ganhar tokens por organizar eventos. No final de 2021, o Kickstarter, o Reddit e o Discord tinham todos os planos publicamente descritos de passar para modelos com base em tokens de blockchain.

Obstáculos do blockchain

Ainda existem vários obstáculos diante de uma potencial revolução do blockchain. O mais notável é que blockchains seguem muito caros e lentos. Por esse motivo, a maioria dos "jogos de blockchain" ou "experiências de blockchain" ainda roda em bancos de dados em sua maioria fora do blockchain. Como resultado, eles não são realmente descentralizados.

Dadas as exigências computacionais para mundos virtuais 3D de grande escala renderizados em tempo real, além de sua necessidade de latência ultrabaixa, alguns especialistas debatem se algum dia poderemos descentralizar completamente essa experiência — e, mais ainda, "o metaverso". Colocado de outra forma, se a computação é escassa e a velocidade da luz já é um desafio, como pode um dia fazer sentido realizar o mesmo "trabalho" incontáveis vezes e esperar que uma rede global concorde com a resposta certa? E, mesmo se pudéssemos fazer isso, a energia usada não derreteria o planeta?

Isso pode soar superficial, mas as opiniões variam. Algumas pessoas acreditam que os problemas técnicos fundamentais serão resolvidos com o tempo. O Ethereum, por exemplo, continua a agrupar seu processo de validação para que os participantes da rede possam fazer menos trabalho (e, mais importante, menos trabalho duplicado) e já usa menos de um décimo da energia por transação que o blockchain Bitcoin. Camadas 2 e sidechains [cadeias laterais] também estão proliferando, resolvendo muitos dos impedimentos do Ethereum enquanto novas Camadas 1, como Solana, estão combinando sua flexibilidade de programação com uma performance muito melhor. A Fundação Solana afirma que uma única transação usa tanta energia quanto duas buscas no Google.

Na maior parte dos países e dos estados dos EUA, DAOs e contratos inteligentes não são reconhecidos legalmente. Isso está começando a mudar, mas o reconhecimento legal não é uma solução completa. Existe uma expressão comum que diz "o blockchain não mente", ou "o blockchain não pode mentir". Isso pode ser verdade, mas os usuários podem mentir para o blockchain. Um músico pode tokenizar os royalties de sua música, garantindo assim que contratos inteligentes executem todos os pagamentos. Contudo, esses royalties não podem ser recebidos "na cadeia". Em vez disso, uma gravadora precisa mandar uma transferência para o banco de dados centralizado desse músico e, então, este deve colocar a soma apropriada na carteira apropriada, e por aí vai. E muitos NFTs são cunhados por aqueles que não possuem os direitos dos trabalhos de base. Blockchains, em outras palavras, não tornam tudo livre de confiança — assim como contratos não resolvem todo mau comportamento.

Então vem a questão das lojas de aplicativos: se a Apple e o Google não permitem jogos ou transações de blockchain, qual é o sentido? Bem, maximalistas do blockchain acreditam que a totalidade de suas forças econômicas forçará até mesmo as empresas mais poderosas do mundo a mudar, em vez de só fabricantes e convenções de jogos.

Como pensar sobre blockchains e o metaverso

Existe, como eu vejo, cinco maneiras de pensar na importância dos blockchains, tanto dentro do contexto do metaverso como na sociedade de forma geral. Primeiro, é uma tecnologia perdulária, sujeita a golpes e modas, e ela recebe atenção não por causa dos seus méritos, mas devido à especulação de curto prazo.

Segundo, blockchains são de fato inferiores à maioria, senão a todas, as alternativas para bancos de dados, contratos e estruturas computacionais, mas podem ainda assim levar a uma mudança cultural em torno de direitos de usuários e desenvolvedores, interoperabilidade em mundos virtuais e compensação para aqueles que apoiam software de código aberto. Talvez esses resultados já fossem inevitáveis, mas os blockchains podem impulsioná-los de forma mais rápida e democrática.

Terceiro, e mais esperançoso, os blockchains não vão se tornar os meios dominantes para armazenamento de dados, computação, pagamentos, LLCs e 501(c)(3)s etc., mas se tornarão fundamentais para muitas experiências, usos e modelos de negócios. Jensen Huang, da Nvidia, argumentou que "blockchains ficarão aqui por muito tempo e [serão] fundamentais para novas formas de computação",[13] enquanto a gigante global de pagamentos Visa lançou uma divisão de pagamentos em criptomoeda, com sua página de entrada declarando "o cripto está alcançando níveis extraordinários de adoção e investimento — abrindo um mundo de possibilidades para negócios, governos e consumidores".[14] Lembre-se do Capítulo 8 e dos muitos problemas que surgem quando um mundo virtual quer "compartilhar" um bem único com outro, como seria o caso de alguém usando um avatar comprado no *Fortnite*, da Epic Games, mas dentro do *Call of Duty*, da Activision. Onde o bem é armazenado quando não está sendo usado: no servidor da Epic, no servidor da Activision, nos dois ou em outro lugar? Como o armazenador é recompensado? Se o item for alterado ou vendido, quem gerenciará o direito de se fazer essa mudança e a registrará? Como essas soluções podem ser reproduzidas para centenas, senão bilhões, de mundos virtuais diferentes? Se tudo o que o blockchain faz é oferecer um sistema independente que em parte resolve alguns desses problemas, alguns acreditam que ele ainda vai produzir uma revolução na cultura, no comércio e nos direitos virtuais.

Uma quarta visão defende que blockchains são não apenas tecnologias cruciais para o futuro, mas também a chave para causar disrupção no paradigma atual de plataformas. Lembre-se de por que plataformas fechadas tendem a ganhar. Tecnologias livres, de código aberto e gerenciadas por comunidades estão disponíveis há décadas e frequentemente prometem aos desenvolvedores e usuários um futuro mais justo e próspero, e então perdem para alternativas pagas, fechadas e de propriedade particular. Isso ocorre porque as empresas que operam essas alternativas podem arcar com investimentos enormes em serviços e ferramentas concorrentes, engenheiros de talento, aquisição de clientes (por exemplo, hardware abaixo do custo) e conteúdo exclusivo. Tais investimentos, por sua vez, atraem usuários, produzem um mercado lucrativo para os desenvolvedores e/ou atraem desenvolvedores, o que por sua vez atrai usuários que trazem mais desenvolvedores. Com o tempo, a empresa que gerencia esses desenvolvedores e usuários usa esse controle, com uma quantidade cada vez maior de lucros, para segurar esses mesmos grupos e prejudicar a concorrência.

Como os blockchains poderiam alterar essa dinâmica? Eles oferecem um mecanismo por meio do qual recursos significativos e diversos — de dinheiro a infraestrutura e tempo — podem ser facilmente agregados em uma escala que compete com as empresas privadas mais poderosas. Em outras palavras, a única forma de combater gigantes corporativos de trilhões de dólares buscando oportunidades de trilhões de dólares são bilhões de pessoas contribuindo com outros trilhões. Os blockchains também possuem um modelo econômico embutido para compensar aqueles que contribuem com seu sucesso ou operações contínuas em vez de confiar no altruísmo e na empatia, como é o caso da maior parte dos projetos de código aberto. Além disso, experiências baseadas em blockchain parecem, pelo menos até agora, prometer aos desenvolvedores lucros muito maiores do que plataformas de jogos fechadas. Igualmente importante é que os líderes das plataformas e empresas de blockchain possuem muito menos controle sobre seus usuários e desenvolvedores do que aqueles que constroem sobre bancos de dados e sistemas tradicionais, já que não podem agrupar de forma forçada a identidade de um usuário, seus dados, pagamentos, conteúdo, serviços etc. Chris Dixon, um capitalista de risco focado em cripto na Andreessen Horowitz, afirma que se o etos dominante da Web 2.0 foi "Não seja mau", a frase que famosa e infamemente serviu como o lema não oficial do Google, e depois da Web 3.0 (baseada em blockchain), é "Não pode ser ruim".

É pouco provável, entretanto, que todos os dados fiquem "na cadeia", o que quer dizer que poucas experiências serão totalmente "descentralizadas" e, portanto, seguirão na prática centralizadas ou pelo menos fortemente controladas por uma certa parte. Além disso, o controle não vem só da posse dos dados, mas de código e propriedade intelectual próprios. É relativamente fácil copiar o código do Uniswap, que é no geral aberto, mas a capacidade de copiar o código que rode uma versão blockchain de *Call of Duty* não significa que um desenvolvedor tenha o direito de fazer isso. Um jogo blockchain da Disney pode dar aos usuários direitos indefinidos sobre NFTs da Disney, mas isso não significa que outros desenvolvedores possam construir jogos da Disney com a propriedade intelectual da Disney. Colocando de outra forma, uma criança pode contar suas próprias histórias na banheira usando um bonequinho do Darth Vader ou do Mickey Mouse, mas a Hasbro não pode comprar esses bonecos e usá-los para vender um jogo de tabuleiro da Disney. Outra forma de "prender" é o hábito — os resultados de busca oferecidos pelo Bing podem ser mais precisos (e menos cheios de anúncios) que os do Google, mas poucos pensam em usá-lo. E, mesmo que eles sejam melhores, quão melhores precisam ser para convencer um usuário a mudar comportamentos e superar a sinergia de usar a ferramenta de busca e o navegador do Google? Embora o ponto de Dixon seja exagerado, você vai notar que esses exemplos tratam de como desenvolvedores independentes e criadores estabelecem poder — em vez das formas pelas quais a plataforma de base (por exemplo o Ethereum) constrói ou protege o seu próprio. Em geral, a sociedade acredita que os direitos do primeiro grupo são mais importantes para a saúde econômica que os do segundo.

A quinta perspectiva para os blockchains sugere que eles são essencialmente uma exigência para o metaverso — pelo menos para aquele que corresponda à nossa imaginação ambiciosa e no qual realmente gostaríamos de viver. Em 2017, Tim Sweeney disse que iremos "perceber que o blockchain é na verdade um mecanismo geral para rodar programas, armazenar dados e realizar transações de forma verificável. É um conjunto de tudo o que existe em computação. Cedo ou tarde olharemos para ele como um computador que é distribuído e roda bilhões de vezes mais rápido do que o computador que temos em nossas mesas porque ele é uma combinação do computador de todo mundo".[15] Se esperamos produzir simulações de mundo persistentes, ricas e renderizadas em tempo real algum dia, entender como usar todo o estoque de computação, armazenagem e infraestrutura de rede desse mundo será necessário (embora isso não exija necessariamente tecnologia de blockchain).

Em janeiro de 2021, pouco antes de a febre geral por causa do metaverso e de NFTs começar, Sweeney tuitou: "Bases de blockchain sustentando um metaverso aberto. Esse é o caminho mais plausível na direção de um quadro final aberto e de longo prazo no qual todo mundo esteja no controle de sua própria presença, livre de portões". Em um tuíte seguinte, Sweeney acrescentou duas notas: "1) A tecnologia de ponta está longe do meio transacional de 60 Hz necessário para 100 milhões de usuários simultâneos em uma simulação 3D de tempo real" e "2) Não leia isto como um incentivo a investimento em criptomoeda; isso é uma bagunça especulativa enorme... Mas a tecnologia vai chegar longe".[16]

Em setembro de 2021, Sweeney seguia otimista a respeito do potencial do blockchain, mas também parecia desencorajado pelo seu mau uso, declarando que "[A Epic Games] não está encostando em NFTs já que o campo todo está atualmente enrolado em uma mistura inviável de golpes, fundações tecnológicas descentralizadas interessantes e golpes".[17] No mês seguinte, o Steam baniu jogos que usavam tecnologia de blockchain, levando Sweeney a anunciar que a "Epic Games Store receberá jogos que façam uso de tecnologia de blockchain desde que eles sigam as leis relevantes, exponham seus termos e façam a classificação etária para um grupo apropriado. Embora a Epic não vá usar cripto em nossos jogos, recebemos bem a inovação nas áreas de tecnologia e finanças".[18] As críticas de Sweeney realçam um problema que é com frequência ignorado por entusiastas do blockchain, um grupo que tipicamente vê a descentralização como apenas uma forma de proteger a riqueza, em vez de também uma forma de perdê-la. Sem intermediários, regulação ou verificação de identidades, o espaço cripto se tornou cheio de violações de direitos autorais, lavagem de dinheiro, roubos e mentiras. Muitos NFTs e jogos baseados em blockchain estão sujeitos a usuários confusos com o que exatamente está sendo comprado, como isso pode ser usado e como pode ficar no futuro (muitos não se importam, desde que os preços subam).

Quanto do blockchain permanece uma moda diante do quanto é (potencialmente) real segue incerto — o que não é diferente do estado atual do metaverso. Contudo, uma das lições centrais da era da computação é que as plataformas que melhor servirem aos desenvolvedores e usuários vencerão. Blockchains têm um longo caminho a percorrer, mas muitos veem sua imutabilidade e transparência como a melhor forma de garantir que os interesses desses dois grupos sigam sendo priorizados conforme a economia do metaverso cresce.

Parte III
Como o metaverso vai revolucionar tudo

12
Quando o metaverso vai chegar?

Na Parte ii, tracei o que é necessário para se alcançar a visão plena do metaverso como eu o defini. Este primeiro capítulo da Parte iii aborda a questão inevitável que se segue — quando o metaverso vai chegar? — e prevê como será essa chegada para várias indústrias.

Mesmo aqueles que investem dezenas de bilhões por ano no "quase-Estado sucessor" da internet tendem a discordar quanto ao momento da emergência do metaverso. Satya Nadella, ceo da Microsoft, disse que o metaverso já "está aqui", com o fundador da Microsoft, Bill Gates, prevendo que, "nos próximos dois ou três anos, [...] a maior parte das reuniões virtuais vai passar de grades de imagens 2D para o metaverso".[1] O ceo do Facebook, Mark Zuckerberg, disse que "muito [dele] se tornará popular nos próximos cinco a dez anos",[2] enquanto o antigo cto e atual consultor da Oculus, John Carmack, normalmente prevê um surgimento ainda posterior. O ceo da Epic, Tim Sweeney, e o ceo da Nvidia, Jensen Huang, tendem a evitar uma linha do tempo específica e, em vez disso, dizem que o metaverso vai surgir nas próximas décadas. O ceo do Google, Sundar Pichai, meramente diz que a computação imersiva é "o futuro". Steven Ma, o vice-presidente sênior da Tencent que cuida da maior parte dos negócios de jogos da empresa e apresentou publicamente a visão da companhia para uma "realidade hiperdigital" em maio de 2021, alerta que, embora "o dia do metaverso vá chegar[,] esse dia não é hoje... O que vemos hoje é, na verdade, um salto do que tínhamos apenas alguns anos atrás. Mas ainda é primitivo [e] experimental".[3]

Para prever o futuro da internet e da computação, é útil rever seu passado entrelaçado. Pergunte-se: quando a era da internet móvel começou? Alguns de nós podem datar essa história desde o surgimento dos primeiros telefones celulares. Outros podem apontar para o uso comercial do 2G, a primeira rede digital sem fio. Talvez ela tenha realmente começando com a introdução do padrão Protocolo Aplicado Sem Fio em 1999, que nos deu navegadores WAP e a capacidade de acessar uma versão (bastante primitiva) da maioria dos sites de quase qualquer celular. Ou talvez a era da internet móvel tenha começado com o BlackBerry 6000, ou 7000, ou 8000? Pelo menos um deles foi o primeiro dispositivo móvel popular projetado para dados sem fio. A maior parte das pessoas, contudo, provavelmente diria que a resposta está ligada ao iPhone, que chegou quase uma década depois do WAP e do primeiro BlackBerry, quase duas décadas depois do 2G e 34 anos depois da primeira ligação de telefone celular. Ele, desde então, definiu boa parte dos princípios visuais da era da internet móvel, sua economia e as práticas de negócios.

Na verdade, entretanto, nunca há um momento específico no qual um interruptor é ligado. Podemos identificar quando uma tecnologia específica foi criada, testada ou usada, mas não quando uma era precisamente começa ou termina. Transformações são um processo gradual no qual muitas mudanças diferentes convergem.

Considere, como estudo de caso, o processo de eletrificação, que começou no final do século XIX e seguiu até metade do século XX e focou a adoção e o uso da eletricidade, pulando os séculos de esforço para entendê-la, capturá-la e transmiti-la. A eletrificação não foi um único período de crescimento estável nem um processo por meio do qual um produto foi adotado. Em vez disso, ela consiste em duas ondas separadas de transformação tecnológica, industrial e processual.

A primeira onda começou por volta de 1881, quando Thomas Edison erigiu estações elétricas em Manhattan e Londres. No entanto, embora Thomas Edison tenha sido rápido em comercializar eletricidade — ele havia criado a primeira lâmpada incandescente funcional apenas dois anos antes —, a demanda por esse recurso era baixa. Um quarto de século depois de suas primeiras estações, estima-se que de 5% a 10% do poder mecânico dos Estados Unidos advinham da eletricidade (dois terços dos quais eram gerados localmente em vez de em uma rede). Mas então, de repente, a segunda onda começou. Entre 1910 e 1920, a parcela da eletricidade no poder mecânico quintuplicou para mais de 50% (quase dois terços dos quais advinham de utilidades elétricas independentes). Em 1929, era 78%.[4]

A diferença entre a primeira e segunda ondas não foi qual porção da indústria americana usava eletricidade, mas quanto essa porção usava — e projetava em volta dela.[5]

Quando as fábricas começaram a adotar a energia elétrica, ela era normalmente usada para iluminar e para substituir fontes de energia locais (normalmente, vapor). Os proprietários não repensaram ou substituíram a infraestrutura antiga que levaria esse poder pela fábrica e a colocaria para funcionar. Em vez disso, eles continuaram a usar uma rede de engrenagens e ferramentas que era bagunçada, barulhenta e perigosa, difícil de atualizar ou mudar, na qual ou "tudo estava ligado" ou "tudo estava desligado" (e, portanto, exigia a mesma quantidade de energia para ligar uma única estação ou toda a planta e sofria de incontáveis "pontos de falha"), e tinha dificuldades para dar conta de trabalho especializado.

Mas no fim das contas novas tecnologias e entendimentos deram aos proprietários tanto o motivo como a capacidade de redesenhar as fábricas para a eletricidade de ponta a ponta, desde substituir engrenagens por fios elétricos a instalar estações individuais com motores elétricos dedicados para funções como costurar, cortar, passar ou fundir.

Os benefícios foram vários. A mesma fábrica agora tinha consideravelmente mais espaço, mais luz, ar melhor e um equipamento menos perigoso. Além disso, estações individuais podiam ser alimentadas individualmente (com mais segurança e menores custos e tempo ocioso) e se podia usar equipamento mais especializado, como alavancas elétricas.

Os donos de fábricas podiam configurar áreas de produção em torno da lógica do processo de produção, em vez de equipamento volumoso, e até mesmo reconfigurar essas áreas regularmente. Essas duas mudanças significaram que muitas outras indústrias puderam usar linhas de montagem (que tinham surgido no final dos anos 1700), enquanto as que já tinham essas linhas puderam estendê-las de forma mais longa e eficiente. Em 1913, Henry Ford criou a primeira linha de montagem móvel usando eletricidade e esteiras para reduzir o tempo de produção por carro de 12,5 horas para 93 minutos e usar menos energia. De acordo com o historiador David Nye, a famosa planta de Highland Park de Ford era "construída com a presunção de que a energia elétrica deveria estar disponível em todo lugar".[6]

Uma vez que algumas fábricas começaram essa transformação, todo o mercado foi forçado a correr atrás, atraindo assim mais investimentos e inovação em infraestrutura, equipamentos e processos com base elétrica. Em um ano de sua primeira linha de montagem móvel, Ford estava produzindo mais carros do que o resto da indústria combinado. Quando chegou ao décimo milionésimo carro, ele havia construído mais da metade de todos os carros nas estradas.

A "segunda onda" da adoção industrial da eletricidade não dependeu de um único visionário fazendo um salto do trabalho-base de Thomas Edison. Nem foi movida apenas pelo aumento no número de estações elétricas industriais. Em vez disso, ela refletia uma massa crítica de inovações interconectadas compostas por gerenciamento de energia, fabricação de equipamento, teoria da produção e mais. Algumas dessas inovações cabiam na palma da mão do gerente de planta, outras precisavam de uma sala, algumas exigiam uma cidade e todas elas dependiam de pessoas e processos. Agregadas, essas inovações permitiram o que ficou conhecido como os "anos loucos", que viram o maior aumento anual médio em produtividade de trabalho e capital em um século e impulsionaram a Segunda Revolução Industrial.

Um iPhone 12 em 2008?

A eletrificação pode nos ajudar a entender melhor a ascensão da internet móvel. O iPhone *parece* um ponto de início para a era móvel porque ele unia ou destilava todas as coisas que hoje pensamos como "internet móvel" — telas de toque, lojas de aplicativo, dados de alta velocidade, mensagens instantâneas — em um único produto que podíamos tocar, segurar na palma da mão e usar todos os dias. Mas a internet móvel foi criada — e impulsionada — por muito mais.

Foi só com o segundo iPhone, lançado em 2008, que a plataforma realmente começou a decolar, com as vendas aumentando quase 300% em uma geração — um recorde que ainda se mantém onze gerações depois. O segundo iPhone foi o primeiro a incluir o 3G, o que tornava a internet móvel usável, e a App Store, que tornava redes sem fio e os smartphones úteis.

Nem o 3G nem a App Store foram inovações exclusivas da Apple. O iPhone acessava redes de 3G via chips feitos pela Infineon que se conectavam por meio de padrões estabelecidos por grupos como a União Internacional de Telecomunicações da ONU e a Associação GSM da indústria sem fio. Esses padrões foram, então, usados pelos provedores sem fio, como a AT&T, em cima de torres sem fio construídas por empresas de torres sem fio, como a Crown Castle e a American Tower.

O iPhone tinha sempre um aplicativo ideal para alguma necessidade porque milhões de desenvolvedores os construíram. Esses aplicativos, por sua vez, eram construídos com vários padrões — de KDE a Java, HTML e Unity — que foram estabelecidos ou mantidos por partes externas (algumas das quais competiam com a Apple em áreas-chave). Os pagamentos da App Store funcionavam por causa de sistemas e canais de pagamento digitais estabelecidos pelos grandes bancos. O iPhone também dependia de incontáveis outras tecnologias, de uma CPU Samsung (por sua vez licenciada da ARM) a um acelerômetro da STMicroelectronics, o Gorilla Glass, um vidro fino e resistente da Corning, e outros componentes de empresas que incluíam a Broadcom, a Wolfson e a National Semiconductor. Todas essas criações e contribuições, coletivamente, possibilitaram o iPhone. Elas também moldaram seu caminho de melhoria.

Podemos ver isso no iPhone 12, que foi lançado em 2020 e foi o primeiro dispositivo 5G da empresa. Independentemente do brilhantismo de Steve Jobs, não havia quantidade de dinheiro que a Apple poderia ter gastado para lançar seu iPhone 12 em 2008. Mesmo que a Apple pudesse ter criado um chip de rede 5G nessa época, não havia redes 5G para serem usadas nem padrões sem fio para 5G por meio dos quais se comunicar com essas redes, e nenhum aplicativo tirava vantagem de sua baixa latência ou largura de banda. Se a Apple fosse capaz de fazer sua própria GPU tipo ARM em 2008 (mais de uma década antes da própria ARM), desenvolvedores de jogos (que geram 70% da arrecadação da App Store) não teriam as tecnologias de motor de jogo necessárias para tirar vantagem dessas capacidades.

Chegar ao iPhone 12 exigiu inovações e investimentos em todo o ecossistema, a maior parte dele fora da supervisão da Apple, embora a lucrativa plataforma ios, da Apple, fosse o motor principal desses avanços. A questão comercial das redes 4G da Verizon e a construção das torres sem fio da American Tower Corporation dependiam das demandas de consumo e negócios por um sistema sem fio melhor e mais rápido para aplicativos como Spotify, Netflix e Snapchat. Sem eles, o "aplicativo matador" do 4G teria sido... um e-mail um pouco mais rápido. GPUs melhores, por outro lado, foram usadas para jogos melhores, e câmeras melhores se tornaram relevantes por causa de serviços de compartilhamento de fotos como o Instagram. Hardware melhor levou a maior engajamento, o que levou a crescimento e lucros maiores para essas empresas, impulsionando assim melhores produtos, aplicativos e serviços.

No Capítulo 9, abordei as formas pelas quais as mudanças de hábitos dos consumidores, em vez de apenas capacidades tecnológicas em evolução, permitem melhorias tanto em hardware como em software. Uma década depois de o iPhone ser lançado, a Apple se sentia confiante de que poderia remover o botão inicial físico e, em vez disso, pedir aos donos dos aparelhos que voltassem para a tela inicial e gerenciassem as tarefas simultâneas deslizando a tela de baixo para cima. Esse novo desenho abriu espaço extra dentro do iPhone para sensores e componentes computacionais mais sofisticados e ajudou a Apple (e seus desenvolvedores) a introduzir modelos de interação baseada em software mais complexos. Muitos aplicativos de vídeo começaram a introduzir gestos (por exemplo, arrastar dois dedos para cima ou para baixo da tela) para aumentar ou reduzir o volume em vez de exigir que os usuários pausassem ou encher a tela de botões desnecessários para fazer isso.

Uma massa crítica de projetos em andamento

Com a eletrificação e a internet móvel em mente, podemos dizer com confiança que o metaverso não vai chegar de repente. Não haverá um "antes do metaverso" e um "depois do metaverso" claros — apenas a capacidade de olhar para trás em um ponto da história e ver que a vida era diferente. Alguns executivos argumentam que nós já passamos desse limite com o metaverso. O argumento deles parece prematuro. Menos de uma em cada catorze pessoas hoje participam rotineiramente de um mundo virtual — e esses mundos virtuais são quase exclusivamente jogos, não possuem interconexão significativa (se alguma), com apenas uma influência marginal na sociedade em geral.

Mas *algo* está acontecendo. Existe um motivo para até os executivos que acham que o metaverso permanece distante no futuro, como Zuckerberg, Sweeney e Huang, acreditarem que agora é a hora de se comprometer publicamente com torná-lo uma realidade (virtual). Como Sweeney disse, a Epic Games tem "aspirações de metaverso há muito, muito tempo. Começou com uma conversa de texto em tempo real [sic] 3D com 300 estranhos no Polygon. Mas apenas nos últimos anos se tornou uma massa crítica de projetos em andamento que começaram a entrar no lugar rapidamente".

Esses projetos incluem a proliferação de computação móvel acessível com telas de toque de alta resolução que estão a apenas alguns centímetros de dois terços das pessoas da Terra com mais de doze anos. Além disso, esses dispositivos estão equipados com CPUs e GPUs capazes de fazer funcionar e renderizar em tempo real ambientes complexos com dezenas de usuários simultâneos, cada um guiando seu próprio avatar e capaz de uma vasta gama de ações. Essa funcionalidade é aprimorada pelos chips móveis 4G e pelas redes sem fio que permitem aos usuários acessar esses ambientes de onde estiverem. O advento de blockchains programáveis, enquanto isso, ofereceu tanto a esperança como os mecanismos para reunir o poder e os recursos combinados de cada pessoa e cada computador na Terra para construir não apenas o metaverso, mas um metaverso que seja descentralizado e saudável.

Outro projeto são os "jogos multiplataforma", que permitiram aos usuários jogar uns contra os outros mesmo que estejam usando sistemas operacionais diferentes (chamado de "jogabilidade cruzada"), comprar bens virtuais e moedas em qualquer plataforma e usá-los em outra (compras cruzadas) e carregar seus dados salvos e o histórico do jogo por plataformas (progressão cruzada). Esse tipo de experiência é tecnicamente possível há quase duas décadas, mas só foi aceito pelas principais plataformas de jogos (em especial o PlayStation) em 2018.

O cruzamento de plataformas foi essencial de três maneiras. Primeiro, a própria noção de uma simulação virtual persistente que existe na nuvem se coloca em contradição com limitações de dispositivos específicos. Se o sistema operacional que você está usando altera o que você pode ver ou fazer "no metaverso" e talvez o bloqueie de visitá-lo totalmente, não pode haver nenhum "metaverso" ou plano paralelo da existência — em vez disso, apenas um software rodando no seu dispositivo que lhe permite espiar uma entre várias realidades virtuais. Segundo, a capacidade de usar qualquer dispositivo para interagir com qualquer outro usuário levou a um aumento do engajamento — só imagine o quanto você usaria menos o Facebook se tivesse uma conta diferente com amigos diferentes e fotos diferentes no seu PC *versus* seu iPhone e se você só pudesse mandar mensagens para as pessoas que usassem o mesmo dispositivo que você. Se a era digital foi definida por efeitos de rede e a lei de Metcalfe, então a permissão da jogabilidade multiplataforma tornou esses mundos virtuais instantaneamente mais valiosos ao unir suas redes bifurcadas. Terceiro, esse aumento de engajamento teve um impacto desproporcional naqueles construindo mundos virtuais. Quase todos os custos de construir um jogo, avatar ou item no *Roblox*, por exemplo, são explícitos e fixos. Como resultado, qualquer aumento no gasto dos jogadores aumentou drasticamente os lucros de desenvolvedores independentes e, portanto, sua capacidade de reinvestir em mais jogos, avatares e itens e também melhorá-los.

Podemos igualmente observar mudanças culturais. Desde seu lançamento em 2017 até o final de 2021, o *Fortnite* havia gerado uma estimativa de 20 bilhões de dólares em arrecadação, a maioria advinda das vendas de avatares, mochilas e danças digitais (também conhecidas como "emotes"). O *Fortnite* tornou a Epic Games uma das maiores vendedoras de moda no mundo, passando gigantes como Dolce & Gabbana, Prada e Balenciaga de longe e, ao mesmo tempo, relevando que até mesmo jogos "de tiro" não eram mais apenas "jogos". A ascensão dos NFTs ao longo de 2021, enquanto isso, começou a normalizar a ideia de que objetos puramente virtuais poderiam valer milhões de dólares ou mais.

Da mesma forma, devemos considerar a contínua desestigmatização do tempo gasto em mundos virtuais, bem como as maneiras pelas quais a pandemia de Covid-19 acelerou esse processo. Durante décadas, "jogadores" vêm fazendo avatares "falsos" e passando seu tempo livre em mundos digitais enquanto buscam objetivos externos aos jogos, como projetar um cômodo no *Second Life* em vez de matar um terrorista no *Counter-Strike*. Uma grande parcela da sociedade via tais esforços como esquisitos, perda de tempo ou antissociais (se não pior). Alguns viam mundos virtuais como a versão moderna de um homem adulto construindo um trem em miniatura sozinho em seu porão. Casamentos e funerais virtuais, que têm sido ocorrências regulares desde os anos 1990, eram vistos como completamente absurdos pela maior parte das pessoas — mais uma piada do que algo comovente.

É difícil imaginar o que poderia ter mudado mais rapidamente nossas percepções de mundos virtuais do que o tempo passado em casa durante os vários lockdowns causados pela Covid-19 em 2020 e 2021. Milhões de céticos agora participaram (e gostaram) de mundos e atividades virtuais como *Animal Crossing*, *Fortnite* e *Roblox* enquanto buscavam coisas para fazer, foram a eventos que antes eram planejados para o mundo real ou tentaram passar o tempo com seus filhos dentro de casa. Essas experiências não apenas ajudaram a desestigmatizar a vida virtual para a sociedade mais ampla, mas podem até ter levado outra geração (mais velha) a participar do metaverso.[*]

O impacto acumulado de dois anos dentro de casa foi profundo. No nível mais simples, os desenvolvedores de mundos virtuais se beneficiaram de

---

[*] Eu vejo muitas semelhanças com compras de supermercado online. Milhões de consumidores sabiam desses serviços há anos, mas se recusavam a experimentá-los, mesmo que comprassem regularmente roupas ou papel higiênico online. Esses resistentes simplesmente acreditavam que se outra pessoa escolhesse suas compras elas chegariam estragadas, batidas ou, de alguma forma indescritível, apenas "erradas". E nenhum marketing ou recomendação era suficiente para que elas superassem essa hesitação. Mas a pandemia de Covid-19 incentivou muitas pessoas a usarem a entrega de compras pela primeira vez, levando-as a perceber que compras online são boas e o processo é não só simples, como agradável. Alguns irão voltar a comprar pessoalmente, mas nem todos nem o tempo todo.

mais lucro, o que por sua vez levou a mais investimentos e produtos melhores, o que por sua vez atraiu mais usuários e uso, e assim mais lucros, e por aí vai. Mas, conforme mundos virtuais foram desestigmatizados e ficou mais claro que todo mundo era um jogador, em vez de apenas homens solteiros entre 13 e 34 anos, as maiores marcas do mundo começaram a correr para esse espaço e, ao fazer isso, o legitimaram e diversificaram ainda mais. No final de 2021, gigantes automotivas (Ford), marcas esportivas (Nike), organizações sem fins lucrativos (Repórteres sem Fronteiras), músicos (Justin Bieber), estrelas esportivas (Neymar Jr.), casas de leilão (Christie's), casas de moda (Louis Vuitton) e franquias (Marvel), todas tornaram o metaverso uma parte-chave de seu negócio — senão o centro de sua estratégia de crescimento.

Os novos motores do crescimento

Quais são as próximas "peças-chave" que podem levar ao aumento de "arrecadação do metaverso" ou "adoção do metaverso"? Uma resposta pode ser a ação regulatória contra empresas como a Apple e o Google que as force a descasar seus sistemas operacionais, lojas de software, soluções de pagamento e serviços relacionados e, ao fazer isso, competir individualmente em cada área. Outra resposta popular é que estamos esperando por óculos de realidade aumentada ou realidade virtual que, como o iPhone, abram essa categoria de dispositivo para centenas de milhões de consumidores e muitos milhares de desenvolvedores. Outras respostas ainda incluem computação descentralizada com base em blockchain, computação na nuvem de baixa latência e o estabelecimento de um padrão comum e amplamente adotado para objetos 3D. O tempo revelará a verdade, mas no futuro próximo podemos apostar em três motores principais.

Primeiro, cada uma das tecnologias-base necessárias para o metaverso está melhorando anualmente. Serviços de internet se tornam mais amplamente disponíveis, rápidos e menos latentes. O poder computacional também está sendo mais amplamente usado, capaz e menos caro. Motores de jogos e plataformas integradas de mundos virtuais estão se tornando mais fáceis de usar, mais baratos de construir e mais capazes. O longo processo de padronização e interoperabilidade está ocorrendo movido em parte pelo sucesso das plataformas integradas de mundos virtuais e do movimento cripto, mas também por incentivos econômicos. Os pagamentos também estão lentamente se abrindo por meio de uma mistura de ação regulatória, processos e blockchains. Lembre-se de que "a massa crítica de projetos em andamento" de Sweeney não é estática, mas está constantemente "entrando no lugar".

O segundo motor é a marcha contínua da mudança geracional. No começo deste livro, discuti a relevância da geração "nativa do iPad" na ascensão do *Roblox*. Esse grupo cresceu esperando que o mundo fosse interativo — que fosse afetado por seu toque e suas escolhas —, e agora que eles podem consumir, as gerações anteriores podem ver quão diferentes seus comportamentos e suas preferências são em relação às pessoas mais velhas. É claro que isso não é novo. Dependendo da sua identidade geracional, você pode ter crescido enviando cartões-postais, passando horas de cada dia falando ao celular, usando aplicativos de mensagens instantâneas ou postando fotos em uma rede social online. A trajetória é clara. Sabemos que a geração Y joga mais que a geração X; a Z, mais que a Y, e a Alpha, mais que a Y. Mais de 75% das crianças americanas jogam em uma única plataforma, *Roblox*. Em outras palavras, quase todo mundo nascido hoje é um jogador. O que significa que 140 milhões de novos jogadores nascem todo ano no mundo.

O terceiro motor é um resultado de como os dois primeiros se agrupam. No final, o metaverso será introduzido por meio de experiências. Smartphones, GPUs e 4G não produzem magicamente mundos virtuais dinâmicos renderizados em tempo real — eles precisam de desenvolvedores e sua imaginação. Note também que, conforme a geração de "nativos do iPad" envelhece, mais pessoas dentro dela passarão de consumidores ou amadores de mundos virtuais para desenvolvedores profissionais e líderes de negócios eles mesmos.

13
Metanegócios

O QUE, ENTÃO, OS DESENVOLVEDORES PODEM PRODUZIR EM BREVE? Ao longo deste livro, evitei descrever o "metaverso em 2030" ou oferecer qualquer afirmação a respeito de como a sociedade será, no geral, depois que o metaverso chegar. O desafio em prognósticos tão amplos é o ciclo de resposta entre agora e essa data. Uma tecnologia não prevista será criada em 2023 ou 2024, que por sua vez inspirará novas criações, ou levará a novos comportamentos de usuários, ou manifestará um novo caso de uso para essa tecnologia, levando a outras inovações, mudanças e aplicações, e por aí vai. Contudo, existem algumas áreas que provavelmente serão transformadas pelo metaverso de formas que no curto prazo, pelo menos, podem ser chamadas de previsíveis. Milhões, senão bilhões, de usuários e dólares serão atraídos para as novas experiências resultantes. Com todos os poréns necessários em mente, vale a pena dar uma olhada em qual pode ser a cara dessas transformações.

Educação

O melhor exemplo da transformação iminente pode ser a educação. O setor é de importância crítica tanto para a sociedade como para a economia, e recursos educacionais são escassos e fortemente desiguais em sua distribuição. O setor é também um exemplo proeminente do que é conhecido como "doença dos custos de Baumol", que se refere ao aumento de salários em empregos que experimentaram um aumento baixo ou nulo em produtividade de trabalho em resposta ao aumento de salários em outros empregos que experimentaram maior crescimento da produtividade do trabalho.[1]

Isso não é uma crítica aos professores. Em vez disso, reflete o fato de que a maioria dos empregos se tornou muito mais "produtiva" em termos econômicos em consequência das muitas novas tecnologias e desenvolvimentos digitais das últimas décadas. Por exemplo, um contador se tornou muito mais eficiente como resultado de bancos de dados computadorizados e softwares como o Microsoft Office. Um contador hoje pode fazer mais "trabalho" por unidade de tempo, ou gerenciar mais clientes na mesma quantidade de tempo, do que um contador dos anos 1950. O mesmo é verdade para serviços de zeladoria e segurança, que hoje tiram vantagem de ferramentas de limpeza motorizadas ou podem monitorar um lugar usando uma rede de câmeras digitais, sensores e dispositivos de comunicação. A saúde permanece um setor movido por trabalho, mas avanços em diagnósticos, terapias e tecnologias de suporte de vida ajudaram a compensar muitos dos custos associados a uma população em envelhecimento.

O ensino viu um aumento menor de produtividade se comparado a quase todas as outras categorias. Um professor em 2022 não pode, na maioria das métricas, ensinar mais alunos do que podia décadas atrás sem que isso afete adversamente a qualidade dessa educação. Além disso, também não encontramos formas de ensinar por menos tempo (ou seja, ensinar mais rápido). Contudo, os salários de professores precisam competir com os salários oferecidos a alguém que, caso contrário, possa vir a se tornar um contador (ou engenheiro de software ou designer de jogos) e deve subir com o aumento do custo de vida que resulta do crescimento econômico. E, além do tempo do professor, a educação segue com uma necessidade intensa de recursos em termos físicos, por exemplo, o tamanho da escola, a qualidade das instalações e a qualidade dos materiais. Na verdade, os custos associados a esses recursos aumentaram em parte devido a tecnologias novas e mais caras (por exemplo, câmeras e projetores de alta definição, iPads, e por aí vai).

A relativa falta de crescimento na produtividade da educação é demonstrada por seu aumento relativo de custos. O Escritório de Estatísticas Trabalhistas dos EUA estima que o custo do bem médio em janeiro de 1980 tinha aumentado 260% até janeiro de 2020, enquanto o custo da mensalidade de uma faculdade havia crescido 1.200%.[2] O segundo setor mais próximo, serviços e cuidados médicos, subiu 600%.

Embora a educação venha há tempos ficando atrás do crescimento da produtividade no Ocidente, os tecnologistas têm esperado que ela passe das marcas da maioria das indústrias. O que se presume é que escolas de Ensino Médio, faculdades e especialmente escolas técnicas sejam fundamentalmente reconfiguradas e deslocadas pelo ensino remoto. Muitos, senão a maioria, dos alunos aprenderiam remotamente, não na sala de aula, mas por meio de vídeos sob demanda, aulas transmitidas e questões de múltipla escolha com base em IA. Mas entre as maiores lições da Covid está que a escola no Zoom é horrível. Existem muitos desafios quando se trata de aprender por uma tela, mas, para a maioria, concluímos que perdemos mais do que podemos ganhar (ou economizar financeiramente).

A perda mais óbvia com o ensino remoto é a "presença". Quando estão dentro da sala de aula, os alunos estão em um ambiente educacional; eles possuem arbítrio e imersão, que são totalmente diferentes de qualquer coisa oferecida por uma câmera por meio da qual eles podem olhar para uma escola intocável. Por que a presença importa não vem ao caso — mas as pesquisas pedagógicas mostram os benefícios claros de mandar alunos para excursões em vez de limitá-los a vídeos, de pedir a eles para irem à escola em vez de escutarem gravações em casa e de encorajá-los a aprender com a "mão na massa" sempre que possível. A perda da presença tem como consequência a perda de todo tipo de coisa, do contato visual com (e escrutínio de) um professor, a capacidade de aprender junto a amigos e estímulos táteis até a capacidade de construir um robô hidráulico com seringas, usar um bico de Bunsen, dissecar um sapo, o feto de um porco ou um gato selvagem.

É difícil imaginar a educação em casa ou a distância um dia substituindo totalmente a educação presencial. Mas estamos lentamente fechando esse espaço com o uso de tecnologias novas e predominantemente focadas no metaverso, como telas volumétricas, óculos de realidade aumentada e realidade virtual, dispositivos hápticos e câmeras de rastreio de olhos.

Não apenas as tecnologias de renderização 3D em tempo real estão ajudando educadores a levar a sala de aula (e os alunos) para qualquer lugar, mas as simulações virtuais ricas que estão no horizonte podem aumentar fortemente o processo de aprendizado. De início, a sala de aula em realidade virtual foi imaginada como pouco mais que a capacidade de "visitar" a Roma Antiga (aliás, "visitar" Roma foi por muito tempo considerado o "aplicativo matador" para óculos de realidade virtual, mas isso acabou sendo bem chato). Em vez disso, os alunos vão "construir Roma em um semestre" e aprender como os aquedutos funcionam ao construí-los. Muitos alunos hoje e nas últimas décadas aprenderam sobre a gravidade vendo um professor soltar uma pena e um martelo e, então, assistindo a um vídeo do comandante da Apollo 15 David Scott fazendo a mesma coisa na lua (spoiler: eles caem na mesma velocidade). Tais demonstrações não precisam desaparecer, mas elas podem ser suplantadas pela criação de máquinas de Rube Goldberg elaboradas e virtuais nas quais os alunos possam testar a gravidade da Terra, de Marte e mesmo sob as chuvas sulfúricas da atmosfera de Vênus. Em vez de criar uma erupção vulcânica usando vinagre e bicarbonato de sódio, os alunos mergulharão em um vulcão e, então, agitarão suas piscinas de magma antes de serem ejetados para o céu.

Tudo o que um dia foi imaginado pelo Ônibus Mágico, em outras palavras, se tornará virtualmente possível — e em escala maior também. Diferentemente da experiência de uma sala de aula física, essas aulas estarão disponíveis sob demanda, de qualquer lugar do mundo, e serão totalmente acessíveis (e mais facilmente customizadas) para alunos com dificuldades físicas ou sociais. Algumas aulas incluirão apresentações de instrutores profissionais cujas performances ao vivo serão capturadas, e seu áudio, gravado. E, como essas experiências não têm nenhum custo marginal — ou seja, não exigem tempo extra de um professor nem gastam materiais, não importa quantas vezes você as faça —, elas podem custar uma fração dos preços associados ao aprendizado que ocorre em sala de aula. Cada aluno será capaz de fazer uma dissecção, não importa quanto dinheiro seus pais tenham ou o orçamento da escola local. Na verdade, esses alunos nem precisarão ir a uma escola (e, se quiserem, eles poderão viajar pelos vários órgãos da criatura em vez de só abri-los).

Fundamentalmente, ainda será possível que essas aulas virtuais sejam complementadas por um professor dedicado e ao vivo. Imagine a "verdadeira" Jane Goodall reproduzida em um ambiente virtual guiando os alunos pelo Parque Nacional Gombe, na Tanzânia, com o professor "oficial" desses alunos participando e personalizando ainda mais a experiência. Os custos envolvidos nessa experiência serão uma fração do que uma excursão real precisaria — certamente, uma até a Tanzânia — e podem até oferecer mais do que uma viagem assim poderia.

Nada disso sugere que a educação envolvendo realidade virtual ou mundos virtuais será fácil. A pedagogia é uma arte, e o aprendizado é difícil de mensurar. Mas não é difícil imaginar como experiências virtuais podem enriquecer o aprendizado e ao mesmo tempo expandir acesso e reduzir seus custos. Haverá um abismo menor entre educação presencial e à distância, mercados competitivos para aulas pré-gravadas e tutores ao vivo, e um alcance exponencialmente maior para que ótimos professores façam seu trabalho.

Leitores cuidadosos notarão que essas experiências em si não formam, nem precisam, o metaverso. É possível que mundos 3D renderizados em tempo real atraentes focados em educação existam sem o metaverso. Contudo, a interoperação entre essas experiências e todas as outras, assim como com o mundo real, tem um valor óbvio. Se os usuários puderem trazer seus avatares para esses mundos, eles provavelmente os usarão com mais frequência. Se sua conta de histórico educacional puder ser escrita "na escola" e, então, lida e expandida em outros lugares, os estudantes terão mais chances de seguir aprendendo, e suas experiências serão mais personalizadas.

Negócios de estilo de vida

A educação é só uma das muitas experiências de foco social que serão transformadas pelo metaverso. Hoje, milhões de pessoas se exercitam todo dia usando serviços digitais como o Peloton, que oferece aulas de spinning ao vivo e sob demanda com placares gamificados e rastreio de pontuação, e o Mirror, uma subsidiária da Lululemon que oferece vários circuitos de exercícios passados por um instrutor parcialmente transparente projetado em um espelho. O Peloton se expandiu para jogos virtuais renderizados em tempo real, como o *Lanebreak*, no qual um ciclista controla uma roda que gira por uma pista fantástica para ganhar pontos e desviar de obstáculos. Esse é um sinal das coisas que estão por vir; talvez em algum momento próximo nossa rotina matinal envolva nosso avatar do *Roblox* pedalando pelo planeta de gelo Hoth em *Star Wars* com um aplicativo do Peloton instalado em nossos óculos de realidade virtual do Facebook enquanto batemos papo com nossos amigos.

Mindfulness, meditação, fisioterapia e psicoterapia provavelmente serão alteradas de maneira similar por uma mistura de sensores eletromiográficos, telas holográficas volumétricas, capacetes imersivos e câmeras de projeção e rastreio que coletivamente ofereçam suporte, estímulo e simulação que nunca foram possíveis.

Encontros são outra categoria fascinante na qual se considerar o impacto do metaverso. Antes do lançamento do Tinder, alguns acreditavam que o namoro online havia sido "resolvido" — tudo o que se precisava fazer era preencher de dezenas a centenas de testes de múltpla escolha que seriam, então, comprimidos em uma pontuação misteriosa de compatibilidade por meio da qual dois pombinhos em potencial seriam unidos. Mas essa crença e as empresas construídas sobre ela viveram a disrupção de um modelo baseado em fotos no qual os usuários "deslizam para a direita" ou "para a esquerda" para ver se existe um interesse compartilhado em conversar e com o usuário médio levando entre três e sete segundos para fazer essa escolha.[3] Nos últimos anos, aplicativos de namoro acrescentaram novas ferramentas para casais que deram *match*, como jogos casuais e testes, mensagens de voz e a possibilidade de compartilhar suas playlists favoritas do Spotify e da Apple Music. No futuro, aplicativos de namoro provavelmente oferecerão aos casais diversos mundos virtuais imersivos que ajudarão um par potencial a se conhecer. Isso pode ser realidade simulada ("jantar em Paris") ou fantástica ("jantar em Paris... na Lua"), incluir performances ao vivo com avatares de captura de movimento* (imagine um grupo de mariachis ou participar de uma versão digital do Royal Ballet de Londres, mas em Atlanta) e, potencialmente, levar à reinvenção dos formatos clássicos de *game show* como *Namoro ou Amizade*. É também provável que esses aplicativos integrem mundos virtuais externos (isso é o metaverso, afinal), permitindo, por exemplo, que um casal embarque facilmente em uma experiência virtual do Peloton ou com base no Headspace.

Entretenimento

É cada vez mais comum ouvir que o futuro da "mídia linear", como filmes e séries de TV, é a realidade virtual e a realidade aumentada. Em vez de assistir a *Game of Thrones* ou aos Golden State Warriors jogarem contra os Cleveland Cavaliers no nosso sofá sentados em frente a uma tela plana de 30 × 60 polegadas, colocaremos Oculus VR e assistiremos a séries em telas simuladas do tamanho de IMAX ou nos sentaremos à beira da quadra — com nossos amigos ao lado. Alternativamente, poderemos assistir com óculos de realidade aumentada que fazem parecer que ainda temos uma TV na sala. Os filmes e séries, claro, serão filmados para imersão em 360 graus. Quando Travis Bickle disser "Você está falando comigo?", você poderá estar virtualmente na frente, ou até mesmo atrás, dele.

Essas previsões me lembram de quantas pessoas um dia imaginaram que jornais como *New York Times* seriam mudados pela internet.[4] Nos anos 1990, algumas pessoas acreditavam que, "no futuro", o *Times* iria enviar um PDF com a edição de cada dia para a impressora de cada assinante, que então a imprimiria antes de o dono acordar — acabando assim com a necessidade dos altos custos de impressão e elaborados sistemas de entrega. Os teóricos mais ousados imaginaram que esse PDF poderia até excluir seções que o

---

* Neal Stephenson descreveu esse tipo de tecnologia e experiência longamente em *The Diamond Age*, que foi publicado em 1995, três anos depois de *Snow Crash*. Ele chamou esses produtos de livros interativos, ou "rativos", para abreviar, nos quais atores conhecidos como "ratores" atuavam de forma interativa.

leitor individual não quisesse, economizando assim tanto papel como tinta. Décadas depois, o *Times* de fato oferece essa opção, mas quase ninguém a usa. Em vez disso, os assinantes acessam uma cópia online que está constantemente mudando e nunca é impressa do jornal, que não possui divisões claras entre as seções e que essencialmente não pode ser lida "de cabo a rabo". A maior parte dos leitores de notícias nem sequer começa com um jornal. Em vez disso, eles consomem as notícias via soluções agregadoras como o Apple News e *feeds* de notícias de redes sociais, que misturam incontáveis matérias de diferentes editores ao lado de fotos de seus amigos e família.

O futuro do entretenimento provavelmente envolverá uma mistura similar. "Filmes" e "televisão" não vão sumir — assim como histórias orais, serializadas, romances e programas de rádio ainda existem séculos depois de terem sido criados —, mas podemos esperar interconexões ricas entre filmes e experiências interativas (consideradas como "jogos" geralmente). Facilitando essa transformação está o uso cada vez maior de motores de renderização em tempo real, como o Unreal e o Unity, no cinema.

Historicamente, filmes como *Harry Potter* ou *Star Wars* usam software de renderização sem tempo real. Não havia necessidade de produzir um quadro em milissegundos durante o processo de produção e, portanto, fazia sentido gastar mais tempo (de um milissegundo adicional a vários dias) para que a imagem parecesse mais realista e detalhada. Além disso, o objetivo do departamento de computação gráfica era produzir virtualmente uma imagem já conhecida (ou seja, baseada no *storyboard*). Assim, os cineastas não precisavam "construir Manhattan" ou nem mesmo uma única rua do West Village para poder sustentar um cenário de *Vingadores*, muito menos uma rua que pudesse simular a "verdadeira Nova York" ou qualquer coisa que pudesse acontecer com ela quando alienígenas invadissem e Joias do Infinito fossem envolvidas.

Mas, ao longo dos últimos cinco anos, Hollywood progressivamente passou a integrar mais motores de renderização em tempo real, em geral o Unity e o Unreal, no processo de filmagem. Para *O Rei Leão* de 2019, um filme puramente baseado em CGI, mas que foi projetado para parecer "ao vivo", o diretor Jon Favreau mergulhou em cada cena por meio de uma recriação com base no Unity, muitas vezes usando óculos de realidade virtual. Isso permitiu a ele entender um cenário puramente virtual como se fosse uma filmagem típica no "mundo real" — um processo que ele afirma tê-lo ajudado com tudo, de onde filmar e como enquadrar uma tomada até como a câmera iria seguir seus protagonistas ficcionais, além da iluminação e das cores do ambiente. A renderização final ainda foi produzida no Maya, um software de animação que não renderiza em tempo real produzido pela Autodesk.

Avançando em seu trabalho com *O Rei Leão*, Favreau ajudou a inaugurar sets de "produção virtual" onde um enorme cômodo circular é construído com paredes e tetos feitos de LEDs de alta densidade (as salas em si são chamadas de "volumes"). Os LEDs foram, então, acesos com renderização em tempo real com base no Unreal. Essa inovação ofereceu diversos benefícios. O mais simples foi que ela permitiu a todo mundo dentro do volume experimentar o que Favreau via na realidade virtual, mas sem usar óculos. Isso igualmente significou que "pessoas reais" também podiam ser vistas dentro do ambiente — em vez de todo mundo assistir a animações pré-planejadas de Timão e Pumba. Além disso, o elenco podia ser afetado pelos LEDs do volume; a luz brilhando de um sol virtual recoloria o ator diretamente e dava a ele uma sombra precisa — que não precisaria ser aplicada ou corrigida na "pós-produção". Um set poderia ter o pôr do sol perfeito o ano todo — e anos depois esse mesmo set poderia ser reproduzido em segundos.

Uma das líderes em produção virtual é a Industrial Light & Magic, a empresa de efeitos visuais fundada pelo criador de *Star Wars*, George Lucas, e que agora é de propriedade da Disney. A ILM estima que, quando um filme ou série é designado para volumes de LED, é possível filmar de 30% a 50% mais rápido do que quando se filma por uma mistura de "mundo real" e "tela verde" e que os custos de pós-produção são mais baixos também. A ILM aponta para o sucesso que foi a série de TV de *Star Wars The Mandalorian*, que foi criada e dirigida por Favreau e custou cerca de um quarto por minuto em relação a um filme típico de *Star Wars* (ela também foi mais bem recebida por críticos e espectadores). Quase toda a primeira temporada da série — que incluía um mundo gelado sem nome, o planeta deserto de Nevarro, a floresta de Sorgan, o espaço sideral e dezenas de cenários em cada um desses — foi filmada em um único set virtual em Manhattan Beach, Califórnia.

O que a produção virtual tem a ver com o metaverso além do uso de motores parecidos e mundos virtuais? A conexão começa com os "estúdios virtuais". Se você visitar o estúdio físico da Disney, encontrará *sets* e armários cheios de fantasias do *Capitão América*, modelos em miniatura da Estrela da Morte e, literalmente, as salas de estar de *Modern Family*, *New Girl* e *How I Met Your Mother*. Agora, os servidores da Disney estão cheios de versões virtuais de cada objeto 3D, textura, traje, ambiente, prédio, escâner facial e tudo o mais que foi feito. Isso não só torna mais fácil filmar uma sequência, torna mais fácil fazer todo o trabalho derivado. Se o Peloton quiser vender uma corrida dentro da Estrela da Morte ou do Complexo dos Vingadores, ela poderá reutilizar (em outras palavras, licenciar) boa parte do que a Disney já vez. Se o Tinder quiser oferecer encontros virtuais em Mustafar, a mesma coisa acontecerá. Em vez de jogar 21 em um iCasino de vídeo, por que não jogar Canto Bight? Em vez de lançar uma integração de *Star Wars* para *Fortnite*, a Disney só vai popular seus próprios minimundos no *Fortnite Creative* usando o que já construiu.

Essas não serão apenas oportunidades para se experimentar pessoalmente o mundo filmado de *Star Wars*. Elas se tornarão uma parte central da experiência de contar histórias. Entre episódios semanais de *The Mandalorian* ou *Batman*, os fãs poderão se juntar aos seus heróis em eventos canônicos (ou não canônicos) e missões secundárias. Às 21 horas de uma quarta à noite, por exemplo, a Marvel pode tuitar que os Vingadores "precisam da nossa ajuda", com Tony Stark, como atuado por Robert Downey Jr. (ou alguém que não se pareça nada com ele, mas que esteja guiando um avatar que pareça), liderando. Alternativamente, os fãs terão a oportunidade de viver o que viram em um filme ou série. O final de *Vingadores: Era de Ultron*, de 2015, envolvia os heróis titulares lutando contra uma legião de robôs malvados em um pedaço de terra flutuando acima da Terra. Em 2030, jogadores terão a chance de fazer o mesmo.

De forma similar, oportunidades se abrirão para os fãs de esportes. Poderemos usar a realidade virtual para nos sentar virtualmente ao lado da quadra, mas é mais provável que os jogos que vemos sejam capturados quase instantaneamente e reproduzidos em um "videogame". Se você tiver o NBA 2K27, poderá saltar para um momento específico do jogo que terminou alguns minutos atrás e, então, ver se você poderia ter ganhado o jogo — ou pelo menos acertado o lance que uma estrela não acertou. Os fãs de esportes atualmente ficam isolados entre assistir a um jogo, jogar um videogame de esportes, participar em esportes-fantasia, fazer apostas online e comprar NFTs, mas provavelmente veremos todas essas experiências se fundirem e, ao fazerem isso, criarem outras.

Apostas e jogos de azar serão transformados também. Já existem dezenas de milhões de pessoas fazendo apostas online em cassinos do Zoom ou se divertindo com cassinos dentro de jogos como o Be Lucky: Los Santos no *Grand Theft Auto*. No futuro, muitos de nós iremos a cassinos do metaverso, onde seremos servidos por crupiês transmitidos ao vivo com captura de movimento enquanto assistimos performances musicais feitas com captura de movimento. Ou lembre-se do *Zed Run*, do Capítulo 11. A cada semana, centenas de milhares de dólares são apostadas em corridas de cavalos virtuais com muitos desses cavalos valendo milhões. A economia do *Zed Run* é mantida por programação com base em blockchain, que oferece aos apostadores a confiança de que os cavalos não são manipulados e, aos donos dos cavalos, a fé de que os "genes" do cavalo virtual serão passados automaticamente quando eles cruzarem.

Outros estão reimaginando o entretenimento de formas mais abstratas. Entre dezembro de 2020 e março de 2021, a Genvid Technologies organizou um "Evento ao Vivo Interativo de Massa" (MILE, na sigla em inglês) no Facebook Watch chamado *Rival Peak*. O título era uma espécie de mistura virtual de *American Idol*, *Big Brother* e *Lost*. Treze competidores de IA foram presos em uma parte remota do Noroeste dos Estados Unidos e o público podia vê-los interagindo, lutando para sobreviver e descobrindo vários mistérios por meio de dezenas de câmeras que rodavam 24 horas por dia durante treze semanas. Embora o público não pudesse controlar diretamente um dado personagem, ele ainda podia afetar a simulação em tempo real — resolvendo quebra-cabeças para ajudar um dado herói ou criando um obstáculo para um vilão, pesando as escolhas dos personagens de IA e votando em quem seria expulso da ilha. Embora fosse visual e criativamente primitivo, *Rival Peak* é um indicador de como o futuro do entretenimento interativo ao vivo pode ser — ou seja, não sustentando histórias lineares, mas produzindo coletivamente uma história interativa. Em 2022, a Genvid lançou *The Walking Dead: The Last Mile* com a franquia de quadrinhos, Robert Kirkman e sua empresa, a Skybound Entertainment. A experiência permitiu aos espectadores, pela primeira vez, decidir quem vive e quem morre em *The Walking Dead* e, ao mesmo tempo, guiar facções concorrentes de humanos na direção, ou para longe, do conflito. Os membros do público também podem desenhar seus próprios avatares, que então são lançados no mundo e envolvidos na história. O que pode vir depois? Bem, a maior parte de nós não quer um *Jogos Vorazes* real, mas pode ser divertido assistir a uma versão de alta fidelidade renderizada em tempo real atuada por nossos atores favoritos, estrelas do esporte e até mesmo políticos, cada um participando com seu avatar.

Sexo e trabalho sexual

Mudanças na indústria do trabalho sexual provavelmente serão ainda mais profundas que as experimentadas por Hollywood e, no processo, vão nublar ainda mais as linhas entre pornografia e prostituição. Em 2022, é possível contratar um profissional do sexo para um show online privado e até mesmo assumir o controle de seus brinquedos sexuais inteligentes (ou lhe dar o controle dos seus). Como isso será com um número cada vez maior de dispositivos hápticos conectados à internet, melhorias da renderização de tempo real e óculos de realidade aumentada e realidade virtual imersivos? Parte dos resultados são relativamente fáceis de imaginar (sexo, mas em realidade virtual!), outros, menos. Lembre-se do Capítulo 9 e de como os braceletes da CTRL-labs podem usar eletromiografia para reproduzir movimentos de dedo precisos — ou para mapear os movimentos musculares usados para mover um dedo em uma forma totalmente diferente, como controlar as pernas de uma aranha. Com isso em mente, como é o sexo experimentado por um campo de força ultrassônico? Ou quando cinco, cem ou 10 mil "usuários simultâneos" se combinam para construir alguma forma de orgia de realidade mista renderizada em tempo real em vez de um show ou uma batalha?

Claro, tais experiências aumentam o potencial de abuso (falarei mais sobre isso em breve), mas também questões a respeito do poder das plataformas. Nenhuma das principais plataformas de computação por console ou móvel permite aplicativos baseados em sexo ou pornografia. O PornHub.com, que normalmente fica entre os setenta a oitenta sites mais usados do mundo; o Chaturbate, que fica no top 50; e o OnlyFans, que fica no top 500, mas cuja arrecadação supera a do The Match Group (donos do Tinder, match.com, Hinge, Plenty of Fish, OkCupid e mais), não são permitidos nas lojas de aplicativos do ios ou do Android. A justificativa para essa proibição varia. Steve Jobs uma vez disse a um usuário que a Apple "acredita que temos uma responsabilidade moral de manter pornografia fora do iPhone", embora alguns especulem que essas políticas são pensadas para evitar processos e a ótica de se aceitar uma comissão por trabalho sexual. O resultado sem dúvida fere profissionais do sexo individuais — como eu mencionei ao longo deste livro, aplicativos funcionam muito melhor do que experiências de browser em termos de uso e monetização —, embora a pornografia, como categoria, ainda prospere. Vídeos e fotos funcionam bem o suficiente em um navegador móvel e, no geral, os consumidores não são detidos por usá-los.

Mas, como vimos, experiências de realidade aumentada e realidade virtual ricamente renderizadas são essencialmente impossíveis em navegadores móveis. De acordo com isso, as políticas de Apple, Amazon, Google, PlayStation e outras estão efetivamente impedindo toda a categoria de avançar. Alguns podem ver isso como uma boa coisa; outros podem argumentar que priva profissionais do sexo de rendas mais altas e maior segurança.

Moda e publicidade

Durante os últimos sessenta anos, mundos virtuais foram geralmente ignorados pelos anunciantes e casas de moda. Hoje, menos de 5% da arrecadação de videogames vêm de publicidade. Em contraste, a maior parte das principais categorias de mídia, como TV, áudio (que inclui música, rádio, podcasts e mais) e notícias, gera 50% ou mais de suas arrecadações com anúncios, em vez de audiências. E, embora centenas de milhões se entretenham em mundos virtuais todo ano, 2021 foi a primeira vez que marcas como Adidas, Moncler, Balenciaga, Gucci e Prada viram esses espaços como merecedores de atenção real. Isso precisará mudar.

Publicidade em espaços virtuais é difícil por alguns motivos. Primeiro, a indústria dos jogos foi "offline" em suas primeiras décadas, e cada título levava anos para ser produzido. Como resultado, não havia como atualizar os anúncios dentro de um jogo, o que significava que qualquer publicidade inserida poderia rapidamente ficar desatualizada. É também por isso que livros normalmente não têm anúncios, exceto aqueles promovendo outras obras do autor, embora jornais e revistas tenham historicamente dependido deles. A Ford não vai pagar muito por um anúncio que, para a maioria dos leitores, está vendendo as "características" de um carro velho (a Ford provavelmente consideraria essas impressões danosas). Limitações técnicas desse tipo não existem mais para videogames, já que eles podem hoje ser atualizados pela internet, mas as consequências culturais permanecem. Com a exceção de jogos casuais para celular como *Candy Crush*, a comunidade de jogadores é no geral pouco familiarizada e altamente resistente a anúncios dentro dos jogos. Embora poucos consumidores de televisão, revistas impressas, jornais e rádio gostem dos anúncios que poluem esses meios, eles sempre foram parte da experiência.

A questão maior pode ser determinar o que um anúncio é ou deveria ser em mundos virtuais 3D renderizados em tempo real — e como precificá-los e vendê-los. Durante boa parte do século xx, a maior parte dos anúncios era negociada e alocada individualmente, ou seja, alguém em uma empresa como a Procter & Gamble iria trabalhar com alguém da cbs para que um anúncio de sabão passasse no primeiro comercial do segundo bloco na transmissão das 21 horas de *I Love Lucy* por um preço específico. A maior parte da publicidade digital hoje é feita de forma automática. Por exemplo, os anunciantes dizem quem eles querem atingir, com quais anúncios (um banner, um post patrocinado nas redes sociais, um resultado patrocinado de busca etc.), até que uma certa quantidade de dinheiro tenha sido gasta em um determinado custo por clique ou até que um determinado período tenha passado.

Encontrar a "unidade publicitária" básica para mundos virtuais renderizados em 3D é um desafio. Muitos jogos possuem outdoors dentro dos jogos, incluindo o jogo para PlayStation 4 *Marvel's Spider-Man*, que se passa em Manhattan, e o sucesso multiplataforma *Fortnite*. Contudo, essas implementações são muito diferentes. O tamanho desses pôsteres pode variar várias vezes, o que significa que uma imagem diferente provavelmente seria necessária para cada um deles (enquanto um Google Ad Words funciona independentemente do tamanho da tela). Além disso, jogadores podem passar por esses pôsteres em várias velocidades, a várias distâncias e em várias situações (uma caminhada calma *versus* uma briga intensa). Tudo isso torna difícil avaliar os outdoors de qualquer um dos jogos, mais ainda comprá-los de forma programática. Existem muitas outras unidades publicitárias potenciais dentro de um mundo virtual — comerciais tocados por rádios de carro dentro do jogo, refrigerantes virtuais com marcas do mundo real — mas estes são ainda mais difíceis de desenhar e mensurar. Então vêm as complexidades técnicas de inserir anúncios personalizados em experiências síncronas, determinar quando um anúncio deve ser compartilhado com amigos ou não (faz sentido que a equipe toda veja um anúncio do novo filme dos Vingadores, mas não necessariamente de um creme medicinal), e por aí vai.

Anúncios em realidade aumentada são conceitualmente mais fáceis, já que a tela para eles é o mundo real em vez de diversos mundos virtuais, mas a execução talvez seja mais difícil. Se os usuários forem inundados com anúncios indesejados e invasivos colocados no topo do mundo real, eles mudarão de óculos. O risco de esses anúncios causarem um acidente também é alto.

Nos Estados Unidos, gastos com publicidade representaram de 0,9% a 1,1% de todo o PIB por mais de um século (com exceções temporárias durante as guerras mundiais). Se o metaverso vai se tornar uma importante força econômica, compradores de anúncios terão de encontrar um jeito de ser relevantes nele, e a indústria de tecnologia vai mais cedo ou mais tarde descobrir como oferecer e medir adequadamente anúncios programáticos colocados em diversos espaços e objetos virtuais do metaverso.

Ainda assim, algumas pessoas argumentam que o metaverso vai precisar de um replanejamento fundamental sobre como anunciar um determinado produto.

Em 2019, a Nike construiu um mundo imersivo no *Fortnite Creative Mode* sob a marca Air Jordan, chamado de "Downtown Drop". Nele, os jogadores corriam pelas ruas de uma cidade fantástica enquanto usavam tênis turbo, faziam truques e coletavam moedas para vencer outros jogadores. Embora os jogadores pudessem comprar e desbloquear avatares e itens Air Jordan exclusivos durante esse "modo de tempo limitado", o objetivo do "Downtown Drop" era expressar o etos do Air Jordan da Nike — para os jogadores saberem como era a marca, não importa o meio. Em setembro de 2021, Tim Sweeney disse ao *Washington Post* que um "fabricante de carros que quiser uma presença no metaverso não vai colocar anúncios. Ele vai colocar seu carro no mundo [virtual] em tempo real e você poderá dirigi-lo por aí. E eles vão trabalhar com um monte de criadores de conteúdo com diferentes experiências para garantir que seu carro seja jogável aqui e ali e que ele esteja recebendo a atenção que merece".[5]

É desnecessário dizer que colocar um novo modelo dirigível de carro em um mundo virtual é muito mais difícil do que colocar um anúncio em um resultado de busca direcionado, contar uma história atraente de trinta segundos a dois minutos em um comercial ou produzir um "anúncio nativo" com um youtuber. Exige construir experiências e produtos virtuais que os usuários escolham ativamente engajar e usar em vez do entretenimento que eles buscaram inicialmente. E quase nenhuma agência de publicidade ou departamento de marketing hoje possui nem sequer o conjunto básico de habilidades necessárias para construir essas experiências. Ainda assim, os lucros prováveis de anunciar com sucesso no metaverso, a necessidade de diferenciação e as lições da era da internet de consumo provavelmente inspirarão uma experimentação significativa nos anos que virão.

Marcas novas como Casper, Quip, Ro, Warby Parker, Allbirds e Dollar Shave Club não só tiraram vantagem dos modelos de e-commerce direto para o consumidor, elas também ganharam fatia de mercado de concorrentes estabelecidos com novas técnicas de marketing, como otimização de mecanismos de busca, testes A/B e códigos de referência, e desenvolveram identidades únicas nas redes sociais. Mas em 2022 essas estratégias não são novas — elas são uma commodity, conhecidas, chatas. Elas não permitem a nenhuma marca, nova ou velha, encontrar novos públicos ou se destacar. Mundos virtuais, por outro lado, seguem um território largamente não conquistado.

Pelos mesmos motivos, as marcas de moda de hoje também precisarão "entrar no metaverso". Conforme mais culturas humanas passam para mundos virtuais, os indivíduos buscarão novas formas de expressar suas identidades e se exibir. Isso é demonstrado claramente no *Fortnite*, que passou muitos anos gerando mais lucro do que qualquer outro jogo da história e monetiza principalmente a venda de itens cosméticos (e, como eu mencionei mais cedo, essa arrecadação excede em muito a das maiores marcas de moda também). NFTs também reiteram isso. As coleções de NFT de maior sucesso não são de bens virtuais ou cartões de troca, mas "fotos de perfil" orientadas por identidade e comunidade, como a CryptoPunks e a Bored Ape.

Se as marcas de hoje não responderem a essa necessidade, novas marcas vão surgir para substituí-las. Além disso, o metaverso vai colocar pressão nas vendas físicas de muitas empresas como a Louis Vuitton e a Balenciaga. Se mais trabalho e lazer ocorrerem em espaços virtuais, então precisaremos de menos bolsas e provavelmente gastaremos menos nas que comprarmos. Mas, para isso, essas marcas provavelmente usarão suas vendas físicas para facilitar e aumentar o valor de suas vendas digitais. Por exemplo, um consumidor que comprar uma jaqueta física do Brooklyn Nets ou uma bolsa Prada poderá também ganhar os direitos de uma virtual ou um simulacro em NFT, ou um desconto para quando for comprar um. Ou talvez apenas aqueles que comprem "a coisa certa" possam conseguir uma cópia digital. Em outros casos, uma compra digital pode levar a uma física. Nossas identidades, afinal, não são puramente online ou offline, físicas ou metafísicas. Elas persistem, como o metaverso.

Indústria

No Capítulo 4, destaquei como e por que o metaverso vai começar com lazer e, então, passar para indústrias e empresas, em vez do inverso, como aconteceu com outras ondas de computação e redes. A expansão para a indústria será lenta. As exigências técnicas para a fidelidade e a flexibilidade de simulação são muito mais altas que em jogos ou filmes, enquanto o sucesso no final depende de reeducar funcionários que foram treinados em soluções de software e processos de negócios já estabelecidos. E, para começar, a maior parte dos "investimentos do metaverso" se apoiará em hipóteses em vez de boas práticas — o que significa que os investimentos serão restritos, e os lucros, frequentemente, decepcionantes. Mas mais cedo ou mais tarde, e com a internet atual, boa parte do metaverso e seus lucros existirá e ocorrerá fora da vista do consumidor médio.

Considere como exemplo o empreendimento bilionário de 22 hectares e vinte prédios da Water Street em Tampa, na Flórida. Como parte desse projeto, os Parceiros para o Desenvolvimento Estratégico (SDP, na sigla em inglês) produziram um modelo impresso em 3D de cinco metros de diâmetro em escala modular da cidade, que então era sustentado por doze câmeras de laser de 5K que projetavam 25 milhões de pixels em cima desse modelo, baseado em *feeds* de dados da cidade para clima, trânsito, população, densidade e mais. Tudo isso rodava em uma simulação renderizada em tempo real baseada no Unreal que podia ser vista por uma tela de toque ou óculos de realidade virtual.

As vantagens de uma simulação assim são difíceis de descrever por escrito pelo mesmo motivo que o SDP viu valor na construção de um modelo físico e um gêmeo digital 3D em primeiro lugar. Contudo, o SDP permitiu que a cidade, locatários em potencial e investidores, além de parceiros de construção, entendessem e planejassem o projeto de forma única. Era possível ver exatamente como a Tampa atual seria afetada pelo processo de construção e pelo projeto concluído. Como uma construção de cinco anos afetaria o trânsito local e como esses efeitos seriam diferentes de uma construção de seis anos? O que aconteceria se um dado prédio fosse substituído por um parque ou se seus andares fossem reduzidos de quinze para onze? Como a visão dos outros prédios e parques da área seria afetada pelo desenvolvimento, incluindo através da luz refratada e do calor emitido — e a qualquer hora ou dia do ano? Como esses prédios moldariam os tempos de resposta de emergência na área? Eles iriam exigir novas estações policiais, de bombeiros ou ambulância? De que lado dos prédios deve ser construída uma escada de incêndio?

Hoje, essas simulações são usadas principalmente para desenhar e entender uma construção ou projeto. Cedo ou tarde, elas serão usadas para operar os prédios resultantes e os negócios que eles abrigam. Por exemplo, a sinalização (física, digital e virtual) de um Starbucks será selecionada e alterada com base no rastreio em tempo real de que tipos de clientes usam a loja e quando, além do inventário restante naquele lugar. O shopping no qual fica um Starbucks também vai direcionar os clientes para aquele lugar ou desencorajá-los de fazer isso com base nas filas e na proximidade de substitutos (ou outro Starbucks). E o shopping vai se conectar com os sistemas de infraestrutura da cidade, permitindo assim que sinais de trânsito operados por IA funcionem com mais (isto é, melhor) informação e ajudem os serviços da cidade como bombeiros e polícia a responder melhor a emergências.

Embora esses exemplos foquem o que é chamado de "AEC", ou arquitetura, engenharia e construção, essas ideias são facilmente reutilizadas para outros casos. Vários exércitos ao redor do mundo têm usado simulações 3D há anos — e, como discutido no capítulo a respeito de hardware, o Exército americano deu à Microsoft um contrato que vale mais de 20 bilhões de dólares pelos óculos e software HoloLens. A utilidade de gêmeos digitais em empresas aeroespaciais e de defesa também é óbvia (mesmo que talvez ainda mais assustadora do que o Exército usar realidade virtual). Mais esperançosos são os usos em medicina e cuidados de saúde. Assim como estudantes podem usar simulações em 3D para explorar o corpo humano, os médicos também poderão. Em 2021, neurocirurgiões no Johns Hopkins fizeram a primeira cirurgia por realidade aumentada do hospital em um paciente vivo. De acordo com o dr. Timothy Witham, que liderou a cirurgia e é o diretor do Laboratório de Fusão Vertebral do hospital, "é como ter um navegador por GPS bem diante dos seus olhos de uma forma natural para que você não precise olhar para uma tela separada para ver a tomografia do paciente".[6]

A analogia com o GPS do dr. Witham revela a diferença fundamental entre o assim chamado mínimo produto viável da realidade aumentada e virtual comercial e aquele para consumo de lazer. Para ganhar adoção, óculos de realidade aumentada e realidade virtual de consumo precisam ser mais atraentes ou funcionais do que as experiências oferecidas pelas alternativas, como um console de videogame ou aplicativo de mensagem de smartphone.

A imersão oferecida por dispositivos de realidade mista é um diferencial, mas, como discutido no Capítulo 9, ainda existem muitas desvantagens. Por exemplo, o *Fortnite* pode ser jogado em quase qualquer dispositivo, o que significa que um usuário pode jogar com qualquer pessoa que conheça. O *Population: One* é essencialmente limitado àqueles que têm os óculos de realidade virtual. Além disso, o *Fortnite* pode também ser experimentado em resolução maior, com maior fidelidade visual, taxas de quadro mais altas, mais usuários simultâneos e sem o risco de náusea. Para muitos jogadores, jogos em realidade virtual ainda não são bons o suficiente para competir de forma bem-sucedida com títulos de consoles, PC ou smartphones. Mas comparar cirurgia com realidade aumentada com a cirurgia sem é como comparar dirigir com GPS com dirigir sem — a viagem será feita independentemente de a tecnologia existir, enquanto seu uso depende de ter um impacto significativo no resultado (por exemplo, um tempo menor de viagem). Para cirurgia isso significa uma taxa de sucesso mais alta, um tempo de recuperação menor ou um custo menor. E, embora as limitações técnicas dos dispositivos de realidade aumentada/virtual de hoje sem dúvida limitem sua contribuição para cirurgias, mesmo um pequeno impacto justificará seu custo e seu uso.

14
GANHADORES E PERDEDORES DO METAVERSO

SE O METAVERSO É UM "QUASE-ESTADO SUCESSOR" da era móvel e na nuvem de computação e rede, e no fim das contas transformará a maior parte das indústrias e quase todas as pessoas na Terra, algumas questões muito amplas precisam ser abordadas. Qual será o valor de uma nova "economia do metaverso"? Quem vai liderá-la? E o que o metaverso vai significar para a sociedade?

O VALOR ECONÔMICO DO METAVERSO

Embora executivos corporativos ainda não tenham chegado a um consenso a respeito do que exatamente é o metaverso e quando ele vai chegar, a maioria acredita que ele valerá muitos trilhões de dólares. Jensen Huang, da Nvidia, prevê que o valor do metaverso vai uma hora ou outra "exceder" o do mundo físico.

Tentar projetar o tamanho da economia do metaverso é um exercício divertido, embora frustrante. Mesmo quando o metaverso estiver "aqui", provavelmente não haverá consenso em relação a seu valor. Afinal, já estamos na era da internet móvel há pelo menos quinze anos, há quase quarenta na era da internet e há mais de três quartos de século na era da computação digital, mas ainda não temos consenso de quanto a "economia móvel", a "economia da internet" ou a "economia digital" podem valer. Na verdade, é raro até que alguém tente dar um valor a qualquer uma delas.* Em vez disso, a maioria dos analistas e jornalistas só soma as avaliações ou arrecadações das empresas principais que sustentam essas categorias vagas. O desafio ao tentar medir qualquer uma dessas economias é que elas não são realmente uma "economia". Em vez disso, são coleções de tecnologias que estão profundamente entremeadas e dependentes da "economia tradicional", e, desse modo, tentar avaliar sua economia potencial é mais uma arte de alocação em vez de uma ciência de medida e observação.

Considere o livro que você está lendo agora. Provavelmente você o comprou online. O dinheiro que você pagou por ele conta como "arrecadação digital", embora ele tenha sido fisicamente produzido, fisicamente distribuído e esteja sendo fisicamente consumido? *Parte* da sua compra deveria ser digital? Se sim, quanto e por quê? Como essa proporção muda se você estiver lendo um e-book? E se você estiver embarcando em um avião, notar que não vai ter nada para fazer enquanto estiver no voo e usar seu iPhone para baixar uma cópia somente de áudio digital? Isso muda a divisão? E se você só ficou sabendo sobre o livro por meio de um post no Facebook? Importa se eu escrevi o livro usando um processador de texto na nuvem em vez de um offline (ou, mais ousado, se escrevi à mão)?

As coisas ficam ainda mais difíceis quando pensamos em conjuntos de arrecadação digital, como arrecadação da internet ou arrecadação móvel, ambas as coisas provavelmente mais perto metodologicamente da "economia do metaverso" que temos. A Netflix, um serviço de vídeo pela internet, tem arrecadação móvel? A empresa tem alguns assinantes que a usam apenas na rede móvel, mas isolar a arrecadação desses clientes como "arrecadação móvel" não inclui a arrecadação dos assinantes que usam dispositivos móveis para assistir à Netflix às vezes, mas não o tempo todo, e pagam para acessar esse serviço de toda uma gama de dispositivos. O "móvel" deveria ser alocado

---

* Caso tais esforços pareçam familiares, provavelmente é porque eu mencionei várias estimativas ao longo deste livro.

como uma parcela da assinatura mensal com base em quanto do tempo de um usuário ele representa? Isso não significa que um usuário coloca valor equivalente em ver um filme em uma TV de 65 polegadas na sala de casa ou vê-lo em um smartphone de 5 × 5 no metrô? Um iPad que só tem wi-fi e nunca sai de casa é um dispositivo "móvel"? Provavelmente, mas por que uma smart TV que se conecta ao wi-fi não é considerada um dispositivo móvel? E você pode dizer que existe arrecadação "móvel" de banda larga quando os bits transmitidos viajam principalmente por cabos de linha fixa? Aliás, não é verdade que a maior parte dos "dispositivos digitais" comprados hoje não teria sido comprada se não fosse pela internet? Quando a Tesla atualiza o software de um carro pela internet para poder melhorar a vida da bateria ou a eficiência de carga, como exatamente esse valor deveria ser contado ou medido?

Presságios dessas questões podem ser vistos hoje. Se você atualizar de um iPad com três anos para um iPad Pro mais novo apenas por causa da GPU para poder participar de mundos virtuais 3D renderizados em tempo real e com alta simultaneidade de usuários, qual parcela será do metaverso? Se a Nike vender tênis com um NFT incluído, ou uma edição no *Fortnite*, existirá arrecadação do metaverso e, se sim, quanto? Existe um limite de interoperabilidade para bens virtuais serem considerados compras do metaverso em vez de só itens de videogame? Se você apostar em dólares americanos em um cavalo de blockchain, ou em criptomoedas em um cavalo real, existirá diferença? Se, como Bill Gates imagina, a maior parte das chamadas de vídeo no Microsoft Teams passarem para ambientes 3D renderizados em tempo real, que parcela dessa taxa de assinatura cairá em "metaverso"? Se um prédio for operado por um gêmeo digital, que parte dos gastos deve ser contada? Quando as infraestruturas de banda larga forem substituídas pela entrega de alta capacidade em tempo real, isso será "investimento no metaverso"? Quase todos os serviços que usarão e se beneficiarão desse salto têm pouco a ver com o metaverso, ao menos hoje. Ainda assim, o que impulsiona o investimento em redes de baixa latência são as poucas experiências que precisam delas: mundos virtuais síncronos renderizados em tempo real, realidade aumentada e jogos na nuvem.

Embora essas questões descritas sejam exercícios úteis, elas não possuem uma única resposta. É particularmente desafiador estimar quantos são focados no metaverso, que ainda não existe e não tem uma data óbvia de início. Com isso em mente, a abordagem mais prática para medir a "economia do metaverso" deve ser mais filosófica.

Durante quase oito décadas, a parcela da economia mundial representada pela economia digital cresceu. As poucas estimativas que de fato existem sugerem que cerca de 20% da economia mundial hoje seja digital, o que chegaria a cerca de 19 trilhões de dólares em 2021. Nos anos 1990 e início dos anos 2000, a maior parte, mas não todo, do crescimento da economia digital foi movida pela proliferação dos PCs e serviços de internet, enquanto as duas décadas seguintes foram principalmente, mas não exclusivamente, de dispositivos móveis e nuvem. Estas últimas duas ondas significaram que negócios, conteúdo e serviços digitais poderiam ser acessados por mais pessoas, em mais lugares, com mais frequência e mais facilmente, enquanto ao mesmo tempo sustentavam novos casos de uso. As ondas do móvel e da nuvem também vieram eclipsar tudo o que veio antes delas. Na maioria dos casos, "arrecadação digital" não é nada de novo. A indústria dos serviços de namoro, por exemplo, tinha um tamanho insignificante antes da internet e, então, cresceu exponencialmente com o móvel. A indústria da música mais do que dobrou com os discos compactos digitais, mas então caiu 75% com a entrega pela internet.

O arco do metaverso será parecido em termos amplos. No geral, ele ajudará no crescimento da economia global, mesmo que encolha parte dela (setor imobiliário comercial, por exemplo). Ao fazer isso, a parcela digital da economia global vai crescer, assim como a parcela do metaverso da parcela digital.

Considerar essa premissa nos permite criar alguns modelos. Se o metaverso for, digamos, 10% do digital em 2032 e o digital for de 20% da economia mundial para 25% nesse mesmo período, e a economia do mundo continuar a crescer em uma média de 2,5%, então em uma década a economia do metaverso valerá 3,65 trilhões de dólares anualmente. Esse número também indicaria que o metaverso constituiu um quarto do crescimento da economia digital desde 2022 e quase 10% do crescimento real do PIB nesse mesmo período (boa parte do restante viria de crescimento populacional e mudanças em hábitos de consumo, como comprar mais carros, consumir mais água e coisas assim). Em 15% da economia digital, o metaverso seria

5,45 trilhões de dólares anualmente, um terço do crescimento do digital e 13% do crescimento da economia mundial. Em 20%, ele seria 7,35 trilhões de dólares, metade e um sexto. Alguns imaginam que o metaverso possa chegar a 30% da economia digital em 2032.

Por mais que seja especulativo, esse exercício descreve exatamente como a economia é transformada. Os pioneiros do metaverso serão mais representados entre os jovens, crescerão mais rápido que empresas líderes tanto da economia "física" como da "digital" e redefinirão nossos modelos de negócios, comportamentos e cultura. Por sua vez, investidores de risco e do mercado de ações valorizarão essas empresas mais do que o resto do mercado, produzindo assim mais trilhões em riqueza para aqueles que criam, trabalham ou investem nelas.

Algumas poucas dessas empresas se tornarão intermediárias fundamentais entre consumidores, negócios e governos — empresas de muitos trilhões de dólares. Essa é a coisa estranha de se dizer que a economia digital é 20% da economia global. Não importa quão sólida seja a metodologia, a conclusão deixa passar o fato de que boa parte dos 80% que restam é informada ou movida pelo digital. É também por isso que reconhecemos as cinco gigantes da tecnologia como sendo ainda mais poderosas do que só sua arrecadação sugere. Google, Apple, Facebook, Amazon e Microsoft combinadas registraram uma arrecadação de 1,4 trilhão de dólares em 2021, menos de 10% do gasto digital total e 1,6% da economia mundial total. Contudo, essas empresas têm um impacto desproporcional em todas as receitas que elas não reconhecem em seus balanços, tiram uma parte de muitas delas (por exemplo, por meio dos centros de dados da Amazon ou dos anúncios do Google) e às vezes impõem seus padrões técnicos e modelos de negócios também.

Como as gigantes da tecnologia de hoje estão posicionadas para o metaverso

Quais empresas serão líderes na era do metaverso? A história pode informar como respondermos a essa pergunta.

Existem cinco categorias pelas quais podemos entender trajetórias corporativas. A primeira é que incontáveis empresas, produtos e serviços novos serão desenvolvidos, por fim afetando, alcançando ou transformando quase qualquer país, consumidor e indústria. Alguns dos novos participantes substituirão os líderes de hoje, que vão ou perecer ou cair na irrelevância. Exemplos aqui incluem a AOL, o ICQ, o Yahoo, a Palm e a Blockbuster (a segunda categoria). Alguns gigantes substituídos, na verdade, se expandem como resultado do crescimento geral da economia digital. A IBM e a Microsoft nunca tiveram uma parcela menor do mercado de computadores, mas ambas valem mais do que em qualquer ponto de seu suposto auge. Uma quinta categoria de empresas evitará a substituição e a disrupção e aumentará seu negócio central. Então, quem poderão ser os estudos de caso da passagem para o metaverso?

O Facebook, diferentemente do MySpace, navegou com sucesso a transição para o móvel. Mas a empresa precisa se transformar de novo e em um momento no qual os reguladores parecem pouco dispostos a autorizar aquisições parecidas com as do Instagram e do WhatsApp, que facilitaram a passagem da empresa para o móvel, e da Oculus VR e do CTRL-labs, que lançaram as bases para seus planos no metaverso. A empresa também enfrenta bloqueios estratégicos das plataformas baseadas em hardware nas quais seus serviços costumam rodar — e, ao mesmo tempo, sua reputação nunca esteve tão negativa. Ainda assim, seria um erro ignorar o Facebook. A gigante das redes sociais tem três bilhões de usuários mensais, dois bilhões de usuários diários e o sistema de identidade online mais usado. Ela já gasta 12 bilhões de dólares por ano em iniciativas relacionadas ao metaverso (e gera mais de 50 bilhões de dólares por ano em fluxo de caixa com quase 100 bilhões de dólares em arrecadação), possui uma vantagem de anos em entrega de hardware de realidade virtual e um fundador no controle que acredita no metaverso tanto quanto qualquer outro executivo corporativo.

Mas assim como não se pode descartar o Facebook, investimento e convicção sozinhos não garantem sucesso. A disrupção não é um processo linear, mas circular e imprevisível. Como vimos, existem muita confusão e questões abertas em torno do metaverso. Quando avanços tecnológicos fundamentais chegarão? Qual é a melhor forma de os realizar? Qual é o modelo de monetização ideal para isso? Que novos casos de uso e comportamentos serão criados como resultado da nova tecnologia? Nos anos 1990, a Microsoft acreditava tanto no móvel como na internet e tinha muitos dos produtos, tecnologias e recursos necessários para construir o que o Google, a Apple, o Facebook e a Amazon fizeram no seu lugar. A Microsoft acabou estando errada a respeito de tudo, do papel das lojas de aplicativos e smartphones até a importância das telas de toque para consumidores cotidianos, e foi distraída pela necessidade de manter seu enormemente bem-sucedido sistema operacional Windows e conjuntos integrados Microsoft Exchange, Server e Office. A Microsoft que é tão valiosa hoje é o resultado de uma decisão de finalmente abrir mão do apego a seus próprios produtos e conjuntos e, em vez disso, apoiar o que o cliente prefere.

Em muitas categorias, a Microsoft foi superada pelo Google, que agora opera o sistema operacional (Android, não Windows), o navegador (Chrome, não Internet Explorer) e os serviços online (Gmail, não Hotmail ou Windows Live) mais populares do mundo. Ainda assim, qual será o papel do Google no metaverso? A missão da empresa é "organizar a informação do mundo e torná-la universalmente acessível e útil", mas ela pode acessar pouco da informação que existe em mundos virtuais, quanto mais usá-la. E ela não possui nenhum mundo virtual, plataforma de mundos virtuais, motores de mundos virtuais ou qualquer serviço similar próprio. Particularmente, a Niantic foi originalmente uma subsidiária do Google, mas foi lançada em 2015. Dois anos depois, o Google vendeu seu negócio de imagens por satélite à Planet Labs. Em 2016, a empresa começou a construir o serviço de jogos na nuvem Stadia, que foi lançado no final de 2019. No início daquele ano, o Google também anunciou a divisão de Jogos e Entretenimento Stadia, um estúdio de conteúdo "nativo da nuvem". No início de 2021, o estúdio foi fechado. Nos meses que se seguiram, muitos altos executivos da Stadia, incluindo seu gerente-geral, passaram para outros grupos dentro do Google ou saíram completamente da empresa.

Já podemos ver evidências de novos agentes de disrupção em empresas como Epic Games, Unity e Roblox Corporation. Embora seus valores de mercado, arrecadação e escala operacional sejam modestos comparados ao Gafam, elas possuem redes de jogadores, redes de desenvolvedores, mundos virtuais e o "encanamento virtual" para serem verdadeiras líderes do metaverso. Não só isso, mas suas histórias, culturas e conjuntos de habilidades têm pouco em comum, de uma forma renovadora, com os titãs atuais da tecnologia do mundo — mesmo que todas essas empresas concordem que o metaverso seja o futuro. Por boa parte dos últimos quinze anos, o Gafam se preocupou principalmente com outras apostas, incluindo streaming de televisão, vídeos sociais e vídeos ao vivo, processadores de texto na nuvem e centros de dados. Não há nada de errado com esse foco, mas comparativamente pouca atenção foi dada a videogames, menos ainda à ideia de que a melhor embarcação para "o metaverso" seriam jogos *battle royale*, playgrounds virtuais para crianças ou mesmo só motores de jogos. O desprezo relativo das gigantes da tecnologia pelos jogos é emblemático dos desafios de se preparar para — e prever — uma mudança para uma nova era.

Pouco depois de Mark Zuckerberg ter adquirido o Instagram por 1 bilhão de dólares em 2012, o negócio foi visto como uma das aquisições mais brilhantes da era digital. Na época, o serviço de compartilhamento de imagens mal tinha 25 milhões de usuários ativos, uma dúzia de funcionários e nenhum lucro. Uma década depois, seu valor estimado é de 500 bilhões de dólares. O WhatsApp, que o Facebook comprou dois anos depois por 20 bilhões de dólares, num momento em que possuía 700 milhões de usuários, é visto de forma parecida. Ambos são hoje considerados não apenas aquisições brilhantes, mas passos que os reguladores deveriam ter bloqueado com base em leis antitruste.

Apesar da reverência geral pelo histórico de aquisições de Zuckerberg, nem o Facebook nem seus concorrentes compraram a Epic, a Unity ou a Roblox, embora essas empresas tenham passado a maior parte da última década avaliadas em alguns bilhões — menos de uma semana de lucros para as empresas do Gafam.* Por quê? O papel e o potencial dessas empresas eram simplesmente incertos demais. O domínio dos videogames era considerado um nicho na melhor das hipóteses, periférico na pior. Lembre-se de que Neal Stephenson não pensou originalmente na categoria como a única

---

* A maior parte das principais empresas de Hollywood se gabaram de como "quase compraram a Netflix" ou "pensaram em comprar o Instagram", então é notável que se alguma delas tivesse comprado a Epic, a Roblox ou a Unity é provável que a aquisição hoje valeria mais que sua empresa-mãe.

rampa para o metaverso também — mas em 2011 ele estava afirmando que era, e quase todos os executivos de tecnologia do Ocidente tinham pelo menos ouvido falar, se não tinham eles mesmos jogado, *Second Life* e *World of Warcraft*.

Para crédito de Zuckerberg, memorandos vazados mostram que em 2015 ele propôs ao conselho comprar a Unity, que ainda não tinha se tornado um unicórnio. Contudo, não existem relatos de um lance oficial, embora ela pudesse ter sido comprada barato: foi apenas em 2020 que o valor de mercado da Unity passou de 10 bilhões de dólares. Embora o Facebook tenha adquirido a Oculus VR em 2014, a plataforma tinha menos usuários em sua história do que a Epic, a Unity ou a Roblox terão nas próximas 24 horas. Isso não significa que a Oculus foi um erro; ela ainda pode ser transformadora — mas o Facebook não estava limitado a uma única aquisição (na verdade, ele fez dezenas). Além disso, o centro explícito da estratégia do Facebook para o metaverso não é a Oculus, nem realidade virtual e aumentada, mas o *Horizon World*, uma plataforma de mundo virtual integrado ao estilo *Roblox* e *Fortnite* (mas que é construído no Unity). E o Roblox tem exatamente os consumidores que ameaçam o futuro do Facebook — não os que estão saindo das redes sociais, mas aqueles que nem sequer as adotaram.

Se o Facebook é o investidor mais agressivo no metaverso e o Google o mais mal posicionado, a Amazon fica em algum lugar no meio. A Amazon Web Services (AWS) tem quase um terço do mercado de infraestrutura na nuvem, e, como discutido ao longo deste livro, o metaverso vai exigir uma quantidade inédita de poder computacional, armazenamento de dados e serviços ao vivo. A AWS, em outras palavras, se beneficia mesmo que outros provedores de nuvem conquistem uma parcela maior do crescimento futuro. Contudo, os esforços da Amazon para construir conteúdo e serviços específicos para o metaverso têm sido no geral malsucedidos e pode-se dizer que uma prioridade menor se comparados a mercados tradicionais como música, podcast, vídeo, *fast fashion* e assistentes digitais. Segundo vários relatórios, a Amazon gasta centenas de milhões por ano no Amazon Game Studios (AGS), que foca o objetivo do fundador Jeff Bezos de fazer "jogos computacionalmente ridículos". Contudo, a maior parte dos títulos acabou cancelada antes do lançamento (embora não antes que seus orçamentos de desenvolvimento tenham passado do orçamento total da maioria dos jogos de sucesso). O *New World*, lançado em setembro de 2021, recebeu boas críticas e um interesse inicial (incrivelmente, ele esgotou os servidores disponíveis na AWS), mas sua contagem de jogadores mensais é estimada em poucos milhões. Outro exemplo útil é o *Lost Ark*, que o Amazon Game Studios lançou com elogios em fevereiro de 2022. Sucesso é sempre bom, mas *Lost Ark* não foi feito pelo AGS, apenas republicado. O título foi desenvolvido pela Smilegate RPG e lançado na Coreia do Sul em 2019, com a Amazon fechando um negócio para os territórios de língua inglesa um ano depois. Mais sucessos provavelmente virão, mas os muitos bilhões gastos por ano na Amazon Music e no Amazon Prime Video (e a aquisição de 8,5 bilhões de dólares do estúdio de Hollywood MGM) formam um claro contraste. De acordo com alguns relatórios, a Amazon vai gastar mais em uma única temporada de sua série de *Senhor dos Anéis* do que gasta anualmente em todo o seu estúdio de jogos. Um exemplo semelhante vem do serviço de transmissão de jogos na nuvem da Amazon, o Luna, lançado em outubro de 2020, mas que encontrou ainda menos mercado que o Google Stadia e não incluía quase nenhum conteúdo gratuito para os assinantes (o que mais uma vez é diferente das outras ofertas de conteúdo da Amazon). Quatro meses depois de o Luna ser lançado, o executivo que supervisionava a divisão saiu para se tornar gerente-geral do Unity Engine. Os esforços da Amazon para construir um concorrente do Steam também foram malsucedidos, apesar da força e do sucesso contínuos da Twitch, a líder de mercado em transmissão ao vivo de vídeos de videogame, e do programa de assinatura Prime.

    A iniciativa em jogos mais notável da Amazon começou em 2015 quando, segundo relatórios, ela gastou entre 50 milhões e 70 milhões de dólares para licenciar o CryEngine, um motor de jogo independente e de porte médio operado pela CryTek, a empresa por trás do jogo *Far Cry*. Nos anos seguintes, a Amazon investiu centenas de milhões para transformar o CryEngine no Lumberyard, um suposto concorrente para o Unreal e o Unity, mas otimizado para a AWS. O motor nunca encontrou muita adoção, com a Fundação Linux assumindo seu desenvolvimento no início de 2021 e mudando seu nome para "Open 3D Engine" e tornando-o gratuito e de código aberto. A Amazon pode ter mais sucesso com hardware de realidade aumentada e realidade virtual, mas, até agora, quase todos os seus esforços em renderização de tempo real, produção de jogos e distribuição de jogos têm desapontado.

Como eu discuti nos capítulos a respeito de hardware e pagamentos, a Apple é também uma beneficiária inevitável do metaverso. Mesmo que os reguladores separem muitos de seus serviços, o hardware, o sistema operacional e a plataforma de aplicativos da empresa provavelmente seguirão como uma entrada-chave do mundo virtual, o que mandará bilhões de dólares em margens altas de lucro para ela e ampliará sua influência sobre padrões técnicos e modelos de negócios. A empresa também está mais bem posicionada do que qualquer outra para lançar dispositivos de realidade aumentada e realidade virtual que sejam leves, poderosos e simples de usar, assim como outros vestíveis, em parte por causa de sua capacidade de se integrar com o iPhone. Contudo, a Apple não é conhecida por desenvolver seu próprio IVWP, como o *Roblox*, uma categoria de aplicativos que pode servir de intermediária entre a empresa e muitos usuários e desenvolvedores do mundo virtual. Dado que a Apple não tem muita experiência em jogos e é também compreendida como uma empresa focada em hardware, não softwares ou redes, que ela construa um IVWP é pouco provável.

A empresa mais interessante do Gafam na era do metaverso pode acabar sendo a Microsoft, um dos principais estudos de caso de substituição na era móvel. Desde o primeiro Xbox, lançado em 2001, os investidores e até mesmo executivos da empresa refletiram se a divisão de jogos era essencial ou uma distração. Três meses depois de Satya Nadella ter assumido como CEO no lugar de Steve Ballmer, o fundador e presidente Bill Gates disse que ele apoiaria "totalmente" Nadella se ele quisesse terceirizar o Xbox. "Mas teremos uma estratégia geral de jogos, então não é tão óbvio quanto você pode pensar." A primeira aquisição de bilhões de dólares que Nadella fez foi o *Minecraft* — e, em um passo que agora parece óbvio, mas foi pouco convencional na época, ele foi contrário a tornar o título exclusivo das plataformas Xbox e Windows (ou ainda melhor nelas). Além disso, a base de jogadores do título cresceu mais de 500% desde sua aquisição, de 25 milhões de usuários mensais para 150 milhões, tornando-o o segundo mundo virtual 3D renderizado em tempo real mais popular do mundo.

Como sabemos, experiências de jogos agora estão no centro da indústria — incluindo da Microsoft. Lembre-se de que o *Flight Simulator* é uma maravilha tanto da tecnologia como da colaboração. Embora a Xbox Game Studios tenha desenvolvido e lançado o título, ele foi construído em parte pela Bing Maps e usou dados da OpenStreetMap, um serviço de geografia online colaborativo e gratuito, com a inteligência artificial do Azure reunindo esses dados em visualizações 3D e permitindo transmissão de dados de clima em tempo real da nuvem. A divisão Xbox também possui seu próprio conjunto de hardware, o serviço de jogos na nuvem mais popular do mundo, uma frota de estúdios de jogos e um punhado de motores próprios. Embora a HoloLens seja comandada pela divisão de IA do Azure, sua proximidade com os jogos é óbvia. Em janeiro de 2022, a Microsoft concordou em comprar a Activision Blizzard, a maior fabricante independente de jogos fora da China, por 75 bilhões de dólares (a maior aquisição na história do Gafam). Ao anunciar o negócio, a Microsoft disse que "[a Activision Blizzard] vai acelerar o crescimento do negócio de jogos da Microsoft no móvel, em PCs, console e nuvem e oferecerá os tijolos do metaverso".[1]

De muitas formas, a abordagem que Nadella fez do *Minecraft* incorporou sua transformação geral da Microsoft. Os produtos da empresa não seriam mais projetados (ou mesmo otimizados) para trabalhar com seus próprios sistemas operacionais, hardware, tecnologia ou serviços. Em vez disso, seria uma plataforma agnóstica, suportando o maior número de plataformas possível. Foi assim que a Microsoft pôde crescer apesar de perder sua hegemonia em sistemas operacionais — o mundo digital cresceu mais do que a parcela da Microsoft contraiu. A mesma filosofia posiciona bem a empresa para o metaverso.

A Sony, que foi fundada em 1946, é outro conglomerado intrigante. Em termos de arrecadação, a Sony Interactive Entertainment (SIE) é a maior empresa de jogos do mundo, com seu negócio incluindo hardware próprio e jogos, além da publicação e da distribuição de terceiros. A SIE também opera a segunda maior rede de jogos pagos do mundo (PlayStation Network), o terceiro maior serviço de assinatura de jogos na nuvem (PSNow) e vários motores de jogos de alta fidelidade. O portfólio de jogos originais da empresa, como *The Last of Us*, *God of War* e *Horizon Zero Dawn*, é considerado um dos mais vívidos e criativos da história da indústria. O PlayStation também é o console mais vendido da quinta, da sexta, da oitava e da nona geração de consoles e lançará sua plataforma PSVR2 em 2022. A Sony Pictures, enquanto isso, é o maior estúdio cinematográfico em arrecadação, além de o maior estúdio independente de cinema/TV no geral. A divisão de semicondutores da Sony também é a líder do mundo em sensores de imagem, com quase 50% do mercado (a Apple é um dos principais clientes), enquanto sua divisão Imageworks é um dos principais estúdios de efeitos visuais e animação computadorizada. O Hawk-Eye da Sony é um sistema de visão computacional usado por diversas ligas profissionais de esporte no mundo todo para ajudar a arbitragem com simulações 3D e playback (o clube de futebol Manchester City também está usando a tecnologia para criar um gêmeo digital ao vivo de seu estádio, jogadores e fãs durante a partida). A Sony Music é a segunda maior gravadora de música por arrecadação (Travis Scott é um artista da Sony Music), enquanto o Crunchyroll e o Funimation dão à Sony o maior streaming de animes do mundo. É impossível avaliar os recursos da Sony e suas capacidades criativas e ver qualquer coisa além de um enorme potencial para o surgimento do metaverso. Contudo, ainda existem desafios.

Os jogos da Sony são quase sempre exclusivos do PlayStation, e a SIE teve sucesso limitado na produção de jogos para celular, multiplataforma ou *multiplayer*. Embora ela seja forte em hardware e conteúdo de jogo, a Sony é normalmente vista como atrasada em serviços online e não possui liderança em infraestrutura de computação e redes ou em produção virtual. E, apesar da força do Japão em semicondutores, o país não produziu nenhum grande competidor nessa área — o que significa que a passagem da Sony para o metaverso provavelmente vai exigir que ela use serviços e produtos do Gafam.[*]

---

[*] Em maio de 2019, a Sony anunciou uma "parceria estratégica" com a Microsoft para usar seus centros de dados Azure para jogos na nuvem, além de outros serviços de transmissão de conteúdo. Em fevereiro de 2020, o chefe do Xbox disse que, "quando você fala da Nintendo ou da Sony, temos muito respeito por elas, mas vemos a Amazon e o Google como os principais concorrentes daqui para a frente... Isso não é um desrespeito com a Nintendo ou a Sony, mas as empresas tradicionais de jogos estão um tanto desposicionadas. Acho que elas podem tentar recriar o Azure, mas investimentos dezenas de bilhões de dólares na nuvem ao longo dos anos". (SCHIESEL, Seth. "Why Big Tech Is Betting Big on Gaming in 2020". *Protocol*, 5 fev. 2020. Disponível em: https://www.protocol.com/tech-gaming-amazon-facebook-microsoft).

Em 2020, a Sony lançou o *Dreams*, uma poderosa ivwp que a empresa encheu com muitos jogos produzidos profissionalmente, mas que falhou em atrair usuários e desenvolvedores. Muitos críticos argumentam que o *Dreams* esteve sempre condenado e reflete a inexperiência da Sony com plataformas ugc. Diferentemente da maior parte das ivwps, o *Dreams* não era gratuito, mas custava US$ 40. Além disso, o título não oferecia aos desenvolvedores nenhuma parcela dos lucros e estava limitado a consoles de PlayStation, enquanto as ivwps concorrentes eram jogáveis em bilhões de dispositivos ao redor do mundo.*

Comparada ao Gafam, a Sony alcança uma fração dos usuários, emprega menos engenheiros e seu orçamento anual de pesquisa e desenvolvimento é ultrapassado em meses ou mesmo semanas. Durante décadas, a empresa foi um estudo de caso para oportunidades perdidas. Embora a Sony fosse a líder global do mercado em dispositivos portáteis de música com o Walkman e tivesse a segunda maior gravadora, foi a Apple que revolucionou a música digital. Apesar da força da empresa em eletrônicos de consumo, smartphones e jogos, ela também foi expulsa do negócio de telefones celulares e perdeu completamente a categoria de televisões conectadas. Embora a Sony fosse a única gigante de Hollywood com um negócio de tv estabelecido para proteger, e tenha lançado seu serviço de streaming, o Crackle, no mesmo ano em que a Netflix abandonou os dvds, ela falhou em capitalizar a oportunidade. Para liderar no metaverso, a Sony vai precisar não apenas de inovação considerável, mas de uma colaboração inédita entre suas divisões — o tipo que desafia até mesmo a mais integrada das empresas. E, ao mesmo tempo, a empresa vai precisar sair de seus ecossistemas bem integrados, como o PlayStation, e se conectar com plataformas terceirizadas também.

E, então, há a Nvidia, uma empresa construída há mais de trinta anos especificamente para a era da computação gráfica. Com as principais empresas de processadores e chips, como a Intel e a amd, a Nvidia vai se beneficiar de qualquer aumento da demanda por computação. As gpus e cpus de ponta

---

* Limitar o *Dreams* aos dispositivos PlayStation é em parte por que o título era tão tecnicamente poderoso, já que os dispositivos móveis são dispositivos de computação obviamente menos capazes. Mas ao arquitetar o ivwp originalmente para seu dispositivo de ponta, a Sony também tornou mais difícil um dia expandir o título para outras plataformas.

dentro de nossos dispositivos, assim como dos centros de dados da Amazon, do Google e da Microsoft, normalmente vêm desses provedores. A Nvidia, porém, aspira a muito mais. Por exemplo, o serviço de jogos GeForce Now da empresa é o segundo mais popular do mundo, tem muitas vezes o tamanho da Sony e é exponencialmente maior que o Luna, da Amazon, ou o Stadia, do Google, e metade do líder do mercado, Microsoft. Sua plataforma Omniverse, enquanto isso, é pioneira em padrões de 3D e facilita a interoperação de motores, objetos e simulações diferentes e pode ainda se tornar uma espécie de *Roblox* para "gêmeos digitais" e o mundo real. Podemos nunca usar capacetes da marca Nvidia nem jogar jogos publicados pela Nvidia, mas, ao menos em 2022, parece que vivemos em um metaverso alimentado em boa parte pela Nvidia.

O perigo de examinar a prontidão dos líderes de hoje para o futuro de amanhã é que eles sempre parecem preparados. E é porque eles estão — eles têm dinheiro, tecnologia, usuários, engenheiros, patentes, relações e mais. Ainda assim, sabemos que algumas dessas empresas vão falhar, muitas vezes por causa dessas muitas vantagens (algumas se mostrarão fardos). Com o tempo, vai ficar claro que muitos dos líderes do metaverso não foram nem mencionados neste livro — talvez porque fossem pequenos demais para serem notados, ou desconhecidos do autor. Alguns ainda nem foram criados, muito menos pensados. Toda uma geração de nativos do *Roblox* está só agora chegando à entrada da vida adulta e é provável que eles, não o Vale do Silício, criem o primeiro grande jogo que tenha milhares (senão, dezenas de milhares) de usuários simultâneos ou IVWP baseado em blockchain. Sejam motivados pelos princípios da Web 3.0, sejam encorajados por oportunidades de trilhões de dólares que o metaverso oferece, ou simplesmente incapazes de vender para o Gafam por conta do escrutínio regulatório, esses fundadores finalmente substituirão pelo menos um membro dos cinco do Gafam.

Por que confiança importa mais do que nunca

Independentemente de quais empresas venham a dominar, o resultado mais provável é de fato que um punhado de plataformas integradas horizontal ou verticalmente colete uma parcela significante do total de tempo, conteúdo, dados e arrecadação do metaverso. Isso não significa a maior parte de nenhum desses recursos — lembre-se de que o Gafam representa menos de 10% da arrecadação total em 2021 —, mas o suficiente para moldar coletivamente a economia do metaverso e o comportamento de seus usuários, além da economia e dos cidadãos do mundo real.

Todos os negócios, e especialmente negócios baseados em software, se beneficiam de ciclos de resposta — mais dados levam a recomendações melhores, mais usuários significam usuários mais duradouros e mais anunciantes, maior arrecadação permite mais gasto com licenciamento, orçamentos maiores de investimento atraem mais talento. O ponto geral não muda em um futuro blockchain pelo mesmo motivo que audiências ainda convergiam para um punhado de sites e portais, como Yahoo ou AOL, nos anos 1990, embora milhões de outros sites estivessem disponíveis. Os hábitos em si são duradouros, o que é parte do motivo para até dapps de blockchain serem avaliados em bilhões por capitalistas de risco — embora sua autoridade sobre os usuários ou dados seja insignificante comparada à era da Web 2.0.

Para muitos, no entanto, a verdadeira guerra para o metaverso não é entre as grandes corporações, ou entre essas empresas e as startups que esperam substituí-las. Em vez disso, a guerra é entre "centralização" e "descentralização". É claro que esse quadro é imperfeito porque nenhum dos lados pode "ganhar". O que importa é onde o metaverso cai entre esses dois polos, por que e como sua posição muda com o tempo. Quando a Apple lançou seu ecossistema móvel fechado em 2007, ela estava apostando contra a sabedoria convencional. O sucesso de sua aposta sem dúvida levou a uma economia digital, e especialmente móvel, maior e mais madura, enquanto criava a empresa e o produto mais valiosos e lucrativos da história. Mas quinze anos depois, com a parcela que a Apple tem dos computadores pessoais dos EUA tendo subido de menos de 2% para mais de dois terços (com sua participação na venda de software chegando mais perto de três quartos), a dominância da Apple hoje atrasa a indústria toda ao privar desenvolvedores e consumidores de muita escolha. Enquanto testemunhava como parte do processo da Epic Games contra a empresa, o CEO da Apple, Tim Cook, disse à juíza que justamente permitir que desenvolvedores tivessem um link dentro do app que os enviasse para soluções alternativas de pagamento significaria "essencialmente [abrir mão] do retorno total da nossa propriedade intelectual".[2] Nenhuma internet de nova geração deveria ser tão restringida por políticas assim. E, ainda assim, o *Roblox*, o "protometaverso" mais popular até agora, prospera por muitos dos mesmos motivos do ios, da Apple: controle firme do máximo da experiência possível, incluindo venda casada de conteúdo, distribuição, pagamentos, sistemas de contas, bens virtuais e mais.

Com isso em mente, devemos reconhecer que o crescimento do metaverso se beneficia tanto da descentralização *como* da centralização — assim como o mundo real. E de novo, assim como o mundo real, o meio-termo não é um ponto fixo, nem mesmo conhecido, muito menos um consenso. Mas existem algumas abordagens óbvias que se dão se a maior parte das empresas, desenvolvedores e usuários aceitar o ponto básico de que não pode ser um ou outro.

Por exemplo, a licença do Unreal, da Epic Games, para desenvolvedores é escrita de tal forma que dá aos licenciados direitos indefinidos para uma versão específica do Unreal Engine. A Epic ainda pode mudar sua licença para construções e atualizações subsequentes, como a 4.13 e especialmente a 5.0 ou 6.0 — e abrir mão de tal direito seria financeiramente pouco prático e provavelmente danoso para desenvolvedores. Mas o resultado dessa política é que os desenvolvedores não precisam se preocupar como fato de que, ao escolher o Unreal, eles estarão para sempre dependentes dos caprichos, desejos e liderança da Epic (afinal, não existe conselho de controle de aluguel no metaverso nem tribunais de recurso). E, como a licença do Unreal permite aos desenvolvedores um comando quase livre de customizações e integrações com partes externas, os desenvolvedores podem escolher não usar atualizações futuras e, em vez disso, construir sua própria no lugar do que quer que a Epic acrescente nas versões 4.13, 4.14, 5.0 e além.

Em 2021, a Epic fez outra modificação importante em sua licença do Unreal: ela abriu mão do direito de encerrar essa licença, mesmo quando um desenvolvedor não tivesse feito um pagamento ou tivesse violado o acordo totalmente. Em vez disso, a Epic precisaria levar o cliente para o tribunal para poder obrigar o pagamento ou ganhar uma liminar que permitiria à empresa suspender o suporte. Isso tornou mais difícil, lento e caro para a Epic implementar suas regras, mas a política é desenhada para construir confiança junto aos desenvolvedores, e a Epic espera que seja boa para os negócios no geral. Imagine se seu proprietário pudesse trancá-lo no lado de fora do apartamento a qualquer momento argumentando que você violou seu contrato de aluguel ou que você atrasou um pagamento por um dia — ou mesmo sessenta dias. Isso não apenas seria ruim para sua saúde psicológica, mas também o desencorajaria de alugar e, bem, viver na cidade, para começar. Os inquilinos do metaverso podem ser impedidos de entrar ou banidos permanentemente sem muito motivo, e suas posses serem permanentemente apreendidas. A resposta tecnológica libertária para isso é a descentralização, provavelmente por meio de blockchain. Outra, que não é mutualmente excludente, é estender os sistemas legais do "mundo real" para refletirem a materialidade do imaterial. Tim Sweeney argumenta que ninguém se beneficia de "empresas poderosas [tendo] a capacidade de agir como juiz, júri e executor", sendo capazes de impedir que um negócio "construa projetos", "distribua seu produto" ou invista em "relacionamentos com o cliente".

Minha grande esperança para o metaverso é que ele vá produzir uma "corrida pela confiança". Para atrair desenvolvedores, as grandes plataformas estão investindo bilhões para tornar mais fácil, barato e rápido construir bens, espaços e mundos virtuais melhores e mais lucrativos. Mas elas também estão mostrando um interesse renovado em provar — por meio de políticas — que merecem ser parceiras, não apenas um distribuidor ou uma plataforma. Essa sempre foi uma boa estratégia de negócios, mas a enormidade do investimento necessário para construir o metaverso e a confiança que ele exige de desenvolvedores colocaram essa estratégia em primeiro plano.

Em abril de 2021, a Microsoft anunciou que jogos vendidos em sua Windows Store só pagariam uma taxa de 12%, em vez dos habituais 30% (que se mantêm no Xbox), e que os usuários do Xbox poderiam jogar jogos gratuitos sem necessidade de se inscrever no serviço Xbox Live. Dois meses depois, essa política foi revisada para que aplicativos que não são jogos pudessem usar suas próprias soluções de pagamento em vez da solução da Microsoft e, portanto, pagar apenas os 2% a 3% cobrados por um canal de pagamento de base, como a Visa ou o PayPal. Em setembro, o Xbox anunciou que seu navegador Edge havia sido atualizado para "padrões modernos da web", o que permitiria aos usuários jogarem no dispositivo jogos em serviços na nuvem que eram concorrentes do Xbox, como o Stadia, do Google, e o GeForce Now, da Nvidia, e sem usar a loja da Microsoft ou seus serviços de nuvem.

A mudança mais significativa nas políticas da Microsoft ocorreu em fevereiro de 2022, quando a empresa anunciou uma nova plataforma com uma política de catorze pontos para seu sistema operacional Windows e os "mercados de nova geração que [a empresa] constrói para jogos". Isso incluía um compromisso de apoiar soluções de pagamentos externas e lojas de aplicativos (sem prejudicar desenvolvedores que escolhessem usá-las), o direito dos usuários de configurarem essas alternativas como opções-padrão e o direito dos desenvolvedores de se comunicarem diretamente com o usuário final (mesmo que o objetivo dessa comunicação seja dizer ao usuário que ele pode conseguir um preço ou serviço melhor saindo da loja ou serviços da Microsoft). Crucialmente, a Microsoft afirmou que nem todos esses princípios "seriam aplicados imediatamente e em toda a loja atual do console Xbox", já que o hardware do Xbox foi desenhado para ser vendido com prejuízo e gerar lucro cumulativo com softwares vendidos na loja própria da Microsoft. Contudo, a Microsoft disse que "reconhecemos que precisamos adaptar nosso modelo de negócios mesmo para a loja no console Xbox… estamos comprometidos com fechar a lacuna nos princípios restantes com o tempo".[3]

Quando estava revelando a estratégia do Facebook para o metaverso em outubro de 2021, Mark Zuckerberg foi claro a respeito da necessidade de "maximizar a economia do metaverso" e apoiar desenvolvedores. Para isso, Zuckerberg assumiu uma série de compromissos políticos que, pelo menos com base nas abordagens adotadas por outras plataformas de software hoje, beneficiam desenvolvedores ao marginalizar o poder e os lucros dos dispositivos de realidade virtual e realidade aumentada (e também futuros) do Facebook. Por exemplo, Zuckerberg disse que, embora os dispositivos do Facebook continuassem a ser vendidos a preço de custo ou menos (parecido com consoles, mas diferente de smartphones), a empresa permitiria aos usuários baixarem aplicativos diretamente do desenvolvedor ou mesmo por meio de lojas de aplicativos concorrentes. Ele também anunciou que os dispositivos Oculus não exigiriam mais uma conta do Facebook (que tinha sido uma nova política em agosto de 2020) e continuariam a usar o WebXR, uma coleção de APIs para aplicativos de realidade aumentada e realidade virtual baseados em navegador, e o OpenXR, uma coleção de API de código aberto para aplicativos de realidade aumentada e realidade virtual instalados, em vez de produzir (e mais ainda exigir) seu próprio conjunto de APIs. Relembre do Capítulo 10 que quase todas as outras plataformas de computação ou bloqueiam renderização rica com base em navegador e/ou exigem o uso de coleções próprias de API.

Nas semanas que se seguiram, o Facebook também começou a permitir diversas APIs e integrações com plataformas concorrentes que um dia foram suportadas, mas estavam fechadas há muitos anos. Um dos exemplos mais notáveis envolvia a possibilidade de postar um link para o Twitter no Instagram no qual a foto relevante do Instagram iria aparecer dentro de um tuíte. O Instagram ofereceu essa API pouco depois de ser lançado em 2010, mas a removeu apenas oito meses depois de a empresa ser comprada pelo Facebook em 2012.

É fácil ser cínico a respeito das manobras da Microsoft, do Facebook e de outras gigantes da Web 2.0. Em maio de 2020, o presidente da Microsoft, Brad Smith, disse que a empresa tinha estado "do lado errado da história" quando se tratava de software de código aberto, então, em fevereiro de 2022, ele endossou publicamente uma medida aprovada pelo Senado americano que exigia que a Apple e o Google abrissem seus sistemas operacionais móveis para lojas de aplicativos externas e sistemas de pagamento (ele disse que essa "importante" legislação "iria promover competição e garantir justiça e inovação").[4] Se a empresa tivesse prosperado no móvel, como a Apple e o Google fizeram, em vez de ter sido substituída por estas empresas, ou se o Xbox estivesse em primeiro lugar nos consoles, não em último, a Microsoft poderia ter mudado de ideia. Se o Facebook tivesse seu próprio sistema operacional em vez de ser prejudicado pela sua falta, ele seria tão relaxado a respeito de *sideloading*? Se ele não estivesse tão atrasado em construir uma plataforma popular de jogos, o Facebook iria realmente querer depender do OpenXR e do WebXR? Esses pontos são justos, mas eles também ignoram as muitas lições genuínas (se indesejáveis) aprendidas pelas plataformas e pelos desenvolvedores durante as últimas décadas. E esses dois grupos não são os únicos que são mais espertos hoje do que eram nos anos 2000.

Conforme a natureza "sem confiança" e "sem permissão" do blockchain sugere, muito do movimento Web 3.0 vem da insatisfação com os últimos vinte anos de aplicativos, plataformas e ecossistemas digitais. Sim, recebemos muitos bons serviços gratuitos durante a Web 2.0 como o Google Maps e o Instagram, e muitos negócios e carreiras foram construídos em cima e por meio desses serviços. Ainda assim, muitos acreditam que a troca não foi justa. Em troca do "serviço gratuito", os usuários deram a eles "dados gratuitos" que têm sido usados para construir empresas que valem centenas de bilhões ou até mesmo trilhões de dólares. Pior ainda, essas empresas efetivamente são donas desses dados eternamente, o que por sua vez torna difícil para o usuário que gerou os dados usá-los em outro lugar. As recomendações da Amazon, por exemplo, são tão poderosas porque são baseadas em anos de buscas e compras anteriores — mas como resultado, mesmo com um inventário equivalente, preços menores e tecnologia parecida, o Walmart (ou outras "recém-chegadas") sempre terá um caminho mais difícil que a Amazon para deixar o cliente feliz. Muitas pessoas argumentam que a Amazon deveria, então, dar aos usuários o direito de exportar seu histórico e levá-lo para sites concorrentes. Usuários do Instagram podem tecnicamente exportar todas as suas fotos para um arquivo baixável, e então postá-las em um serviço concorrente, mas esse não é um processo fácil e não há como levar os likes nem os comentários das fotos. No geral, muitas pessoas também acreditam que empresas construídas "sobre seus dados" pioraram dramaticamente o mundo real, afetando negativamente as vidas psicológicas e emocionais daqueles que usam seus serviços. Uma boa porção da reação ao anúncio de Zuckerberg de mudar o nome da empresa para Meta foi negativo. Por que uma empresa como o Facebook deveria ter ainda mais alcance sobre nossas vidas? A tecnologia já não criou muito das distopias descritas por Gibson, Stephenson e Cline?

Não deveria, então, ser surpresa que os termos "Web 3.0" e "metaverso" sejam confundidos. Se uma pessoa discorda da filosofia e do arco da Web 2.0, então é aterrorizante pensar no poder dado a esses mastodontes tecnológicos quando eles operarem um plano paralelo da existência — quando os "átomos" do universo virtual forem escritos, executados e transmitidos por empresas em busca de lucro. Imaginar o metaverso como distópico apenas por causa do termo e de muitas de suas inspirações terem vindo da ficção científica distópica é errado, mas existe um motivo para aqueles que controlam esses universos ficcionais (a Matriz, o metaverso, o Oásis) terem a tendência de usá-los para o mal: seu poder é absoluto, e o poder absoluto corrompe. Lembre-se do aviso de Sweeney: "Se uma empresa central ganhar controle do [metaverso], ela se tornará mais poderosa que qualquer governo e um deus na Terra".

Tudo isso leva a um dos aspectos mais importantes de qualquer discussão séria do metaverso: como ele vai afetar o mundo à nossa volta e as políticas que precisaremos para moldar seu impacto.

15
Existência no metaverso

A era digital melhorou muitos aspectos das nossas vidas. Nunca houve maior acesso à informação nem um momento em que tanta informação estivesse disponível para nós gratuitamente. Muitos grupos e indivíduos marginalizados hoje possuem megafones digitais enormes e imparáveis em suas mãos. Aqueles que estão fisicamente longe podem se sentir mais próximos uns dos outros. A arte nunca foi tão fácil de encontrar, nem tantos artistas foram pagos por seu trabalho.

Ainda assim, décadas depois de o Conjunto de Protocolos da Internet ter sido estabelecido, como sociedade ainda precisamos lidar com vários desafios em nossas vidas online: desinformação, manipulação e radicalização; assédio e abuso; direitos limitados sobre dados; segurança de dados ruim; o papel consideravelmente limitador e irritante dos algoritmos e da personalização; infelicidade geral como resultado do engajamento online; poder imenso das plataformas e regulação frouxa; entre muitos outros. Esses problemas, no geral, aumentaram com o tempo.

Embora eles sejam entregues, facilitados ou exacerbados pela tecnologia, os desafios que enfrentamos com a era móvel são problemas humanos e sociais em sua natureza. Conforme mais gente, tempo e gastos ficam online, mais nossos problemas ficam online também. O Facebook tem dezenas de milhares de moderadores de conteúdo; se contratar mais moderadores fosse resolver assédio, desinformação e outros problemas da plataforma, ninguém estaria mais motivado a fazer isso do que Mark Zuckerberg. E, ainda assim, o mundo da tecnologia, incluindo centenas de milhões, senão bilhões, de usuários cotidianos — pense em todos os criadores individuais do *Roblox*, por exemplo —, está pressionando pela "próxima internet".

A própria ideia do metaverso significa que mais de nossas vidas, trabalho, lazer, tempo, gastos, riqueza, felicidade e relacionamentos será online. Na verdade, eles *existirão* online, em vez de só serem colocados online como uma foto do Facebook ou um upload do Instagram, ou ajudados por serviços digitais e software, como a busca do Google ou o iMessage. Muitos dos benefícios da internet crescerão como resultado, mas esse fato vai também exacerbar nossos grandes, e mal resolvidos, desafios sociotecnológicos. Estes também serão trocados, tornando difícil simplesmente reaplicar lições aprendidas nos últimos quinze anos com a internet social e móvel.

No meio dos anos 2010, o grupo sunita militante Estado Islâmico usou as redes sociais para radicalizar estrangeiros que então visitariam a Síria para treinamento. Isso levou a muitas "bandeiras vermelhas" para aqueles com históricos de viagem que incluíam um tempo na Síria, entre outras nações do Oriente Médio, enquanto vários países lidavam com a ameaça de seus cidadãos se tornarem combatentes. Mundos virtuais 3D ricos e renderizados em tempo real vão com certeza tornar a radicalização mais fácil e oferecer um treinamento melhor para pessoas que nunca saem de seu país natal (e por algumas das mesmas razões que a educação remota também vai melhorar). Ao mesmo tempo, o metaverso pode fazer com que saber sobre as pessoas e rastrear sua atividade digital seja ainda mais fácil, com talvez muito mais pessoas acabando em listas do governo ou sob vigilância governamental.

Desinformação e manipulação de eleições aumentarão, tornando nossas complicações atuais com áudios fora de contexto, tuítes agressivos e afirmações científicas erradas parecerem simples. A descentralização, frequentemente vista como a solução para muitos dos problemas criados pelas gigantes da tecnologia, também tornará a moderação mais difícil. Mesmo quando limitado primariamente a textos, fotos e vídeos, o assédio tem sido uma praga aparentemente impossível de ser impedida no mundo digital — e já arruinou muitas vidas e feriu muitas mais. Existem várias estratégias hipotéticas para minimizar o "abuso no metaverso". Por exemplo, os usuários podem precisar dar a outros usuários níveis explícitos de permissão para interagir em determinados espaços (por exemplo, para a captura de imagem, a capacidade de interação háptica etc.), e as plataformas bloquearão automaticamente certas capacidades ("zonas sem toque"). Contudo, novas formas de assédio vão sem dúvida emergir. Estamos certos em ter medo de como será a "pornografia de vingança" no metaverso, feita com avatares de alta fidelidade, *deepfakes*, construção sintética de voz, captura de imagem e outras tecnologias virtuais e físicas emergentes.

A questão dos direitos e do uso de dados é mais abstrata, mas igualmente problemática. Não existe apenas a questão das corporações privadas e do governo acessando dados pessoais, mas questões mais fundamentais, como se os usuários entendem o que estão compartilhando. Eles estão avaliando isso apropriadamente? Que obrigações uma plataforma tem de devolver os dados ao usuário? Um serviço gratuito deveria ter a obrigação de oferecer aos usuários a opção de "comprar" sua coleção de dados e, se sim, como isso seria precificado? Não temos respostas perfeitas para essas perguntas neste momento nem formas de encontrá-las. Mas o metaverso vai significar colocar mais dados e mais informação importante online. Também vai significar compartilhar esses dados com incontáveis terceiros e, ao mesmo tempo, permitir que eles os modifiquem. Como esse novo processo será gerenciado de forma segura? Quem o gerencia? Qual é o recurso para erros, falhas, perdas e vazamentos? Nesse sentido, quem deveria ser dono dos dados virtuais? Um negócio que gasta milhões para desenvolver dentro do *Roblox* tem direitos sobre o que construiu? Um direito de levar isso para outro lugar? Um usuário que compra terra ou bens dentro do *Roblox* tem esse direito? Deveria ter?

O metaverso vai redefinir mais ainda a natureza do trabalho e do mercado de trabalho. Nesse momento, a maioria dos trabalhos terceirizados é apenas de serviço e de áudio, como suporte técnico e cobrança de contas. E a economia informal, ao mesmo tempo, frequentemente acontece pessoalmente, mas não é totalmente diferente: serviços de transporte, limpeza de casas, passeio com cães. Isso vai mudar conforme os mundos virtuais, as telas volumétricas, a captura de movimento e os sensores hápticos melhorarem. Um crupiê não precisa morar nem perto de Las Vegas, ou mesmo nos Estados Unidos, para trabalhar no gêmeo virtual de um cassino. Os melhores tutores (e profissionais do sexo) do mundo vão programar e, então, participar de experiências por hora. Um funcionário do varejo poderá "bater ponto" a milhares de quilômetros de distância — e estar melhor assim. Em vez de andar pela loja esperando por um cliente, eles entrarão quando o cliente precisar de consulta e, por meio do rastreio e câmeras de projeção, poderão aconselhar a respeito de onde, digamos, tamanhos alternativos ou ajustes podem ajudar.

Mas o que o metaverso significa para leis de contratação e salário mínimo? Um professor de Mirror pode morar em Lima? Um crupiê, em Bangalore? E, se podem, como isso afeta a oferta de trabalho presencial (e os preços pagos pelo trabalho presencial)? Essas não são novas questões, mas elas se tornarão muito mais significativas se o metaverso se tornar uma parte de trilhões de dólares da economia mundial (ou, como Jensen Huang espera, mais de metade dela). Entre as visões mais obscuras do futuro está uma na qual o metaverso é um playground virtual onde o impossível é possível, mas é movido por trabalhadores braçais no "terceiro mundo" em favor dos prazeres do "primeiro mundo".

Existe também uma questão de identidade no mundo virtual. Embora as sociedades modernas se debatam com questões de apropriação cultural e éticas em vestimentas e penteados, estamos confrontando a tensão entre usar avatar para revelar uma versão diferente, e potencialmente mais verdadeira, de nós mesmos e a necessidade de nos reproduzir fielmente. É aceitável que o avatar de um homem branco seja uma mulher aborígene? O realismo do avatar importa na resposta dessa questão? Ou, nesse caso, se ele é feito de material orgânico (virtual) ou metal?

Questões de identidade online têm sido levantadas recentemente em torno da coleção de NFT *CryptoPunks*, por exemplo. Lembre-se de que existem 10 mil desses avatares 2D de 24 × 24 pixels gerados algoritmicamente, todos eles cunhados em um blockchain Ethereum e normalmente usados como fotos de perfil em várias redes sociais. Em qualquer dia, é provável que o *CryptoPunk* mais barato à venda seja aquele com pigmentação escura. Alguns acreditam que a dinâmica de preço é uma manifestação óbvia do racismo. Outros argumentam que ela reflete a crença de que não é apropriado que membros brancos da comunidade de criptomoedas usem esses *CryptoPunks*. Aqueles que têm essa visão também afirmam que nem sequer é apropriado que pessoas brancas os tenham. Se é assim, o desconto de preço reflete o fato de que o número de *CryptoPunks* brancos é desproporcionalmente baixo comparado à composição dos Estados Unidos, onde a maior parte dos *CryptoPunks* é vendida e comprada, e da comunidade cripto em geral. Assim, não é que os preços para *CryptoPunks* "não brancos" seja baixo, mas que *CryptoPunks* "brancos" são muito raros. Uma posição é que talvez o "desconto" no primeiro seja positivo — isso torna esses avatares potenciais e supostos cartões de entrada no clube mais acessíveis para aqueles que têm menos riqueza no geral.

Outras preocupações incluem a "divisão digital" e o "isolamento virtual", embora essas pareçam mais fáceis de lidar. Uma década atrás, algumas pessoas se preocupavam com o fato de que a adoção de dispositivos móveis superpoderosos — a maioria custando centenas de dólares mais que um celular normal — iria exacerbar a desigualdade. O exemplo mais usado é o de iPads na educação. O que aconteceria se alguns alunos não pudessem pagar pelo dispositivo e precisassem usar livros didáticos "analógicos", desatualizados e não personalizados enquanto seus pares ricos (quer se sentem ao seu lado ou em exclusivas escolas particulares a quilômetros de distância) tirariam vantagem de livros didáticos digitais e atualizados dinamicamente? Tais preocupações foram aliviadas pelo declínio rápido no preço desses dispositivos, além de sua utilidade cada vez maior. Em 2022, um novo iPad pode ser comprado por menos de US$ 250 — o que o torna mais barato do que muitos PCs, embora ele seja consideravelmente mais capaz. O mais caro dos iPhones custa três vezes o mesmo que um original de 2007, mas o iPhone mais barato vendido pela Apple é 20% mais barato (40% mais barato depois de ajustado para a inflação) e oferece mais de cem vezes o poder computacional. E nenhum desses dispositivos precisa ser comprado para a sala de aula; a maior parte dos alunos já tem um. Esse é o arco da maior parte dos eletrônicos de consumo; eles começam como um brinquedo para os ricos, mas as primeiras vendas permitem mais investimento, o que leva a melhorias nos custos, o que leva a vendas maiores, o que facilita uma maior eficiência de produção, o que leva a menores preços, e por aí vai. Óculos de realidade aumentada e realidade virtual não serão diferentes.

É natural se preocupar com um futuro no qual ninguém saia de casa e no qual gastemos nossa existência presos a óculos de realidade virtual. No entanto, tais medos costumam não ter contexto. Nos Estados Unidos, por exemplo, quase 300 milhões de pessoas assistem a uma média de cinco horas e meia de vídeos por dia (ou 1,5 bilhão de horas no total). Também costumamos ver vídeos sozinhos, no sofá ou na cama, e nada disso é social. Como as pessoas de Hollywood frequentemente se gabam, esse conteúdo é consumido passivamente (no jargão da indústria, é "entretenimento sem as mãos"). Passar qualquer desse tempo para entretenimento social, interativo e mais engajado é provavelmente um resultado positivo, não negativo, mesmo que ainda estejamos do lado de dentro. Isso é particularmente verdade para os mais velhos. O idoso médio nos Estados Unidos gasta sete horas e meia por dia assistindo TV. Poucos entre nós sonham com uma aposentadoria e vida longa para poder passar metade de nossos dias restantes assistindo TV. O metaverso pode não oferecer um substituto para realmente velejar no Caribe, mas ocupar um veleiro virtual junto com velhos amigos provavelmente vai chegar bem perto e oferecer todos os tipos de vantagens do digital — e é melhor que assistir à programação vespertina da Fox News ou da MSNBC.

Governando o metaverso

Pelos mesmos motivos que tornam o metaverso tão disruptivo — ele é imprevisível, recursivo e ainda vago —, é impossível saber quais problemas surgirão, a melhor forma de resolver os que já existem e a melhor maneira de guiá-los. Mas, como eleitores, usuários, desenvolvedores e consumidores, temos arbítrio. Não apenas sobre nossos avatares virtuais que navegam o espaço virtual, mas sobre questões maiores cercando aqueles que constroem o metaverso, como e com que filosofias.

Como canadense, provavelmente acredito em um papel maior do governo no metaverso do que muitos outros — embora eu tenha passado boa parte da minha vida pensando, escrevendo e falando a respeito do que algumas pessoas consideram o sonho do capitalismo de livre mercado. O que fica claro, no entanto, é que um dos maiores desafios que o metaverso deve enfrentar é sua falta de um corpo governamental para além dos operadores de plataformas de mundos virtuais e provedores de serviços. A esta altura, você deveria estar convencido de que esses grupos não são o suficiente para criar um metaverso saudável.

Lembre-se da importância da IETF. Essa entidade foi originalmente estabelecida pelo governo federal dos EUA para orientar de forma voluntária os padrões de internet, especialmente o TCP/IP. Sem a IETF, e outras organizações sem fins lucrativos, parte delas criadas pelo Departamento de Defesa, não teríamos a internet como a conhecemos. Em vez disso, seria uma internet menor, mais controlada e menos vibrante — ou talvez uma de diversas "redes".

A IETF é no geral desconhecida das gerações mais novas, embora seu trabalho continue até hoje. Mas o fato de as contribuições da organização ficarem em geral nos bastidores é um dos motivos para muitos acreditarem que as nações ocidentais são incapazes de regulamentação e supervisão efetiva da tecnologia. Não estou falando de leis antitruste, embora essa seja uma questão urgente. Em vez disso, falo da ideia de um papel para o governo no desenvolvimento da tecnologia. Na verdade, a divisão aparente entre governo e tecnologia é um problema relativamente recente. Ao longo do século XX, governos se mostraram mais do que capazes de orientar as novas tecnologias, das telecomunicações a ferrovias, petróleo e serviços financeiros — e, obviamente, à internet. Foi só nos últimos quinze anos mais ou menos que eles falharam. O metaverso apresenta a oportunidade não apenas para usuários, desenvolvedores e plataformas, mas para novas regras, padrões e corpos governamentais, assim como novas expectativas para esses corpos governamentais.

Como devem ser essas políticas? Deixe-me começar com uma confissão transparente. Como essas questões incluem ética, Direitos Humanos e anais do Direito, sou deliberadamente cuidadoso e modesto. Existem questões claras de justiça social que vão além das muitas detalhadas neste livro, como os dispositivos usados para se acessar o metaverso (e seu custo), a qualidade da experiência que esses dispositivos oferecem e as taxas que a plataforma coleta. Estou ciente disso e ciente da autoridade de outras pessoas para falar a esse respeito com mais clareza. Em vez disso, vou oferecer um quadro que reflita minhas áreas de especialização e aprofunde as questões levantadas nos capítulos anteriores deste livro.

Em 2022, muitos governos, incluindo os dos Estados Unidos, da União Europeia, da Coreia do Sul, do Japão e da Índia, estão focados em se a Apple e o Google deveriam ter controle unilateral das políticas de cobrança dos aplicativos e no direito deles de bloquearem serviços de pagamento concorrentes ou desintermediar outros canais de pagamento (por exemplo, ACH e transferências). Desmontar a hegemonia da Apple e do Google seria um bom começo e aumentaria rapidamente as margens dos desenvolvedores e/ou reduziria os preços para os consumidores, permitiria que novos negócios e modelos de negócios prosperassem e eliminaria as comissões inconscientes que encorajam desenvolvedores a focarem bens físicos e anúncios em vez de experiências virtuais e gastos do consumidor. Mas, como vimos, pagamentos são apenas uma das muitas formas que essas plataformas têm de controlar desenvolvedores, usuários e potenciais concorrentes. O objetivo da Apple e do Google é maximizar suas parcelas da arrecadação online. Paralelamente, os reguladores deveriam forçar as plataformas a separar identidade, distribuição de software, APIs e títulos de seus hardwares e sistemas operacionais. Para que o metaverso e a economia digital prosperem, os usuários precisam conseguir "ter posse" de suas identidades digitais e do software que compraram. Os usuários também devem ser capazes de escolher como instalar e pagar por esses softwares, enquanto os desenvolvedores precisam estar livres para decidir como esses softwares são distribuídos em uma determinada plataforma. No final, esses dois grupos deveriam poder determinar quais padrões e tecnologias emergentes são melhores, independentemente das preferências da empresa cujo sistema operacional rode o código resultante. A separação forçaria empresas centradas em sistema operacional a competirem mais claramente sobre os méritos de suas ofertas individuais.

Também precisamos de maior proteção para os desenvolvedores que constroem motores independentes de jogos, mundos virtuais integrados e lojas de aplicativos. A abordagem que Sweeney faz do licenciamento do Unreal para desenvolvedores é a correta — entregando o controle sobre o fim dessa licença a processos legais em vez de processos corporativos internos.

Contudo, corporações que buscam lucro não deveriam ser os únicos grupos que decidem onde suas leis terminam e o processo legislativo/judicial começa. Não podemos contar com o altruísmo delas, mesmo se, como no caso da Epic, esse "altruísmo" estiver ligado a melhores práticas de negócios. Criticamente, a menos que novas leis sejam escritas especificamente para bens virtuais, zeladoria virtual e comunidades virtuais, é provável que aquelas designadas para a era dos bens físicos, shoppings físicos e infraestrutura física acabem sendo mal aplicadas e exploradas. Se a economia do metaverso vai um dia rivalizar com a do mundo físico, então os governos precisam levar os negócios, as transações comerciais e os direitos do consumidor igualmente a sério.

Um bom lugar para começar seria implementar políticas em relação a como e em que medida IVWPs deveriam ter de apoiar os desenvolvedores que querem exportar os ambientes, bens e experiências que criaram. Isso é um problema relativamente novo para os reguladores. Na internet atual, quase toda "unidade de conteúdo" online, de uma foto a um texto, arquivo de áudio ou vídeo, pode ser transferida entre plataformas sociais, bancos de dados, provedores de nuvens, sistemas de gerenciamento de conteúdo, domínios da web, empresas de hospedagem e mais. Código é, no geral, transferível também. Apesar disso, é óbvio que plataformas online focadas em conteúdo não estão com dificuldade para construir negócios de bilhões (ou trilhões) de dólares. Essas empresas não precisam ser "donas" do conteúdo de um usuário para poder produzir lucro com base em seu consumo. O YouTube é o exemplo perfeito. É fácil para um youtuber migrar para outro serviço de vídeo — e levar toda a sua biblioteca com ele —, mas youtubers ficam porque o YouTube oferece aos criadores de conteúdo mais alcance e, normalmente, rendas mais altas.

É o simples fato de que um youtuber pode muito facilmente ir para o Instagram, Facebook, Twitch ou Amazon que levou muitas outras plataformas a tentarem roubar os criadores de conteúdo do YouTube. Isso, por sua vez, força o YouTube a inovar, trabalhar mais duro para satisfazer seus criadores de conteúdo e ser uma plataforma mais responsável no geral. De forma parecida, o fato de que um criador do Snapchat pode facilmente publicar seu conteúdo em todos os serviços sociais, do Instagram ao TikTok,

YouTube e Facebook, significa que criadores podem expandir sua audiência sem multiplicar seu orçamento de produção. Se uma plataforma, como o YouTube, quer que um dado criador seja exclusivo, ela precisa pagar por essa exclusividade em vez de confiar que seja difícil ou caro demais para o criador operar em diversas plataformas. Existe um motivo para toda rede social ter mudado com o tempo para programação original, garantias de arrecadação e fundos de criador.

Infelizmente, as dinâmicas que se aplicam a redes de conteúdo 2D não passam facilmente para IVWP. A maior parte do conteúdo feito no YouTube ou Snapchat não é produzida por pessoas usando ferramentas da plataforma. Em vez disso, o conteúdo é produzido por aplicativos independentes, como o aplicativo de câmera da Apple, o Photoshop, da Adobe, e o Premiere Pro. Mesmo quando o conteúdo é feito em uma plataforma social, como um *story* do Snapchat que usa filtros do Snap, o conteúdo é normalmente fácil de exportar (e usar de novo no Instagram) porque é só uma foto. Por outro lado, o conteúdo feito para uma IVWP é em geral feito nessa IVWP. Ele não pode ser facilmente exportado ou reutilizado — e não existem "truques" parecidos com usar um "print" de um iPhone para guardar um *story* do Snapchat. Assim, o conteúdo feito no *Roblox* é essencialmente apenas para o *Roblox*. E, diferentemente de um vídeo do YouTube ou um *story* do Snapchat, o conteúdo do *Roblox* não é efêmero (como uma transmissão ao vivo) nem é pensado para ser catalogado (como é o caso de *vlogs* do YouTube). Em vez disso, ele é pensado para ser continuamente atualizado.

As consequências dessas diferenças são profundas. Se um desenvolvedor quer operar em vários IVWPs, ele precisa reconstruir quase todas as partes de sua experiência — um investimento que não produz nenhum valor para os usuários e gasta tempo e dinheiro. Em muitos casos, o desenvolvedor nem vai se dar o trabalho, limitando assim seu alcance e se concentrando em uma única plataforma. Quanto mais um desenvolvedor investe em um determinado IVWP, mais difícil se torna para ele um dia sair — não apenas ele vai precisar readquirir seus clientes, ele terá de reconstruir do zero. Assim, desenvolvedores terão menos chance de apoiar novos IVWPs que possam oferecer funcionalidade, economia ou potencial de crescimento superiores — e IVWPs existentes terão menos pressão para melhorar.

Com o tempo, os IVWPS dominantes podem até "procurar aluguel". Ao longo da última década, muitas das grandes plataformas forma criticadas por tais comportamentos. Por exemplo, muitas marcas argumentam que mudanças feitas no *feed* de notícias do Facebook na prática as forçou a comprarem anúncios para poder alcançar os mesmos usuários do Facebook que haviam voluntariamente "curtido" suas páginas. Em 2020, a Apple revisou sua política da App Store de forma que, com algumas exceções, qualquer aplicativo do iOS que usasse um sistema externo de identidade (por exemplo, login usando sua conta do Facebook ou Gmail) também precisaria oferecer o sistema de contas da Apple.

Alguns IVWPS oferecem exportações selecionadas. O *Roblox* permite que seus usuários peguem modelos produzidos no *Roblox* e os levem para o Blender usando o formato de arquivo OBJ. Mas, como vimos ao longo deste livro, pegar dados de um sistema não significa que esses dados serão usáveis. Mesmo que sejam, o processo de fazer isso não é necessariamente fácil (só tente baixar seus dados do Facebook e importá-los para o Snapchat) e fica a cargo da plataforma (lembre-se de quando o Instagram fechou a API usada para compartilhar posts no Twitter). Nesse sentido, os governos têm tanto uma obrigação de regular como uma oportunidade de moldar os padrões do metaverso. Ao estabelecer convenções de exportação, tipos de arquivo e estruturas de dados para IVWPS, os reguladores também informarão as convenções de importação, os tipos de arquivo e as estruturas de dados de toda plataforma que queira acessar esses dados. No final, deveríamos querer que fosse o mais fácil possível levar um ambiente virtual imersivo educacional ou playground de realidade aumentada de uma plataforma para outra — tão fácil quanto é mover um blog ou uma newsletter. Claro, esse objetivo não é totalmente possível — mundos e lógica 3D não são tão simples quanto HTML ou planilhas. Mas isso deveria ser nosso alvo e importa muito mais do que o estabelecimento de entradas padronizadas de carregadores.

Pode parecer injusto que empresas que ajudaram a construir a era móvel (como a Apple e o Android), além daquelas ajudando a fundar a era do metaverso (notável, mas não exclusivamente, o *Roblox* e o *Minecraft*), devam ser forçadas a abandonar o controle de seus ecossistemas e deixar que os concorrentes lucrem com seu sucesso. Afinal, é a integração rica entre os muitos serviços e tecnologias dessas plataformas que as tornou tão bem-sucedidas. Tais regulações, contudo, seriam mais bem vistas como um reflexo e uma resposta a esse sucesso — e do que é necessário para manter um mercado coletivamente próspero e capaz de produzir novos líderes. Quando a Apple revisou sua política de jogos na nuvem em setembro de 2020, o *The Verge* escreveu que "discutir se as orientações da Apple incluíram ou não uma certa coisa é meio sem sentido, porque a Apple tem a autoridade final. A empresa pode interpretar as orientações como quiser e implementá-las quando quiser e mudá-las à vontade".[1] Essa não é uma base confiável para a economia digital, muito menos para o metaverso.

Além de regular as grandes plataformas, podemos identificar outras mudanças óbvias em leis e políticas que ajudarão a produzir um metaverso saudável. Contratos inteligentes e DAOs deveriam ser reconhecidos legalmente. Mesmo que essas convenções, e blockchains no geral, não durem, o status legal vai inspirar mais empreendedorismo, proteger muitos da exploração e levar a mais uso e participação. As economias florescem quando isso ocorre. Outra oportunidade clara é a expansão das assim chamadas regulamentações KYC (sigla para "conheça seu cliente" em inglês) para investimentos, carteiras, conteúdos e transações de criptomoedas. Essas regulações iriam exigir que plataformas como OpenSea, Dapper Labs e outros importantes jogos de blockchain validassem a identidade e o status legal dos clientes e, ao mesmo tempo, oferecessem recibos mandatórios para o governo, os órgãos tributários e as agências de segurança. A natureza dos blockchains é tal, que exigências KYC não podem chegar a todas as coisas "cripto" — o que não é diferente do fato de que nem a Receita Federal nem a polícia podem monitorar todas as transações em dinheiro vivo. Mas, se quase todos os serviços, mercados e plataformas de contrato populares exigirem essa informação, então a maior parte das transações vai ocorrer sob essas exigências e as que não o fizerem serão descontadas devido ao risco percebido de um golpe (assim como a maioria das pessoas prefere usar o eBay e comprar de vendedores verificados do que comprar em um mercado sem marca e de uma conta anônima).

Uma proposta final é que o governo deveria adotar uma abordagem muito mais séria de coleta, uso, direitos e penalidades relacionados a dados. A quantidade de informação que plataformas focadas no metaverso vão ativar e passivamente gerar, coletar e processar será extraordinária. Os dados irão além das dimensões do seu quarto, dos detalhes das suas retinas, das expressões faciais do seu recém-nascido, de suas performance e compensação no trabalho, de onde você esteve, por quanto tempo e provavelmente por quê. Quase tudo que você disser e fizer será capturado por uma câmera ou microfone e, então, às vezes colocado em um gêmeo virtual em posse de uma empresa privada que compartilha isso com muitas outras. Hoje, o que é permitido fica frequentemente a cargo do desenvolvedor ou do sistema operacional que roda o aplicativo — e é só vagamente compreendido pelo usuário. Reguladores farão bem de começar, e então em dado momento expandir, o que é permitido em vez de simplesmente responder a consequências inesperadas. Incluído no que é "permitido" deveria estar o direito do usuário de exigir o apagamento dos dados ou de baixá-los e facilmente postá-los em outro lugar. Isso é mais uma área na qual o governo pode, e deveria, ditar os padrões do metaverso.

Igualmente importante é como corporações demonstram sua capacidade de guardar informação privilegiada e como elas são punidas quando falham nisso. A Reserva Federal dos EUA faz "testes de estresse" rotineiros em bancos para garantir que eles aguentam choques econômicos, quedas do mercado e grandes saques e, ao mesmo tempo, responsabilizam individualmente os executivos por negligência corporativa e desinformação financeira. Versões primitivas desses mecanismos de supervisão existem hoje para dados de usuários, mas elas são no geral questionamentos informais em vez de processos formais — e as grandes empresas provavelmente não vão se voluntariar para serem examinadas. Multas por vazamentos de dados e perdas são particularmente inofensivas. Em 2017, a empresa americana de relatórios de crédito Equifax revelou que hackers estrangeiros haviam acessado ilegalmente seus sistemas durante mais de quatro meses e tinham roubado nomes completos, números da seguridade social, data de nascimento, endereços e números de carteiras de motorista de quase 150 milhões de americanos e 15 milhões de residentes do Reino Unido. Dois anos depois, a Equifax concordou com um acordo de 650 milhões de dólares — uma soma que é menos do que o fluxo de caixa anual da empresa e que rendeu apenas alguns dólares a cada vítima.

Vários metaversos nacionais

Durante quinze anos, o que consideramos "a internet" se tornou cada vez mais regionalizada. Cada país usa o Conjunto de Protocolos da Internet, mas plataformas, serviços, tecnologias e convenções em cada mercado divergiram, em parte por causa do crescimento de gigantes da tecnologia não americanas. Seja na Europa, no Sudeste Asiático, na Índia, na América Latina, na China ou na África, existem mais startups locais de sucesso e líderes em software do que nunca, satisfazendo tudo, desde pagamentos a compras de supermercado e vídeo. Se o metaverso vai ter um papel ainda maior na cultura e no trabalho humanos, então também é provável que sua emergência leve a atores regionais mais numerosos e fortes.

A causa mais significativa para a fragmentação na internet moderna são regulações regionais ao redor do mundo. As "internets" chinesa, europeia e do Oriente Médio são cada vez mais diferentes da acessada nos Estados Unidos, no Japão ou no Brasil devido a restrições maiores sobre coleta de dados, conteúdo permitido e padrões tecnológicos. Enquanto os governos ao redor do mundo lidam com a necessidade de regular o metaverso — e, ao mesmo tempo, conforme eles tentam reduzir o poder acumulado pelas líderes da Web 2.0 —, o mundo vai sem dúvida acabar com resultados enormemente diferentes e, ouso dizer, "metaversos".

No começo deste livro, mencionei a Aliança para o metaverso da Coreia do Sul, que foi estabelecida pelo Ministério da Ciência e Tecnologia do país no meio de 2021 e inclui mais de 450 empresas domésticas. O objetivo específico da organização ainda não está claro, mas é provável que ela esteja focada em construir uma economia mais forte do metaverso na Coreia do Sul e uma presença maior do país no metaverso de forma geral. Para isso, o governo vai provavelmente liderar a interoperação e os padrões que uma hora ou outra prejudicarão um certo membro da aliança, mas aumentarão sua força coletiva e, mais importante, beneficiarão a Coreia do Sul.

Seguindo as tendências visíveis na internet chinesa hoje, é uma boa aposta que o "metaverso" chinês será ainda mais diferente (e mais centralmente controlado) em relação ao das nações ocidentais. Ele pode chegar muito mais cedo e ser mais interoperável/padronizado também. Considere a Tencent, cujos jogos alcançam mais jogadores, geram mais arrecadação, abrangem mais propriedade intelectual e empregam mais desenvolvedores do que qualquer outro fabricante no mundo. Na China, a Tencent lança os títulos de empresas como Nintendo, Activision Blizzard e Square Enix e desenvolve edições locais de jogos de sucesso como o PUBG (que não pode ser operado no país). Os estúdios da Tencent também são responsáveis pelas versões globais de *Call of Duty: Mobile*, *Apex Legends Mobile* e *PUBG Mobile*. A Tencent também tem cerca de 40% da Epic Games, 20% da Sea Limited (fabricantes do *Free Fire*) e 15% da Krafton (PUBG), e é totalmente dona e opera o WeChat e o QQ, os dois aplicativos de mensagem mais populares na China (e que também servem na prática como lojas de aplicativos). O WeChat também é a segunda maior empresa/rede de pagamentos digitais na China, e a Tencent já usa software de reconhecimento facial para validar a identidade de seus jogadores usando o sistema nacional de identidade da China. Nenhuma outra empresa está mais bem posicionada para facilitar a interoperação de dados de usuários, mundos virtuais, identidade e pagamentos, ou influenciar os padrões do metaverso.

O metaverso pode ser "uma rede imensa e interoperável de mundos 3D renderizados em tempo real", mas, como vimos, ele será conquistado com hardware físico, processadores e redes. Quer sejam governados apenas pelas corporações, apenas pelos governos ou por grupos descentralizados de programadores e desenvolvedores especialistas em tecnologia, o metaverso depende deles. A existência de uma árvore virtual e sua queda podem estar para sempre em questão, mas a física é imutável.

Conclusão
Espectadores, todos

"A TECNOLOGIA FREQUENTEMENTE PRODUZ SURPRESAS que ninguém prevê. Mas os desenvolvimentos mais importantes e fantásticos são muitas vezes antecipados em décadas." Essas palavras abriram este livro, e, nas páginas desde então, com sorte você passou a concordar com essa observação — e entender suas limitações também. Vannevar Bush tinha a impressionante capacidade de prever esses dispositivos do futuro e muito do que eles poderiam fazer, assim como o papel crucial do governo em torná-los úteis e para o benefício coletivo. Ao mesmo tempo, seu memex tinha o tamanho de uma mesa e era eletromecânico — armazenando e conectando fisicamente todo o conteúdo que um usuário poderia pedir. Os computadores de bolso operados por software de hoje parecem com o memex apenas no espírito. Em *2001: uma odisseia no espaço*, Stanley Kubrick imaginou um futuro no qual a raça humana havia colonizado o espaço e uma IA senciente havia surgido, mas telas parecidas com um iPad eram usadas para pouco mais que ver TV enquanto se comia o café da manhã, e os telefones ainda eram analógicos e exigiam fios. O *Snow Crash*, de Neal Stephenson, foi inspirado por décadas de projetos de pesquisa e desenvolvimento e hoje guia muitas das empresas mais poderosas da Terra. Ainda assim, Stephenson acreditava que o metaverso surgiria da indústria da TV, não dos jogos, e ficou surpreso que, "em vez de pessoas irem a bares na rua de *Snow Crash*, o que temos hoje são guildas de *Warcraft*" que saem em saques dentro do jogo.

Eu estou certo sobre muita coisa do futuro. Ele será cada vez mais centrado em mundos virtuais 3D renderizados em tempo real. Largura de banda, latência e confiabilidade das redes vão todas melhorar. A quantidade de poder computacional vai aumentar, permitindo assim elevada simultaneidade, maior persistência, simulações mais sofisticadas e experiências completamente novas (ainda assim, a oferta de computação ainda será menor que sua demanda). Gerações mais jovens serão as primeiras a adotar "o metaverso" e farão isso em um grau maior que seus pais. Os reguladores desmontarão em parte os sistemas operacionais, mas as empresas que são donas desses sos ainda prosperarão porque suas ofertas separadas ainda são líderes de mercado e a emergência do metaverso aumentará a maior parte desses mercados. A estrutura geral do metaverso provavelmente será similar ao que vemos hoje — um punhado de empresas integradas horizontal e verticalmente controlarão uma parcela considerável da economia digital, com sua influência ficando ainda maior. Os reguladores colocarão mais escrutínio sobre elas, mas provavelmente ainda não será suficiente. Alguns dos maiores líderes do metaverso serão diferentes dos que conhecemos hoje, enquanto alguns dos líderes de hoje serão substituídos, mas ainda sobreviverão ou até crescerão. Outros vão perecer. Continuaremos usando muitos dos produtos digitais e móveis da era pré-metaverso; renderização 3D em tempo real não é a melhor maneira de fazer muitas tarefas ou experimentar todas as formas de conteúdo.

A interoperabilidade será conquistada de modo lento, imperfeito, e nunca exaustivo ou sem custo. Embora o mercado vá lá pelas tantas se solidificar em torno de um conjunto de padrões, eles não se converterão perfeitamente uns nos outros e cada um deles terá desvantagens. E, antes disso, muitas opções serão propostas, adotadas, depreciadas e bifurcadas. Vários mundos virtuais e plataformas integradas de mundos virtuais vão se abrir lentamente, como foi o caso da economia mundial, enquanto ao mesmo tempo adotarão abordagens diferentes para a troca de dados e usuários. Por exemplo, muitos farão negócios únicos com desenvolvedores independentes, assim como os Estados Unidos possuem políticas diferentes com

Canadá, Indonésia, Egito, Honduras e União Europeia (ela em si uma coleção de acordos que incluem um conjunto finito de "mundos"). Haverá taxas, impostos e outras cobranças, além da necessidade de vários sistemas de identidade, carteiras e armários para armazenamento virtual. E todas as políticas estarão sujeitas a mudanças. O papel do blockchain é o aspecto menos claro do nosso futuro do metaverso. Para muitos, ele é fundamental para o sucesso do metaverso ou estruturalmente necessário para que ele exista em primeiro lugar. Outros o consideram uma tecnologia interessante que vai contribuir com o metaverso, mas que existiria independentemente dela e mais ou menos da mesma forma. Muitos o consideram um golpe completo. Ao longo de 2021 e no início de 2022, blockchains continuaram a crescer, atraindo desenvolvedores populares, empresários talentosos, dezenas de bilhões em capital de risco e ainda mais investimento institucional em criptomoedas. E, ainda assim, os blockchains possuem um histórico limitado de sucesso no momento da escrita deste livro, e os impedimentos técnicos, culturais e legais são significativos.

Até o final da década, concordaremos que o metaverso chegou[*] e ele valerá muitos trilhões. A questão de quando exatamente ele começou e quanta arrecadação gerou seguirá incerta. Antes de chegar a esse ponto, vamos sair da fase atual da empolgação e provavelmente entraremos e então sairemos de mais uma também. O ciclo de empolgação será causado por pelo menos três fatores: a realidade de que muitas empresas prometerão demais que tipo de experiências do metaverso serão possíveis e quando; a dificuldade de superar barreiras técnicas importantes; e o fato de que, mesmo quando essas barreiras forem de fato superadas, levará tempo para entender exatamente que empresas devem construir "no metaverso".

Pense no seu primeiro iPhone (ou, talvez, seus primeiros seis). Entre 2007 e 2013, o sistema operacional da Apple era altamente esqueumórfico — seu aplicativo iBooks mostrava versões digitais de livros em uma estante

---

[*] Em última análise, podemos usar um termo diferente para esse futuro devido ao quanto o termo "metaverso" é mal utilizado e por causa de suas associações negativas com a ficção científica distópica, gigantes da tecnologia, blockchains e criptomoedas etc. Lembre-se de que em maio de 2021 a Tencent escolheu chamar seus esforços do metaverso de "realidade hiperdigital" antes de passar para "metaverso" conforme o segundo ficou mais popular. Uma reversão de algum tipo ainda pode ocorrer.

virtual, o aplicativo de notas era desenhado para se parecer com um bloco de notas físico amarelo, o calendário tinha costura simulada e sua central de jogos era pensada para lembrar uma mesa de feltro. Com o ios 7, a Apple abandonou esses princípios de design em troca daqueles nativos da era móvel. Foi durante a era esqueumórfica da Apple que muitas das empresas digitais líderes de hoje foram fundadas. Empresas como Instagram, Snap e Slack reimaginaram como comunicações digitais poderiam ser — sem usar um ip para ligar para uma linha fixa (Skype) ou mandar mensagens (BlackBerry Messenger), mas para reinventar como nos comunicamos, por que e sobre o quê. O Spotify não tentou retransmitir o rádio pela internet (broadcast.com) nem produzir rádio só para a internet (Pandora), mas em vez disso mudou como acessamos e descobrimos música. No futuro próximo, "aplicativos do metaverso" ficarão presos no primeiro estágio de desenvolvimento — uma videoconferência, mas em 3D e situada em uma sala de reuniões simulada; Netflix, mas dentro de um cinema virtual. Lentamente, no entanto, iremos reinventar tudo o que fazemos. Será quando esse processo começar, não antes, que o metaverso parecerá significativo; menos como uma visão fantástica e mais como uma realidade prática. Todas as tecnologias necessárias para construir o Facebook estavam disponíveis anos antes de Mark Zuckerberg criar a rede social. O Tinder só foi inventado cinco anos depois do iPhone, quando 70% da população entre 18 e 34 anos tinha um smartphone com tela de toque. A tecnologia é uma restrição para o metaverso, assim como o que nós imaginamos e quando.

Os saltos e explosões de desenvolvimento do metaverso levarão a críticas assim como a pontadas de frustração e desilusão. Em 1995, Clifford Stoll, um astrônomo americano e antigo administrador de sistemas no Laboratório Nacional Lawrence Berkeley, do Departamento Americano de Energia, escreveu um livro hoje infame, *Silicon Snake Oil: Second Thoughts on the Information Highway* [Óleo de cobra de silício: pensando duas vezes sobre a autoestrada da informação]. Em um editorial para a *Newsweek* perto da publicação do livro, ele afirmou que:

> *depois de duas décadas online, estou perplexo... incomodado com essa comunidade da moda e hipervalorizada. Visionários veem um*

futuro de trabalhadores remotos, bibliotecas interativas e salas de aula multimídia. Eles falam de reuniões eletrônicas e comunidades virtuais. Comércio e negócios sairão de escritórios e shoppings para redes e modems. E a liberdade das redes digitais tornará o governo mais democrático. Mentira. Nossos especialistas em computador não têm nenhum bom senso... O que os mercenários da internet não vão lhe contar é que a internet é um grande oceano de dados não editados, sem qualquer pretensão de completude.[1]

Hoje, isso parece uma crítica do metaverso que ainda precisa ser publicada. Em dezembro de 2000, o *Daily Mail* publicou uma matéria chamada "A Internet 'pode só ser uma moda passageira com milhões desistindo dela'" sustentada por uma pesquisa que supostamente estimava que a Grã-Bretanha iria perder dois de seus 15 milhões de usuários da internet.[2] A crítica veio depois que o *crash* das "ponto com" começou, num ponto em que a NASDAQ tinha caído quase 40%, mas iria reduzir pela metade o que havia restado. Levou doze anos para que a NASDAQ retornasse ao seu máximo da era ponto com. No momento em que este livro foi para a gráfica, a NASDAQ era mais de três vezes maior do que aquele auge.

O futuro é difícil de prever, mesmo para pioneiros. Estamos agora na borda do metaverso, mas considere, uma última vez, as últimas duas eras da computação e das redes. Mesmo os crentes mais fervorosos da internet tiveram dificuldades para imaginar um futuro no qual poderia haver bilhões de páginas web em milhões de servidores, 300 bilhões de e-mails por dia, com bilhões de usuários diários, e uma única rede, o Facebook, contando mais de 3 bilhões de usuários mensais e 2 bilhões de usuários por dia. Quando anunciou o primeiro iPhone em janeiro de 2007, Steve Jobs o descreveu como um produto revolucionário. Ele estava certo, é claro. Mas esse primeiro iPhone não tinha a App Store e não havia planos de permitir que desenvolvedores externos fizessem aplicativos. Por quê? Jobs disse aos desenvolvedores que "todo o motor do Safari está dentro do iPhone... e então, você pode escrever ótimos aplicativos da Web 2.0 e do Ajax que se pareçam e ajam exatamente como aplicativos no iPhone".[3] Mas, em outubro de 2007, dez meses depois de o iPhone ter sido revelado e quatro meses depois de ter sido posto à venda,

Jobs mudou de ideia. Um SDK foi anunciado para março de 2007, com a App Store sendo lançada em julho daquele ano. Dentro de um mês, os cerca de um milhão de donos de iPhone tinham baixado em aplicativos 30% da quantidade que os mais de 40 milhões de usuários de iTunes baixaram de músicas. Jobs então disse ao *Wall Street Journal*: "Eu não confiaria em nenhuma das nossas previsões porque a realidade até aqui as excedeu em um grau tão grande, que fomos reduzidos a espectadores, assim como você, assistindo a esse fenômeno incrível".[4]

A trajetória do metaverso será amplamente semelhante. Sempre que uma revolução tecnológica ocorre, consumidores, desenvolvedores e empreendedores respondem. Por fim, uma coisa que parece trivial — um telefone celular, uma tela de toque, um videogame — se torna essencial e acaba mudando o mundo de formas tanto previstas como nunca consideradas.

Agradecimentos

Este livro existe graças aos muitos familiares, apoiadores, professores, amigos, empreendedores, sonhadores, escritores e criadores que me inspiraram e ensinaram ao longo das últimas quatro décadas. Aqui está apenas uma pequena seleção desses indivíduos. Jo-Anne Boluk, Ted Ball, Poppo, Brenda e Al Harrow, Anshul Ruparell, Michael Zawalsky, Will Meneray, Abhinav Saksena, Jason Hirschhorn, Chris Meledandri, Tal Shachar, Jack Davis, Julie Young, Gady Epstein, Jacob Navok, Chris Cataldi, Jayson Chi, Sophia Feng, Anna Sweet, Imran Sarwar, Jonathan Glick, Peter Rojas, Peter Kafka, Matthew Henick, Sharon Tal Yguado, Kuni Takahashi, Tony Driscoll, Mark Noseworthy, Amanda Moon, Thomas LeBien, Daniel Gerstle, Pilar Queen, Charlotte Perman, Paul Rehrig e Gregory McDonald.

Notas

Introdução

1. NEWTON, Casey. "Mark in the Metaverse: Facebook's CEO on Why the Social Network Is Becoming 'a Metaverse Company'". *The Verge*, 22 jul. 2021. Disponível em: https://www.theverge.com/. Acesso em: 4 jan. 2022.
2. TAKAHASHI, Dean. "Nvidia CEO Jensen Huang Weighs in on the Metaverse, Blockchain, and Chip Shortage". *Venture Beat*, 12 jun. 2021. Disponível em: https://venturebeat.com/. Acesso em: 4 jan. 2022.
3. Dados tirados do banco de dados da *Bloomberg* em 2 de janeiro de 2022 (exclui uma dúzia de referências a empresas que incluem "metaverso" apenas em seus nomes).
4. HUANG, Zheping. "Tencent Doubles Social Aid to $15 Billion as Scrutiny Grows". *Bloomberg*, 18 ago. 2021. Disponível em: https://www.bloomberg.com/. Acesso em: 4 jan. 2022.
5. CHE, Chang. "Chinese Investors Pile into 'Metaverse', Despite Official Warnings". SupChina, 24 set. 2021. Disponível em: https://supchina.com/2021/09/24/chinese-investors-pile-into-metaverse-despite-official-warnings/. Acesso em: 4 jan. 2022.
6. Ibidem.
7. BOSTRUP, Jens. "EU's Danske Chefforhandler: Facebooks store nye projekt 'Metaverse' er dybt bekymrende". *Politiken*, 18 out. 2021. Acesso em: 4 jan. 2022.

1. Uma breve história do futuro

1. STEPHENSON, Neal. *Snow Crash*. Trad. Fábio Fernandes. São Paulo: Aleph, 2015.

2. Schwartz, John. "Out of a Writer's Imagination Came an Interactive World". *The New York Times*, 5 dez. 2011. Disponível em: https://www.nytimes.com/. Acesso em: 4 jan. 2022.

3. Robinson, Joanna. "The Sci-Fi Guru Who Predicted Google Earth Explains Silicon Valley's Latest Obsession". *Vanity Fair*, 23 jun. 2017. Disponível em: https://www.vanityfair.com/. Acesso em: 4 jan. 2022.

4. Weimbaum, Stanley Grauman. *Pygmalion's Spectacles*. S. l.: Positronic Publishing, 2016, p. 2.

5. Zickgraf, Ryan. "Mark Zuckerberg's 'Metaverse' Is a Dystopian Nightmare". *Jacobin*, 25 set. 2021. Disponível em: https://www.jacobinmag.com/. Acesso em: 4 jan. 2022.

6. Dionisio, John David; Burns III, William & Gilbert, Richard. "3D Virtual Worlds and the Metaverse: Current Status and Future Possibilities". acm *Computing Surveys*, vol. 45, nº 3, jun. 2013. Disponível em: http://dx.doi.org/10.1145/2480741.2480751.

7. Ye, Josh. "One Gamer Spent a Year Building This Cyberpunk City in Minecraft". *South China Morning Post*, 15 jan. 2019. Disponível em: https://www.scmp.com/. Acesso em: 4 jan. 2022.

8. Ye, Josh. "Minecraft Players Are Recreating China's Rapidly Built Wuhan Hospitals". *South China Morning Post*, 20 fev. 2020. Disponível em: https://www.scmp.com/. Acesso em: 4 jan. 2022.

9. Sweeney, Tim (@timsweeneyepic). Twitter, 13 jun. 2021. Disponível em: https://twitter.com/timsweeneyepic/status/1404241848147775488. Acesso em: 4 jan. 2022.

10. Sweeney, Tim (@timsweeneyepic). Twitter, 13 jun. 2021. Disponível em: https://twitter.com/timsweeneyepic/status/1404242449053241345?s=20. Acesso em: 4 jan. 2022.

11. Takahashi, Dean. "The DeanBeat: Epic Graphics Guru Tim Sweeney Foretells How We Can Create the Open Metaverse". *Venture Beat*, 9 dez. 2016. Disponível em: https://venturebeat.com/. Acesso em: 4 jan. 2022.

2. Confusão e incerteza

1. Nadella, Satya. "Building the Platform for Platform Creators". LinkedIn, 25 mai. 2021. Disponível em: https://www.linkedin.com/pulse/building-platform-creators-satya-nadella. Acesso em: 4 jan. 2022.

2. George, Sam. "Converging the Physical and Digital with Digital Twins, Mixed Reality, and Metaverse Apps". Microsoft Azure, 26 mai. 2021. Disponível em: https://azure.microsoft.com/en-ca/blog/converging-the-physical-and-digital-with-digital-twins-mixed-reality-and-metaverse-apps. Acesso em: 4 jan. 2022.

3. Chalk, Andy. "Microsoft Says It Has Metaverse Plans for Halo, Minecraft, and Other Games". pc *Gamer*, 2 nov. 2021. Disponível em: https://www.pcgamer.com/microsoft-says-it-has-metaverse-plans-for-halo-minecraft-and-other-games. Acesso em: 4 jan. 2022.

4. Park, Gene. "Epic Games Believes the Internet Is Broken: This Is Their Blueprint to Fix It". *The Washington Post*, 28 set. 2021. Disponível em: https://www.washingtonpost.com/video-games/2021/09/28/epic-fortnite-metaverse-facebook. Acesso em: 4 jan. 2022.

5. Sherman, Alex. "Execs Seemed Confused About the Metaverse on Q3 Earnings Calls". cnbc, 20 nov. 2021. Disponível em: https://www.cnbc.com/2021/11/20/executives-wax-poetic-on-the-metaverse-during-q3-earnings-calls.html. Acesso em: 5 jan. 2022.

6. Jim Cramer Explains the "Metaverse" and What It Means for Facebook. CNBC, 29 jul. 2021. Disponível em: https://www.cnbc.com/video/2021/07/29/jim-cramer-explains-the-metaverse-and-what-it-means-for-facebook.html. Acesso em: 5 jan. 2022.

7. DWOSKIN, Elizabeth; ZAKRZEWSKI, Cat & MIROFF, Nick. "How Facebook's 'Metaverse' Became a Political Strategy in Washington". *The Washington Post*, 24 set. 2021. Disponível em: https://www.washingtonpost.com/technology/2021/09/24/facebook-washington-strategy-metaverse. Acesso em: 3 jan. 2022.

8. SWEENEY, Tim (@timsweeneyepic). Twitter, 6 ago. 2020. Disponível em: https://twitter.com/timsweeneyepic/status/1291509151567425536. Acesso em: 4 jan. 2022.

9. LANCASTER, Alaina. "Judge Gonzalez Rogers Is Concerned That Epic Is Asking to Pay Apple Nothing". *The Law*, 24 mai. 2021. Disponível em: https://www.law.com/therecorder/2021/05/24/judge-gonzalez-rogers-is-concerned-that-epic-is-asking-to-pay-apple-nothing/?slreturn=20220006091008. Acesso em: 2 jun. 2021.

10. KOETSIER, John. "The 36 Most Interesting Findings in the Groundbreaking Epic Vs Apple Ruling That Will Free The App Store". *Forbes*, 10 set. 2021. Disponível em: https://www.forbes.com/sites/johnkoetsier/2021/09/10/the-36-most-interesting-findings-in-the-groundbreaking-epic-vs-apple-ruling-that-will-free-the-app-store/?sh=56db5566fb3f. Acesso em: 3 jan. 2022.

11. WIKIPÉDIA. "Internet". Disponível em: https://pt.wikipedia.org/wiki/Internet.

12. KRUGMAN, Paul. "Why Most Economists' Predictions Are Wrong". *Red Herring Online*, 10 jun. 1998. Disponível em: https://web.archive.org/web/19980610100009/http://www.redherring.com/mag/issue55/economics.html.

13. MAY 26, 1995: Gates, Microsoft Jump on "Internet Tidal Wave". *Wired*, 26 mai. 2021. Disponível em: https://www.wired.com/2010/05/0526bill-gates-internet-memo. Acesso em: 5 jan. 2022.

14. MICROSOFT's Ballmer Not Impressed with Apple iPhone. CNBC, 17 jan. 2007. Disponível em: https://www.cnbc.com/id/16671712. Acesso em: 4 jan. 2022.

15. OLANOFF, Drew. "Mark Zuckerberg: Our Biggest Mistake Was Betting Too Much On HTML5". *TechCrunch*, 11 set. 2021. Disponível em: https://techcrunch.com/2012/09/11/mark-zuckerberg-our-biggest-mistake-with-mobile-was-betting-too-much-on-html5. Acesso em: 5 jan. 2022.

16. WALDROP, M. Mitchell. *Complexity: The Emerging Science at the Edge of Order and Chaos*. Nova York: Simon & Schuster, 1992, p. 155.

3. UMA DEFINIÇÃO (FINALMENTE)

1. TAKAHASHI, Dean. "How Pixar Made Monsters University, Its Latest Technological Marvel". *Venture Beat*, 24 abr. 2013. Disponível em: https://venturebeat.com/2013/04/24/the-making-of-pixars-latest-technological-marvel-monsters-university. Acesso em: 5 jan. 2022.

2. WIKIPÉDIA. "Metaphysics". Disponível em: https://en.wikipedia.org/wiki/Metaphysics.

3. STEPHENSON, Neal. *Snow Crash*. Nova York: Random House, 1992, p. 27.

4. INFINITE Space: An Argument for Single-Sharded Architecture in MMOs. *Game Developer*, 9 ago. 2010. Disponível em: https://www.gamedeveloper.com/design/infinite-space-an-argument-for-single-sharded-architecture-in-mmos. Acesso em: 5 jan. 2022.

5. JOHN Carmack Facebook Connect 2021 Keynote. Produção: Upload VR. S. l.: 2021. Disponível em: https://www.youtube.com/watch?v=BnSUk0je6oo. Acesso em: 5 jan. 2022.

4. A PRÓXIMA INTERNET

1. STARK, Josh & VAN NESS, Evan. "The Year in Ethereum 2021". *Mirror*, 17 jan. 2022. Disponível em: https://stark.mirror.xyz/q3OnsK7mvfGtTQ72nfoxLyEV5lfYOqUfJIoKBx7BG1I. Acesso em: 2 fev. 2022.

2. MILITARY Fears over PlayStation2. *BBC*, 17 abr. 2000. Disponível em: http://news.bbc.co.uk/2/hi/asia-pacific/716237.stm. Acesso em: 4 jan. 2022.

3. SECRETARY of Commerce Don Evans Applauds Senate Passage of Export Administration Act as Modern-Day Legislation for Modern-day Technology. Bureau of Industry and Security, US Department of Commerce, 6 set. 2001.

4. LITTELL, Chas. "AFRL to Hold Ribbon Cutting for Condor Supercomputer". Release da Wright-Patterson Air Force Base, 17 nov. 2010. Disponível em: https://www.wpafb.af.mil/News/Article-Display/Article/399987/afrl-to-hold-ribbon-cutting-for-condor-supercomputer. Acesso em: 5 jan. 2022.

5. ZYGA, Lisa. "US Air Force Connects 1,760 PlayStation 3's to Build Supercomputer". *Phys.org*, 2 dez. 2010. Disponível em: https://phys.org/news/2010-12-air-playstation-3s-supercomputer.html. Acesso em: 5 jan. 2022.

6. SHAPIRO, Even. "The Metaverse Is Coming: Nvidia CEO Jensen Huang on the Fusion of Virtual and Physical Worlds". *Time*, 18 abr. 2021. Disponível em: <https://time.com/5955412/artificial-intelligence-nvidia-jensen-huang>. Acesso em: 2 jan. 2022.

7. EWALT, David M. "Neal Stephenson Talks About Videogames, the Metaverse, and His New Book, REAMDE". *Forbes*, 19 set. 2011.

8. EK, Daniel. "Daniel Ek—Enabling Creators Everywhere". *Colossus*, 14 set. 2021. Disponível em: https://www.joincolossus.com/episodes/14058936/ek-enabling-creators-everywhere?tab=transcript. Acesso em: 5 jan. 2022.

9. EWALT, David M. "Neal Stephenson Talks About Videogames, the Metaverse, and His New Book, REAMDE". *Forbes*, 19 set. 2011.

5. REDE

1. MANJOO, Farhad. "I Tried Microsoft's Flight Simulator: The Earth Never Seemed So Real". *The New York Times*, 19 ago. 2022. Disponível em: https://www.nytimes.com/2020/08/19/opinion/microsoft-flight-simulator.html. Acesso em: 4 jan. 2022.

2. SCHIESEL, Seth. "Why Microsoft's New Flight Simulator Should Make Google and Amazon Nervous". *Protocol*, 16 ago. 2020. Disponível em: https://www.protocol.com/microsoft-flight-simulator-2020. Acesso em: 5 jan. 2022.

3. BANATT, Eryk; UDDENBERG, Stefan & SCHOLL Brian. "Input Latency Detection in Expert-Level Gamers". Universidade Yale, 21 abr. 2017. Disponível em: https://cogsci.yale.edu/sites/default/files/files/Thesis2017Banatt.pdf. Acesso em: 4 jan. 2022.

4. PEGORARO, Rob. "Elon Musk: 'I Hope I'm Not Dead by the Time People Go to Mars'". *Fast Company*, 10 mar. 2020. Disponível em: https://www.fastcompany.com/90475309/elon-musk-i-hope-im-not-dead-by-the-time-people-go-to-mars. Acesso em: 3 jan. 2022.

6. COMPUTAÇÃO

1. ONE Billion Assets: How Pixar's Lightspeed Team Tackled Coco's Complexity. *Foundry Trends*, 25 out. 2018. Disponível em: https://www.foundry.com/insights/film-tv/pixar-tackled-coco-complexity. Acesso em: 5 jan. 2022.

2. TAKAHASHI, Dean. "Nvidia CEO Jensen Huang Weighs in on the Metaverse, Blockchain, and Chip Shortage". *Venture Beat*, 12 jun. 2021. Disponível em: https://venturebeat.com/2021/06/12/nvidia-ceo-jensen-huang-weighs-in-on-the-metaverse-blockchain-chip-shortage-arm-deal-and-competition. Acesso em: 1 fev. 2022.

3. KODURI, Raja. "Powering the Metaverse". Intel, 14 dez. 2021. Disponível em: https://www.intel.com/content/www/us/en/newsroom/opinion/powering-metaverse.html. Acesso em: 4 jan. 2022.

4. SWEENEY, Tim (@timsweeneyepic). Twitter, 7 jan. 2020. Disponível em: https://twitter.com/timsweeneyepic/status/1214643203871248385. Acesso em: 4 jan. 2022.

5. RUBIN, Peter. "It's a Short Hop from Fortnite to a New AI Best Friend". *Wired*, 21 mar. 2019. Disponível em: https://www.wired.com/story/epic-games-qa. Acesso em: 1 fev. 2021.

7. MOTORES DE MUNDOS VIRTUAIS

1. "THE FUTURE — It's Bigger and Weirder than You Think —" by Owen Mahoney, NEXON CEO. Produção: NEXON. S. l.: 20 dez. 2019. Disponível em: https://www.youtube.com/watch?v=VqiwZN1CShI. Acesso em: 5 jan. 2022.

2. ROBLOX. "A Year on Roblox: 2021 in Data". 26 jan. 2022. Disponível em: https://blog.roblox.com/2022/01/year-roblox-2021-data. Acesso em: 3 fev. 2022.

8. INTEROPERABILIDADE

1. YE, Josh (@therealjoshye). Twitter, 3 mai. 2021. Disponível em: https://mobile.twitter.com/therealjoshye/status/1389217569228296201. Acesso em: 1 fev. 2022.

2. PHILLIPS, Tom. "So, Will Sony Actually Allow PS4 and Xbox One Owners to Play Together?". *Eurogamer*, 17 mar. 2016. Disponível em: https://www.eurogamer.net/articles/2016-03-17-sonys-shuhei-yoshida-on-playstation-4-and-xbox-one-cross-network-play. Acesso em: 5 jan. 2022.

3. PETERS, Jay. "Fortnite's Cash Cow Is PlayStation, Not iOS, Court Documents Reveal". *The Verge*, 28 abr. 2021. Disponível em: https://www.theverge.com/2021/4/28/22407939/fortnite-biggest-platform-revenue-playstation-not-ios-iphone. Acesso em: 1 fev. 2022.

4. Rakers, Aaron et al. "nvda: Omniverse Enterprise — Appreciating Nvidia's Platform Strategy to Capitalize ($10B+) on the 'Metaverse'". *Wells Fargo*, 3 nov. 2021.

5. Michaud, Chris. "English the Preferred Language for World Business: Poll". *Reuters*, 12 mai. 2016. Disponível em: https://www.reuters.com/article/us-language/englishthe-preferred-language-for-world-business-poll-idUSBRE84F0OK20120516.

6. Epic Games. "Tonic Games Group, Makers of 'Fall Guys', Joins Epic Games". 2 mar. 2021. Disponível em: https://www.epicgames.com/site/en-US/news/tonic-games-group-makers-of-fall-guys-joins-epic-games. Acesso em: 2 fev. 2022.

9. Hardware

1. Zuckerberg, Mark. Facebook, 29 abr. 2021. Disponível em: https://www.facebook.com/zuck/posts/the-hardest-technology-challenge-of-our-time-may-be-fitting-a-supercomputer-into/10112933648910701. Acesso em: 5 jan. 2022.

2. Tech@Facebook. "Imagining a New Interface: Hands-Free Communication without Saying a Word". 30 mar. 2020. Disponível em: https://tech.fb.com/imagining-a-new-interface-hands-free-communication-without-saying-a-word. Acesso em: 4 jan. 2022.

3. Tech@Facebook. "bci Milestone: New Research from ucsf with Support from Facebook Shows the Potential of Brain-Computer Interfaces for Restoring Speech Communication". 14 jul. 2021. Disponível em: https://tech.fb.com/bci-milestone-new-research-from-ucsf-with-support-from-facebook-shows-the-potential-of-brain-computer-interfaces-for-restoring-speech-communication. Acesso em: 4 jan. 2022.

4. Regalado, Antonio. "Facebook Is Ditching Plans to Make an Interface that Reads the Brain". *MIT Technology Review*, 14 jul. 2021. Disponível em: https://www.technologyreview.com/2021/07/14/1028447/facebook-brain-reading-interface-stops-funding. Acesso em: 4 jan. 2022.

5. Nartker, Andrew. "How We're Testing Project Starline at Google". Google Blog, 30 nov. 2021. Disponível em: https://blog.google/technology/research/how-were-testing-project-starline-google. Acesso em: 2 fev. 2022.

6. Marshall, Will. "Indexing the Earth". *Colossus*, 15 nov. 2021. Disponível em: https://www.joincolossus.com/episodes/14029498/marshall-indexing-the-earth?tab=blocks. Acesso em: 5 jan. 2022.

7. Wingfield, Nick. "Unity ceo Predicts ar-vr Headsets Will Be as Common as Game Consoles by 2030". *The Information*, 21 jun. 2021.

10. Canais de pagamento

1. Nacha, "ach Network Volume Rises 11.2% in First Quarter as Two Records Are Set", comunicado à imprensa, 15 de abril de 2021. Disponível em: https://www.prnewswire.com/news-releases/ach-network-volume-rises-11-2-in-first-quarter-as-two-records-are-set-301269456.html. Acesso em: 26 jan. 2022.

2. Mochizuki, Takashi; Savov, Vlad. "Epic's Battle with Apple and Google Actually Dates Back to Pac-Man", *Bloomberg*, 19 de agosto de 2020. Disponível em: https://www.bloomberg.com/. Acesso em: 4 jan. 2021.

3. Sweeney, Tim (@TimSweeneyEpic). Twitter, 11 jan. 2020. Disponível em: https://twitter.com/TimSweeneyEpic/status/1216089159946948620. Acesso em: 4 jan. 2022.

4. Epic Games. "Epic Games Store Weekly Free Games in 2020!", 14 de janeiro de 2022. Disponível em: https://www.epicgames.com/store/en-US/news/epic-games-store-weekly-free-games-in-2020. Acesso em: 14 fev. 2022.

5. Epic Games. "Epic Games Store 2020 Year in Review", 28 de janeiro de 2021. Disponível em: https://www.epicgames.com/store/en-us/news/epic-games-store-2020-year-in-review. Acesso em: 14 fev. 2022.

6. Epic Games. "Epic Games Store 2021 Year in Review", 27 de janeiro de 2022. Disponível em: https://www.epicgames.com/store/en-US/news/epic-games-store-2021-year-in-review. Acesso em: 14 fev. 2022.

7. Wilde, Tyler. "Epic Will Lose Over $300M on Epic Games Store Exclusives, Is Fine With That", *PC Gamer*, 10 de abril de 2021. Disponível em: https://www.pcgamer.com/epic-games-store-exclusives-apple-lawsuit/. Acesso em: 14 fev. 2022.

8. Robertson, Adi. "Tim Cook Faces Harsh Questions about the App Store from Judge in Fortnite Trial", *The Verge*, 21 de maio de 2021. Disponível em: https://www.theverge.com/2021/5/21/22448023/epic-apple-fortnite-antitrust-lawsuit-judge-tim-cook-app-store-questions. Acesso em: 14 fev. 2022.

9. Wingfield, Nick. "IPhone Software Sales Take Off: Apple's Jobs", *Wall Street Journal*, 11 de agosto de 2008.

10. Gruber, John. "Google Announces Chrome for iPhone and iPad, Available Today", *Daring Fireball*, 28 de junho de 2021. Disponível em: https://daringfireball.net/linked/2012/06/28/chrome-ios. Acesso em: 14 jan. 2022.

11. Rooney, Kate. "Apple: Don't Use Your iPhone to Mine Cryptocurrencies", CNBC, 11 de junho de 2018. Disponível em: https://www.cnbc.com/2018/06/11/dont-even-think-about-trying-to-bitcoin-with-your-iphone.html. Acesso em: 4 jan. 2021.

12. Sweeney, Tim (@TimSweeneyEpic). Twitter, 4 fev. 2022. Disponível em: https://twitter.com/TimSweeneyEpic/status/1489690359194173450. Acesso em: 5 fev. 2022.

13. Arment, Marco (@MarcoArment). Twitter, 4 fev. 2022. Disponível em: https://twitter.com/marcoarment/status/1489599440667168768. Acesso em: 5 fev. 2022.

14. Balasubramanian, Manoj. "App Tracking Transparency Opt-In Rate — Monthly Updates", Flurry, 15 de dezembro de 2021. Disponível em: https://www.flurry.com/blog/att-opt-in-rate-monthly-updates/. Acesso em: 5 fev. 2022.

11. Blockchains

1. Telegraph Reporters, "What Is Ethereum and How Does It Differ from Bitcoin?", *The Telegraph*, 17 de agosto de 2018.

2. Gilbert, Ben. "Almost No One Knows about the Best Android Phones on the Planet", *Insider*, 25 de outubro de 2015. Acesso em: 4 jan. 2022. Disponível em: https://www.businessinsider.com/why-google-makes-nexus-phones-2015-10.

3. Wikipédia. "Possession is Nine-Tenths of the Law", editado pela última vez em 6 de dezembro de 2021. Disponível em: https://en.wikipedia.org/wiki/Possession_is_nine-tenths_of_the_law.

4. Murphy, Hannah; Oliver, Joshua. "How NFTs Became a $40bn Market in 2021", *Financial Times*, 31 de dezembro de 2021. Acesso em: 4 jan. 2022. (Note que essa soma, $40,9 bilhões, é limitada ao blockchain Ethereum, que estima-se ter 90% das transações de NFT.)

5. Roose, Kevin. "Maybe There's a Use for Crypto After All", *New Yor Times*, 6 de fevereiro de 2022. Disponível em: https://www.nytimes.com/2022/02/06/technology/helium-cryptocurrency-uses.html. Acesso em: 7 fev. 2022.

6. Roose, Kevin. "Maybe There's a Use for Crypto After All", *New York Times*, 6 de fevereiro de 2022. Disponível em: https://www.nytimes.com/2022/02/06/technology/helium-cryptocurrency-uses.html. Acesso em: 7 fev. 2022.

7. Helium. Disponível em: https://explorer.helium.com/hotspots. Acesso em: 5 mar. 2022.

8. CoinMarketCap. "Helium". Disponível em: https://coinmarketcap.com/currencies/helium/. Acesso em: 7 fev. 2022.

9. Takahashi, Dean. "The DeanBeat: Predictions for gaming in 2022", *Venture Beat*, 31 de dezembro de 2021. Disponível em: https://venturebeat.com/2021/12/31/the-deanbeat-predictions-for-gaming-2022/. Acesso em: 3 jan. 2022.

10. Livni, Ephrat. "Venture Capital Funding for Crypto Companies Is Surging", *New York Times*, 1º de dezembro de 2021. Disponível em: https://www.nytimes.com/2021/12/01/business/dealbook/crypto-venture-capital.html. Acesso em: 5 jan. 2022.

11. Kharif, Olga. "Crypto Crowdfunding Goes Mainstream with Constitution DAO Bid", *Bloomberg*, 20 de novembro de 2021. Disponível em: https://www.bloomberg.com/news/articles/2021-11-20/crypto-crowdfunding-goes-mainstream-with-constitutiondao-bid?sref=sWz3GEG0. Acesso em: 2 jan. 2022.

12. Kruppa, Miles. "Crypto Assets Inspire New Brand of Collectivism Beyond Finance", *Financial Times*, 27 de dezembro de 2021. Disponível em: https://www.ft.com/content/c4b6d38d-e6c8-491f-b70c-7b5cf8f0cea5. Acesso em: 4 jan. 2022.

13. Gurdus, Lizzy. "Nvidia CEO Jensen Huang: Cryptocurrency Is Here to Stay, Will Be an 'Important Driver' For Our Business", *CNBC*, 29 de março de 2018. Disponível em: https://www.cnbc.com/2018/03/29/nvidia-ceo-jensen-huang-cryptocurrency-blockchain-are-here-to-stay.html. Acesso em: 2 fev. 2022.

14. Visa. "Crypto: Money Is Evolving". Disponível em: https://usa.visa.com/solutions/crypto.html. Acesso em: 2 fev. 2022.

15. Takahashi, Dean. "Game Boss Interview: Epic's Tim Sweeney on Blockchain, Digital Humans, and Fortnite", *Venture Beat*, 30 de Agosto de 2017. Disponível em: https://venturebeat.com/2017/08/30/game-boss-interview-epics-tim-sweeney-on-blockchain-digital-humans-and-fortnite/. Acesso em: 2 fev. 2022.

16. Sweeney, Tim (@TimSweeneyEpic). Twitter, 30 jan. 2021. Disponível em: https://twitter.com/TimSweeneyEpic/status/1355573241964802050. Acesso em 4 jan. 2022.

17. Sweeney, Tim (@TimSweeneyEpic). Twitter, 27 set. 2021. Disponível em: https://twitter.com/TimSweeneyEpic/status/1442519522875949061. Acesso em: 4 jan. 2022.

18. Sweeney, Tim (@TimSweeneyEpic). Twitter, 15 out. 2021. Disponível em: https://twitter.com/TimSweeneyEpic/status/1449146317129895938. Acesso em: 4 jan. 2022.

12. Quando o metaverso vai chegar?

1. Huddleston Jr., Tom. "Bill Gates Says the Metaverse Will Host Most of Your Office Meetings Within 'Two or Three Years'— Here's What It Will Look Like", CNBC, 9 de dezembro de 2021. Disponível em: https://www.cnbc.com/2021/12/09/bill-gates-metaverse-will-host-most-virtual-meetings-in-a-few-years.html. Acesso em: 2 fev. 2022.

2. "The Metaverse and How We'll Build It Together— Connect 2021", postado por Meta, 28 de outubro de 2021. Disponível em: https://www.youtube.com/watch?v=Uvufun6xer8. Acesso em: 2 fev. 2022.

3. Ma, Steven. "Videogames' Future Is More Than the Metaverse: Let's Talk 'Hyper Digital Reality'", *GamesIndustry*, 8 de fevereiro de 2022. Disponível em: https://www.gamesindustry.biz/articles/2022-02-07-the-future-of-games-is-far-more-than-the-metaverse-lets-talk-hyper-digital-reality. Acesso em: 11 fev. 2022.

4. Smiley, George. "The u.s. Economy in the 1920s", *Economic History Association*. Disponível em: https://eh.net/encyclopedia/the-u-s-economy-in-the-1920s/. Acesso em: 5 jan. 2022.

5. Hartford, Tim. "Why Didn't Electricity Immediately Change Manufacturing?", 21 de agosto de 2017. Disponível em: https://www.bbc.com/news/business-40673694. Acesso em: 5 jan. 2022.

6. Nye, David E. *America's Assembly Line*. Cambridge, MA: MIT Press, 2015, p. 19.

13. Metanegócios

1. Wikipédia. "Baumol's cost disease", editado pela última vez em 13 de setembro de 2022, https://en.wikipedia.org/wiki/Baumol%27s_cost_disease.

2. Escritório de estatísticas de trabalho dos EUA, acessado em dezembro 2021.

3. Pankida, Melissa. "The Psychology Behind Why We Speed Swipe on Dating Apps", *Mic*, 27 de setembro de 2019. Disponível em: https://www.mic.com/life/we-speed-swipe-on-tinder-for-different-reasons-depending-on-our-gender-18808262. Acesso em: 2 jan. 2022.

4. Evans, Benedict. "Cars, Newspapers and Permissionless Innovation", 6 de setembro de 2015. Disponível em: https://www.ben-evans.com/benedictevans/2015/9/1/permissionless-innovation. Acesso em: 2 jan. 2022.

5. Park, Gene. "Epic Games Believes the Internet Is Broken. This Is Their Blueprint to Fix It", *Washington Post*, 28 de setembro de 2021. Disponível em: https://www.washingtonpost.com/video-games/2021/09/28/epic-fortnite-metaverse-facebook/. Acesso em: 4 jan. 2022.

6. Woods, Bob. "The First Metaverse Experiments? Look to What's Already Happening in Medicine", CNBC, 4 de dezembro de 2021. Disponível em: https://www.cnbc.

com/2021/12/04/the-first-metaverse-experiments-look-to-whats-happening-in-medicine.html. Acesso em: 4 jan. 2022.

14. Ganhadores e perdedores do metaverso

1. Microsoft. "Microsoft to Acquire Activision Blizzard to Bring the Joy and Community of Gaming to Everyone, Across Every Device", 18 de Janeiro de 2022. Disponível em: https://news.microsoft.com/2022/01/18/microsoft-to-acquire-activision-blizzard-to-bring-the-joy-and-community-of-gaming-to-everyone-across-every-device/. Acesso em: 2 fev. 2022.

2. Robertson, Adi. "Tim Cook Faces Harsh Questions about the App Store from Judge in Fortnite Trial", *The Verge*, 21 de maio de 2021. Disponível em: https://www.theverge.com/2021/5/21/22448023/epic-apple-fortnite-antitrust-lawsuit-judge-tim-cook-app-storequestions. Acesso em: 4 jan. 2022.

3. Smith, Brad. "Adapting Ahead of Regulation: A Principled Approach to App Stores", Microsoft, 9 de fevereiro de 2022. Disponível em: https://blogs.microsoft.com/on-the-issues/2022/02/09/open-app-store-principles-activision-blizzard/. Acesso em: 11 fev. 2022.

4. Smith, Brad (@BradSmi), Twitter, 3 fev. 2022. Disponível em: https://twitter.com/BradSmi/status/1489395484808466438. Acesso em: 4 fev. 2022.

15. Existência no metaverso

1. Hollister, Sean. "Here's What Apple's New Rules about Cloud Gaming Actually Mean", *The Verge*, 18 de setembro de 2020. Disponível em: https://www.theverge.com/2020/9/18/20912689/apple-cloud-gaming-streaming-xcloud-stadia-app-store-guidelines-rules. Acesso em: 4 jan. 2022.

Conclusão

1. Stoll, Clifford. "Why the Web Won't Be Nirvana", *Newsweek*, 26 de fevereiro de 1995. Disponível em: https://www.newsweek.com/clifford-stoll-why-web-wont-be-nirvana-185306. Acesso em: 6 jan. 2022.

2. Chapman, James. "Internet 'May Just Be a Passing Fad as Millions Give Up on It'", 5 de dezembro de 2000.

3. Equipe da 9to5 "Jobs' Original Vision for the iPhone: No Third- Party Native Apps", *9to5Mac*, 21 de outubro de 2011. Disponível em: https://9to5mac.com/2011/10/21/jobs-original-vision-for-the-iphone-no-third-party-native-apps/. Acesso em: 5 jan. 2022.

4. Wingfield, Nick. "'The Mobile Industry's Never Seen Anything Like This': An Interview with Steve Jobs at the App Store's Launch", *Wall Street Journal*, gravada originalmente em 7 de agosto, 2008, publicada na íntegra em 25 de julho de 2018. Disponível em: https://www.wsj.com/articles/the-mobile-industrys-never-seen-anything-like-this-an-interview-with-steve-jobs-at-the-app-stores-launch-1532527201. Acesso em: 5 jan. 2022.

Este livro, composto na fonte Fairfield,
foi impresso em papel Pólen natural 70g/m², na LIS.
São Paulo, dezembro de 2022.